高等学校应用型本科“十三五”规划教材

试验设计与统计分析

SAS 实践教程

王玉顺　武志明
李晓斌　马红梅
编著

西安电子科技大学出版社

内 容 简 介

本书是为“试验设计与统计分析”课程配套的SAS上机操作类教程。全书包括12个单元。前8个单元为SAS应用的基础性练习，包括SAS基本操作、SAS试验设计、SAS数据整理、SAS统计绘图、SAS统计推断、单因子试验统计分析、多因子试验统计分析、回归试验统计分析8个专题，读者可按需要选取部分内容用作上机练习，培养利用SAS软件解决试验设计与数据处理问题的基本技能。后4个单元为SAS软件的高级统计实践，包括主分量分析、因子分析、聚类分析、判别分析4个专题，读者通过这4个单元的学习，可培养利用SAS软件解决多变量数据分析问题的基本技能。

本书主要面向农业院校园艺、农学、林科、动科、工科、生物科学等专业的本科生和研究生，所提供的试验统计方法亦适合其它高等院校“试验设计与统计分析”类课程的需要，也可为科研人员和生产技术人员在试验设计和数据处理方面提供帮助。

图书在版编目(CIP)数据

试验设计与统计分析SAS实践教程/王玉顺编著.
—西安：西安电子科技大学出版社，2012.10(2017.6重印)
高等学校应用型本科“十三五”规划教材
ISBN 978-7-5606-2932-2

Ⅰ. ① 试… Ⅱ. ① 王… Ⅲ. ① 试验设计—应用软件—高等学校—教材
② 统计分析—应用软件—高等学校—教材 Ⅳ. ① O212.6-39 ② C819

中国版本图书馆CIP数据核字(2012)第238143号

策　　划　张绚　李惠萍
责任编辑　张绚　李惠萍
出版发行　西安电子科技大学出版社(西安市太白南路2号)
电　　话　(029)88242885　88201467　　邮　　编　710071
网　　址　www.xduph.com　　电子邮箱　xdupfxb001@163.com
经　　销　新华书店
印刷单位　陕西华沐印刷科技有限责任公司
版　　次　2012年10月第1版　2017年6月第3次印刷
开　　本　787毫米×1092毫米　1/16　印　张　19.5
字　　数　462千字
印　　数　5001～7000册
定　　价　34.00元
ISBN 978-7-5606-2932-2/O

XDUP　3224001-3

如有印装问题可调换

前　言

大多数科研活动是通过试验研究来定量探明问题中的因子效应、因果关系或相关关系的，一般涉及试验设计和统计分析两个基本过程。手工处理数据已难于完成设想的任务，尤其是多变量大规模样本的海量数据处理。鉴于 SAS 软件在数据处理方面的突出优势，借助 SAS 进行试验设计和统计分析是非常必要的。

SAS(Statistical Analysis System)是一款非常优秀的统计软件，由美国 SAS 软件研究所(SAS Institute)研制和发布。SAS 具有强大完备的数据存取、数据管理、数据分析和数据展现功能，能有效解决试验设计、统计分析、规划决策、质量控制、经济计量、金融财务等方面的数据处理问题，广泛应用于大学教育、科学研究、产品研发、企业生产、行政管理、经济管理等领域。目前，SAS 被公认为数据处理方面的标准软件，它与 SPSS、BMDP 并称为国际上最有影响的三大统计软件。

SAS 采用多窗口集成操作环境，每个窗口均配置标题栏、菜单栏、工具条和注释栏，根据需要还配置列表框、滚动条、选项框等控件，布局美观易用。用 SAS 进行数据处理时，既可采用菜单驱动方式，又可采用程序驱动方式。采用菜单驱动方式处理数据操作虽较为简单，容易使用户掌握 SAS 的用法，但操作过程需要较多的选项步骤，在统计原理不太清楚时仍难免造成数据分析错误。另外，菜单驱动方式处理数据未包含 SAS 的许多统计方法，因而其应用有一定的局限性。相比之下，采用程序驱动方式处理数据的方法具有较强的建模能力和适应性，能灵活用于复杂多样背景下的试验数据处理，对于解决各种实际问题更加有效。再者，SAS 程序仅有数据步(DATA STEP)和过程步(PROC STEP)两种类型，两种程序的格式结构基本相同且用法较简单，几个语句就能实现丰富的统计功能，而且程序驱动方式处理数据囊括了 SAS 的全部统计方法。

本书是为“试验设计与统计分析”课程教材配套的上机练习指导书。全书共分 12 个单元，每个单元又按问题类型划分出若干节。每个单元的练习对象均以实例展开，以问题、试验、数据、程序、结果、分析的基本架构由浅入深陈述，对于较难的问题还介绍了数学模型和统计方法。掌握这些内容后，读者还可以通过举一反三实现更为复杂的统计分析。

本书前 8 个单元为 SAS 应用的基础性练习。第 1 单元为 SAS 基本操作，主要使读者熟悉 SAS 软件和它的基本操作，进而为后续单元的试验设计和统计分析做好准备；第 2 单元为 SAS 试验设计，主要使读者掌握试验的主要设计方法，并为后续单元的试验分析做好准备；第 3 单元为 SAS 数据整理，主要使读者掌握试验数据的格式整理和数据表管理，并为后续单元中试验分析的 SAS 编程做好准备；第 4 单元为 SAS 统计绘图，主要使读者掌握 SAS 统计数据的展现方法；第 5 单元为 SAS 统计推断，主要使读者掌握参数估计及假设检验的概念和方法；第 6 单元为单因子试验统计分析，主要使读者掌握单因子试验的因果分析方法；第 7 单元为多因子试验统计分析，主要使读者掌握多因子试验的因果分析方法；第 8 单元为回归试验统计分析，主要使读者掌握变量间相关关系的分析方法；后 4 个单元为 SAS 应用的高级统计实践。第 9 单元为主分量分析，主要使读者掌握变量集的化简技术和问题的综合评价技术；第 10 单元为因子分析，主要使读者掌握问题的潜在因子分析技术；第 11 单元为聚类分析，主要使读者掌握研究对象的数值分类技术；第 12 单元为判别分析，主要使读者掌握研究对象的判别分类技术。

本书自 2000 年起先后在山西农业大学园艺学院“生物统计学”(后改名为“试验设计与统计分析”)、工学院“试验设计与多元分析”的实验课上使用，课程对象既有本科生又有研究生。本书历经 10 余届的教学应用和多次大的修改、增删和调整，从最初的仅服务于课程教学到现在的教学与科研兼顾，其凝聚了很多学生的学习经验和编著者的教学科研体会。

本书具有由浅入深、系统性强、层次分明、实例丰富、适合自学、易学易懂、不需较强计算机基础等特点，旨在使读者通过“模仿 + 思考 + 实践”的学习模式快速掌握 SAS 解决问题的思路，以以点带面和举一反三的方法提高读者在从事课题试验研究方面的能力。

限于编著者水平，教材中一定存在不妥之处，恳切希望广大读者批评指正。

编著者

2012 年 8 月

目　录

第 1 单元　SAS 基本操作

上机目的　熟悉 SAS 的集成环境并掌握它的基本操作。理解 SAS 程序的结构，理解其中的过程(模块)、过程选项、语句、语句选项等概念，掌握 SAS 编程技术。

上机内容　主要有 SAS 操作界面、SAS 窗口操作、SAS 菜单操作、SAS 按钮操作、SAS 数据库操作、SAS 文件操作、管理磁盘文件、SAS 编程基础、SAS 帮助操作等。

注意：本书使用的 SAS 版本为 SAS 8e，即 SAS (r) Proprietary Software Release 8.1。

1.1　SAS 操作界面

开机后，鼠标双击桌面上的 SAS 快捷启动图标，或依次点击 Windows 的【开始】菜单→【程序】→【The SAS System】→【The SAS System for Windows V8】项，则显示如图 1-1 所示的 SAS 启动画面。

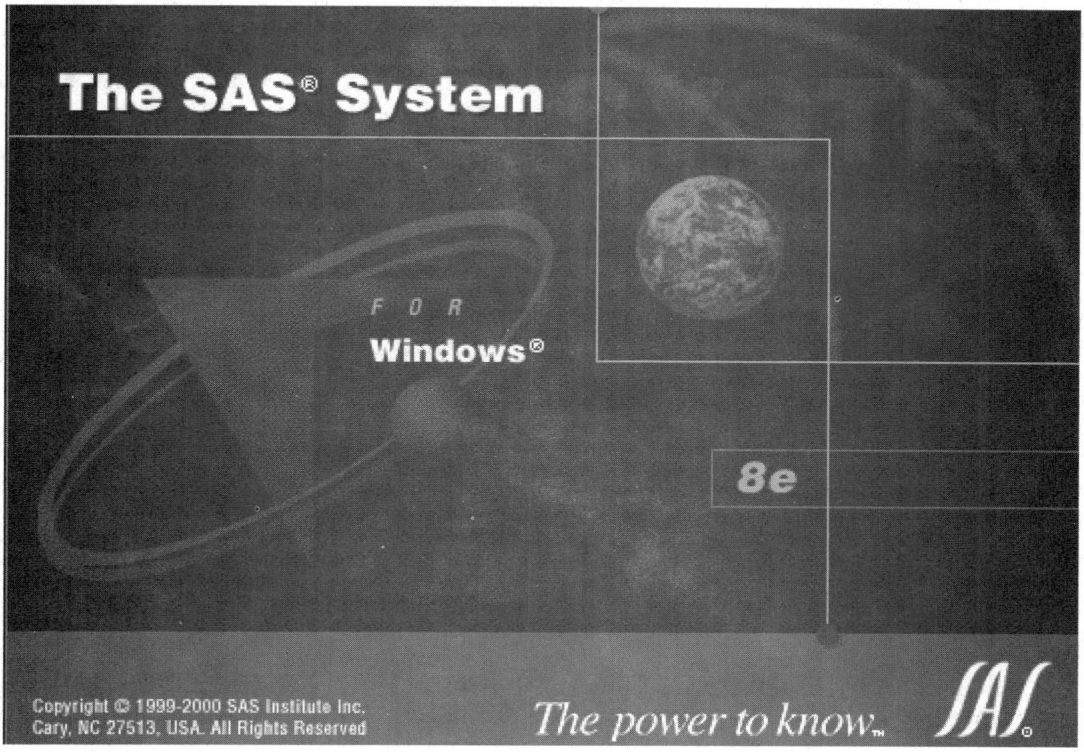

图 1-1　SAS 启动画面

SAS 启动后，呈现如图 1-2 所示的 SAS 操作界面。

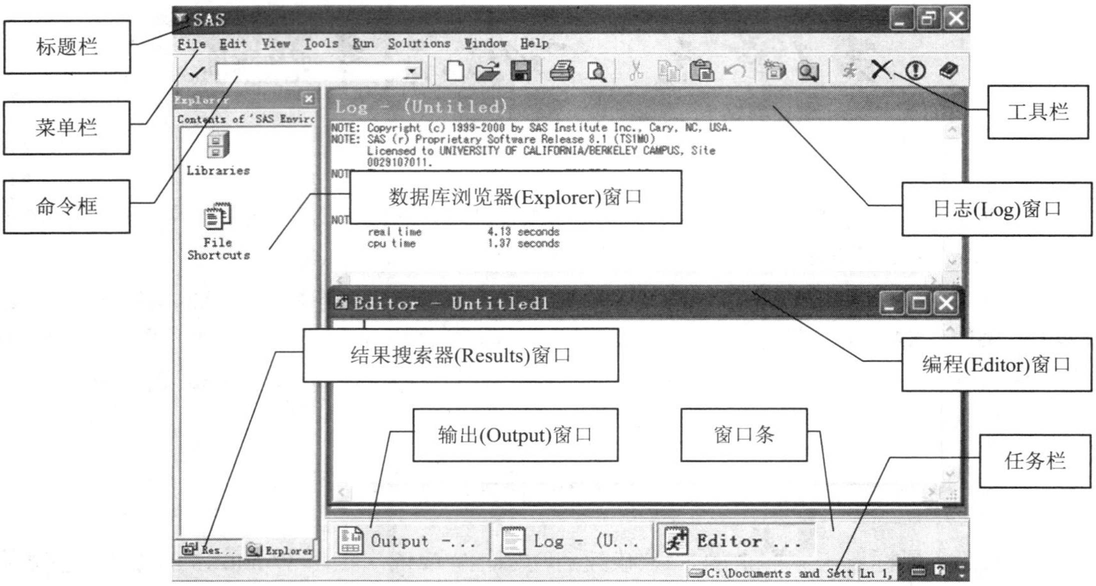

图 1-2　SAS 操作界面

如图 1-2 所示，SAS 操作界面是一个由标题栏、菜单栏、命令框、工具栏、任务窗口、窗口条、任务栏等组成的多窗口集成环境。

SAS 标题栏位于操作界面的顶部，其末端设置有最小化、最大化和关闭按钮。SAS 任务窗口位于操作界面的中部。缺省状态下，左边约 1/5 区域里显示数据库浏览器(Explorer)窗口，结果搜索器(Results)窗口隐藏在它的下面；右边约 4/5 区域里上半部显示日志(Log)窗口，下半部显示编程(Editor)窗口，输出(Output)窗口隐藏在两者的下面，最底部为任务栏。其它窗口只有在使用时才打开。

一个 SAS 任务只能在一个窗口里操作，能执行 SAS 任务的窗口称做当前窗口(激活窗口)。读者可通过切换窗口执行不同的 SAS 任务，点击操作界面底部窗口条上的窗口标签，则选定窗口被置为当前窗口，且窗口标题栏以高亮显示，其余窗口的标题栏则以灰暗显示。

每个窗口均配置有专属的标题栏、菜单栏和工具栏。属于当前窗口的标题栏、菜单栏和工具栏以高亮显示，其中可操作的命令或按钮也以高亮显示，不可操作的命令或按钮则以灰暗显示。SAS 的一些全局命令或按钮在所有窗口里都是可操作的。

执行 Tools 菜单命令可查看或定制 SAS 的操作界面。如定制工具栏、弹出菜单、字体、颜色、系统、图标，打开 Table Editor、Graphics Editor、Image Editor、Text Editor 等窗口。

当要退出 SAS 时，可依次点击【File】菜单→【Exit】项，若点击操作界面标题栏上右端的关闭按钮，则出现如图 1-3 所示的 Exit 窗口，若要退出 SAS，则单击该窗口上的“确定”按钮，若要继续使用 SAS 则单击“取消”按钮，或在操作界面左上部的命令框中键入“bye”命令或“endsas”命令，再点击“√”按钮亦能退出 SAS。

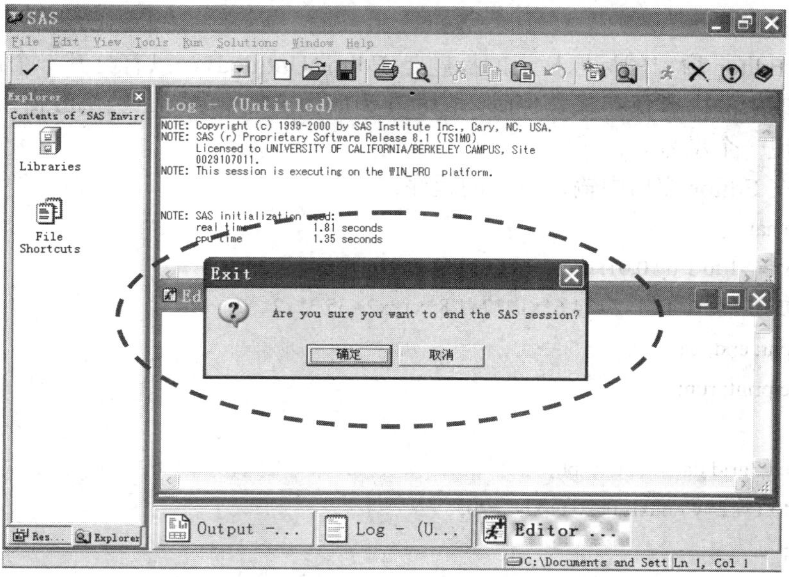

图 1-3　Exit 窗口及退出 SAS 操作

1.2　SAS 窗口操作

Explorer 窗口和 Results 窗口在操作界面上的位置是锁定的，称做固定窗口。Editor、Log、Output 三个窗口在操作界面上的位置是可动的，且窗口大小可随意改变，称做浮动窗口。窗口在操作界面上的布局有多种形式，可通过 SAS 的 Window 菜单定制。

1．管理 SAS 窗口

(1) 最小化窗口。在 SAS 操作界面里，可将不在当前使用的窗口变为 SAS 窗口条。例如，若点击 Editor 窗口标题栏上的最小化按钮“”，则可把它变为 SAS 窗口条，如图 1-4 所示。若点击 SAS 窗口条上的 Editor 标签，将会使窗口恢复原状。

图 1-4　SAS 窗口条

(2) 解锁窗口。在 SAS 操作界面里，Explorer 窗口和 Results 窗口缺省是层叠的，可以改变它们的大小但不能使它们最小化。若激活 Explorer 窗口或 Results 窗口，并点击【Window】菜单→【Docked】项，则可拆分 Explorer 或 Results 为浮动窗口，变为浮动窗口时可随意改变其大小。

2．Editor 窗口

在 Windows 操作系统中，可以使用一个或者多个 Editor 窗口(编程窗口)来进行输入、编辑和提交 SAS 程序。

Editor 窗口提供了大量的编辑功能，包括 SAS 语言的彩色编码和语法检查、可展开或折叠程序片段、可记录宏、支持键盘快捷方式(Alt 或 Shift 加上其它键)、多层撤消或恢复、其它功能等。

初始化 Editor 窗口的标题栏上的标题是 Editor-Untitled1，只有打开一个已命名文件或把 Editor 窗口中的内容保存成文件时，它才变为所命名的文件名。当修改窗口中的内容时，标题中将出现一个星号。

例如，在 Editor 窗口中输入下面的程序：

```
data aa;
do x1=-1 to 1 by 0.01; do x2=-1 to 1 by 0.01;
y=95+5.6*x1-4.9*x2-34.6*x1**2+1.8*x1*x2-35.3*x2**2;
output; end; end;
proc print; run;

proc g3grid data=aa out=bb;
grid x1*x2=y / naxis1=20 naxis2=20;
run;

proc g3d data=bb;
plot x2*x1=y / caxis=black ctext=black cbottom=green ctop=blue tilt=75
rotate=60 xticknum= 9 yticknum= 9 zticknum= 9 grid;
run;
```

程序以“例子”命名并存盘，其扩展名“sas”是 SAS 系统自动加上去的，在计算机硬盘上的全名为“例子.sas”。查看 Editor 窗口，窗口标题栏上的显示如图 1-5 所示。

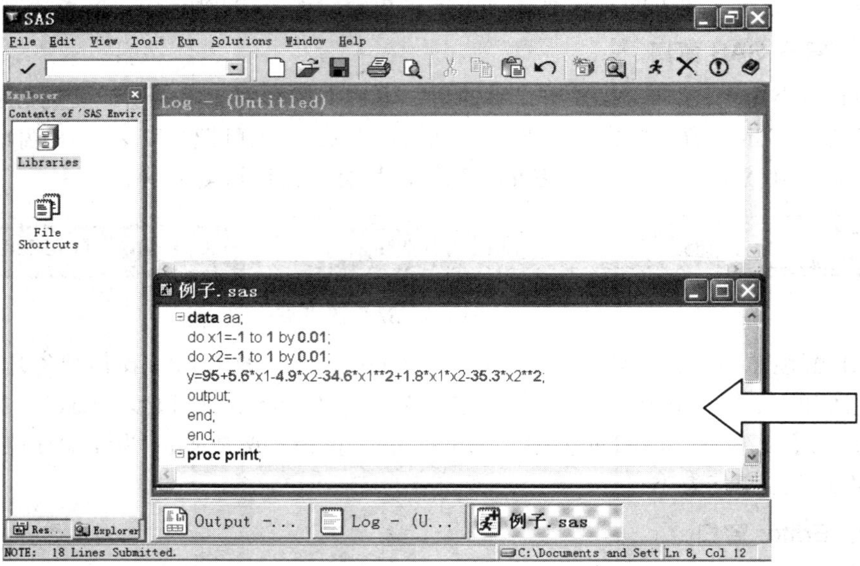

图 1-5 Editor 窗口及输入的 SAS 程序

3. Log 窗口

Log 窗口(日志窗口)用于显示用户所提交过的 SAS 程序、程序语法出错信息、程序运行出错信息、SAS 警告信息、程序运行耗费时间和 SAS 运行报告等。

在 Editor 窗口输入名为“例子”的程序后，点击工具条上的提交按钮(图标酷似一个奔跑的人)，则该程序被提交运行。查看 Log 窗口，显示内容如图 1-6 所示。

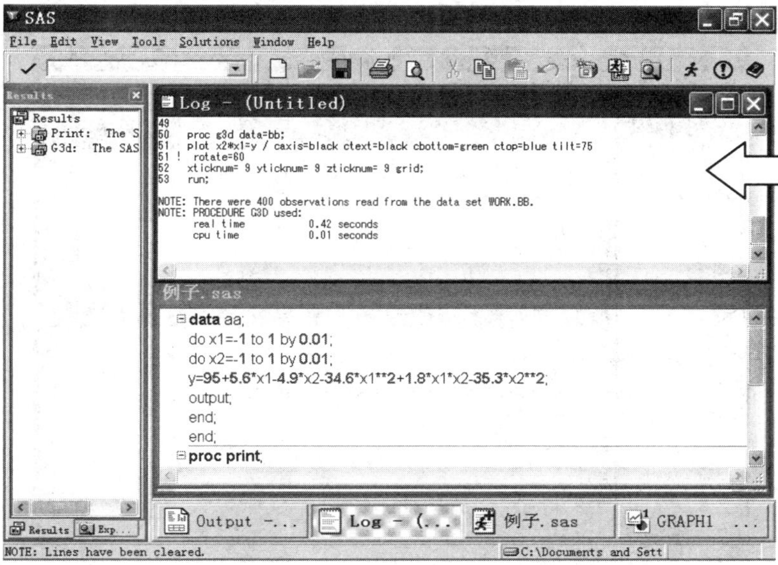

图 1-6　Log 窗口及显示的信息

4. Output 窗口

在 Output 窗口(结果窗口)可浏览用户所提交的 SAS 程序的运行输出结果。缺省情况下，Output 窗口隐藏在 Editor 和 Log 窗口的后面，一旦产生了输出，Output 窗口将自动前置显示，如图 1-7 所示。

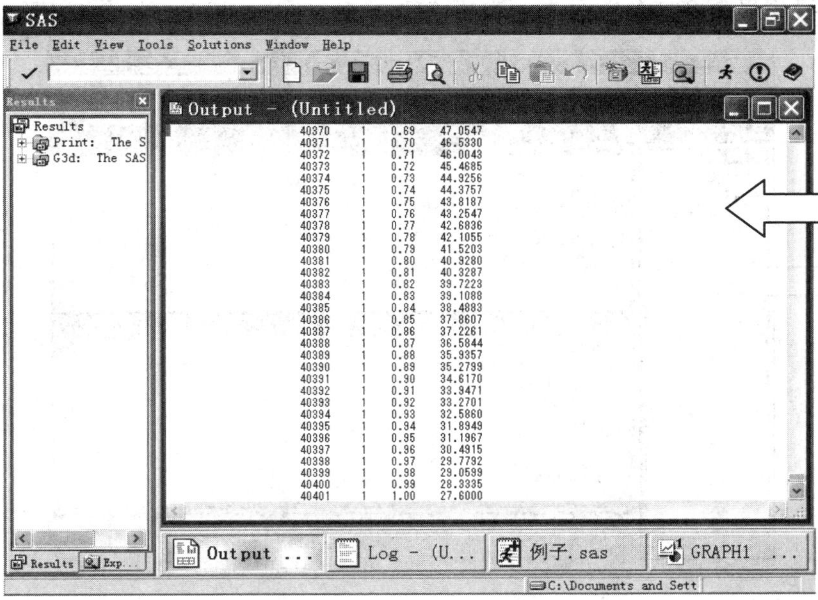

图 1-7　Output 窗口及程序的运行结果

5. Explorer 窗口

利用 Explorer 窗口(数据库浏览器窗口)，可查找、创建和管理用户的 SAS 数据库，也可对数据库中的 SAS 文件进行复制、粘贴、删除、移动、重命名、打开和输出等操作，还可以定制以树形结构显示和搜索选定数据库中的内容。如图 1-8 所示。

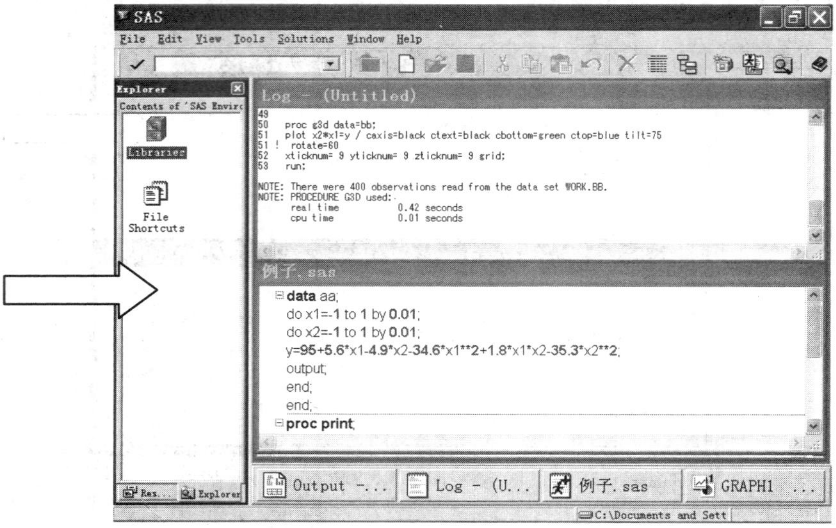

图 1-8　Explorer 窗口及数据库图标

6. Results 窗口

利用 Results 窗口(结果搜索器窗口)，可对用户所提交 SAS 程序的输出结果进行管理，如查看、搜索、保存和打印输出等。缺省情况下，Results 窗口隐藏在 Explorer 窗口的后面并且是空的，直到提交了产生输出的 SAS 程序时，它才会自动显示到前面。其余情况下，可通过点击操作界面窗口条上的 Results 标签切换到 Results 窗口，如图 1-9 所示。

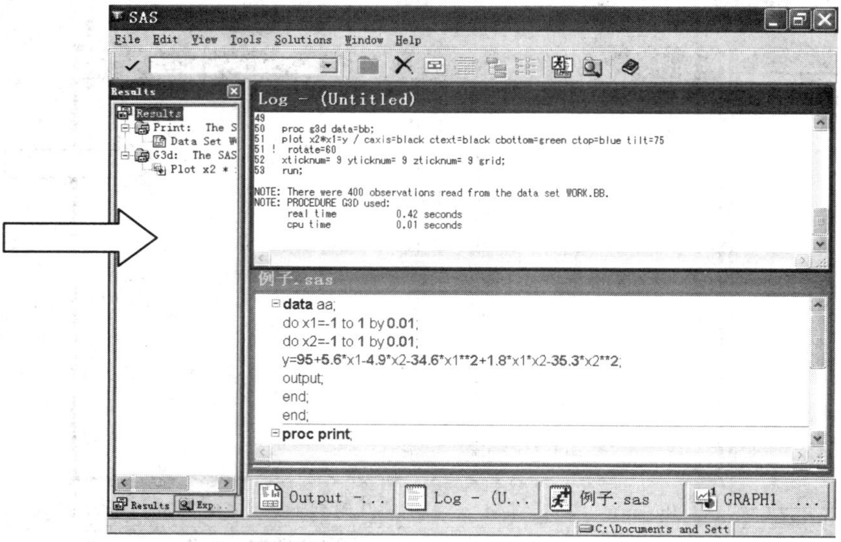

图 1-9　Results 窗口及程序输出结果的管理

7. GRAPH 窗口

GRAPH 窗口(图形窗口)只有在运行程序并有图形输出时才出现，其窗口标题栏上的标题按打开窗口的个数顺序标记为 GRAPHn，若欲特意打开 GRAPH 窗口，则需依次点击【View】菜单→【Graph】项。在 GRAPH 窗口中，可以利用菜单命令和工具栏按钮查看、保存、复制、粘贴、编辑和打印所选定的 SAS 图形，如图 1-10 所示。

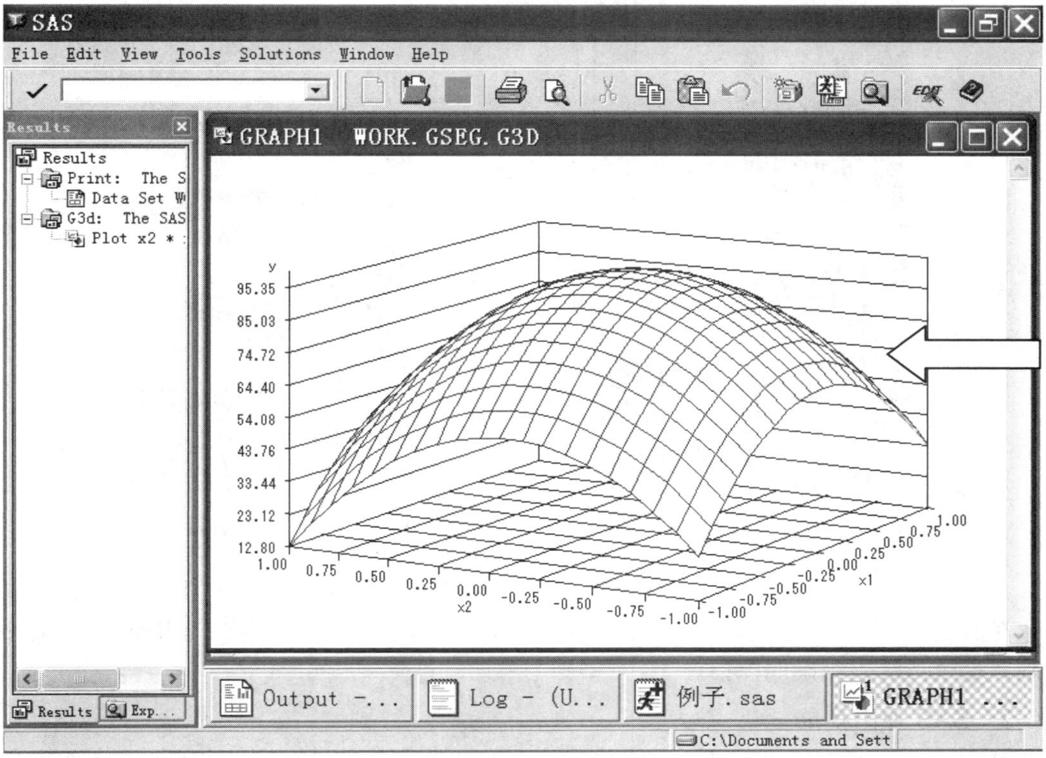

图 1-10　GRAPH 窗口及“例子”程序的输出图形

1.3　SAS 菜单操作

一旦选定一个 SAS 窗口，则该窗口成为当前窗口并以高亮显示，其余窗口以灰暗显示。属于当前窗口的菜单栏、工具栏、弹出菜单和可操作的命令项、按钮也均以高亮显示，不可操作的则以灰暗显示。下面介绍如何使用菜单栏和弹出菜单。

1. SAS 菜单栏

不同 SAS 窗口的同名菜单栏，既有相同的菜单项又有不同的菜单项，它们根据窗口的需要进行配置。

例如，若点击【Explorer】窗口→【View】菜单，则列出 Explorer 窗口的可操作菜单项，如图 1-11(a)所示。若点击【Editor】窗口→【View】菜单，则列出 Editor 窗口的可操作菜单项，如图 1-11(b)所示。

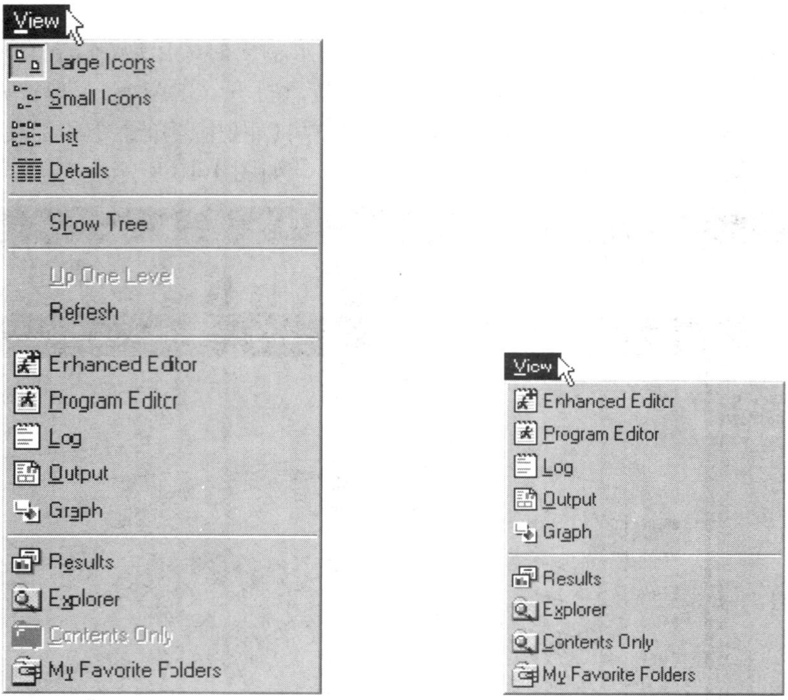

(a) Explorer 窗口的 View 菜单　　(b) Editor 窗口的 View 菜单

图 1-11　不同窗口的 View 菜单

在 SAS 环境中，当前窗口决定菜单中的菜单项，如果在菜单中找不到欲操作的命令，请确认是否击活了正确的窗口。

2. SAS 弹出菜单

鼠标右击 SAS 操作界面上的某个区域，则会出现一个弹出菜单，该弹出菜单及所包含的菜单项属于点击区域所在的窗口或图标。因此，选定窗口或图标并右击该窗口或图标内的任意区域，可实现该窗口或图标所属的常见操作。

例如，鼠标右击【Explorer】窗口→【Libraries】图标，出现如图 1-12(a)所示的弹出菜单，该菜单只有 Open 和 New 是可执行的，试点击 Open 项并观察操作结果。

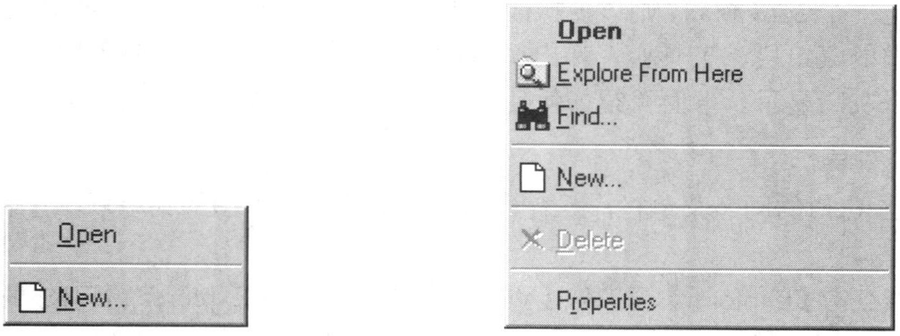

(a) Libraries 图标的弹出菜单　　(b) Sasuser 图标的弹出菜单

图 1-12　右击图标的弹出菜单

双击【Explorer】窗口→【Libraries】图标，再右击 Sasuser 图标，出现的弹出菜单如图 1-12(b)所示。

用户只需点击弹出菜单外的任何地方就可关掉弹出的菜单。

1.4　SAS 按钮操作

SAS 工具栏以图标按钮的形式提供常用的 SAS 全局命令和 SAS 窗口局部命令。

例如，点击 Explorer 窗口并查看工具栏上的可用按钮，可以看到当前不可用的按钮是暗灰色的。把鼠标指针移到按钮下面并停留一会，屏幕提示将给出相应按钮的名字。如图 1-13 所示。

图 1-13　Explorer 窗口的工具栏

点击 Editor 窗口并查看工具栏上的可用按钮，结果如图 1-14 所示。

图 1-14　Editor 窗口的工具栏

1.5　SAS 数据库操作

SAS 数据库用于存放和管理 SAS 的数据文件，每个数据库都指向计算机硬盘上的一个特定文件夹，而且数据库的名称可以与文件夹的名称不同，因而 SAS 数据库实质上相当于链接文件夹的快捷方式。使用 Explorer 可浏览和操作 SAS 数据库。

缺省情况下，SAS 系统定义了 Sashelp、Sasuser 和 Work 三个主要数据库，在 Explorer 窗口可以看到这三个数据库的图标。此外，用户也可以自定义若干个新的数据库，以便于分类管理自己的数据文件。

1.5.1　定制 Explorer 显示格式

Explorer 是浏览和管理 SAS 数据库或 SAS 数据文件的专用工具，Explorer 窗口中的内容能以大图标、小图标、列表、详细 4 种格式显示，用户可任选一种格式使用，缺省为大图标格式。例如，定制 Sashelp 数据库的 Explorer 窗口显示格式如下：

(1) 双击【Explorer】窗口→【Libraries】项→【Sashelp】项，打开 Sashelp 数据库。

(2) 点击工具栏上的“Toggle Details”按钮，或点击【View】菜单→【Details】项，Sashelp 数据库内的 SAS 数据文件则以详细格式显示，如图 1-15 所示。

(3) 可通过拖动分隔线来改变 Explorer 窗口的显示列宽，如图 1-16 所示。

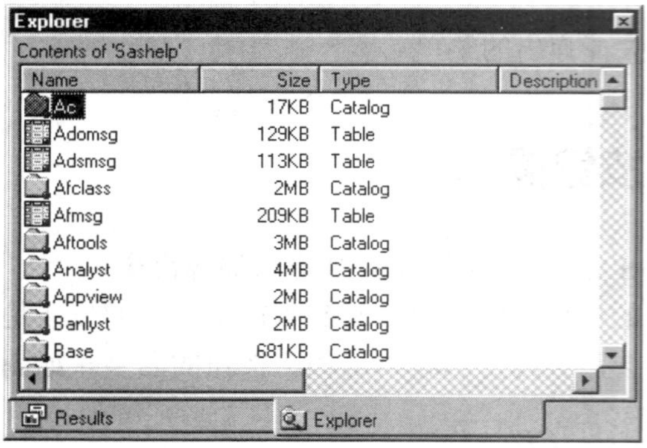

图 1-15　Explorer 窗口 Sashelp 数据库的详细格式显示

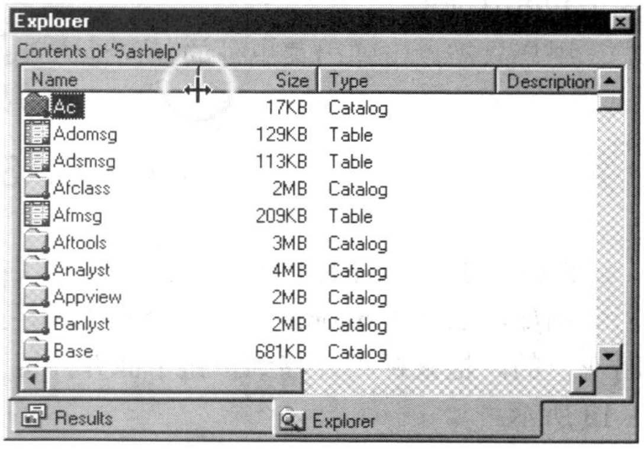

图 1-16　调整 Sashelp 数据库在 Explorer 窗口的显示列宽

1.5.2　定制 Explorer 排列格式

Explorer 窗口中的内容能以名称升序、名称降序、类型升序、类型降序的 4 种组合进行格式排列，缺省按名称的字母顺序排列。

若改变 Sashelp 数据库中 SAS 数据文件的排列格式，则操作如下：

(1) 双击【Explorer】窗口→【Libraries】项→【Sashelp】项，打开 Sashelp 数据库。

(2) 点击工具栏上的“Toggle Details”按钮，或点击【View】菜单→【Details】项，使 Sashelp 数据库内的数据文件以详细资料格式显示，如图 1-17 所示。

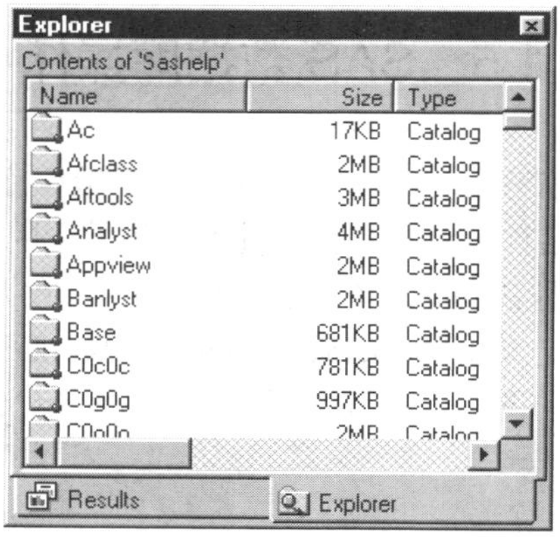

图 1-17　Sashelp 数据库的内容按类型名称升序排列

(3) 每点击一次 Type 列或 Name 列，就实现一次相应的升序与降序的改变，SAS 可形成 4 种排列格式。

(4) 点击【View】菜单→【Refresh】(刷新)项，则回到缺省排列。

1.5.3　创建 SAS 数据库

创建一个新的 SAS 数据库，首先要为它安排一个数据库名，并指定一个对应的文件夹

(文件夹全路径链接)，若要创建读写和管理外部数据文件(其它软件产生的数据文件)的数据库，还需指定 Engine(引擎)，缺省 Engine 为 Default。

Explorer 窗口采用缺省的显示格式，拟创建一个名为 Mylib 的数据库。步骤如下：

(1) 双击【Explorer】窗口→【Libraries】项，则 Explorer 窗口显示 SAS 系统现有的几个数据库，如图 1-18 所示。

(2) 点击【File】菜单→【New】项，出现 New Library 窗口。

(3) 在 New Library 窗口的 Name 框中键入数据库名“Mylib”，保留 Engine 框中的 Default，选定 Enable at startup，则所建数据库在 SAS 启动后自动被启用。如图 1-19 所示。

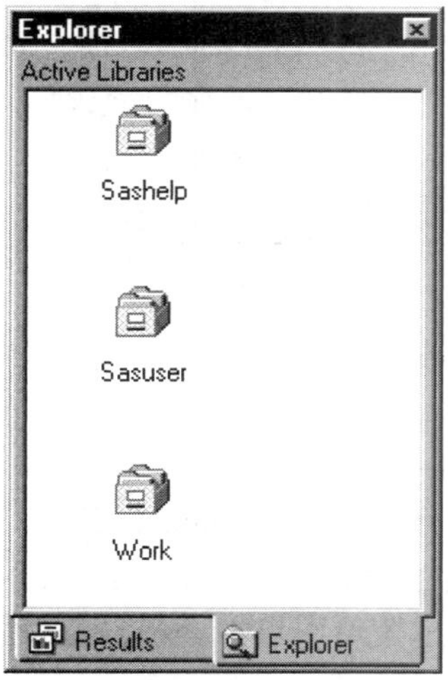

图 1-18　Explorer 窗口及显示内容

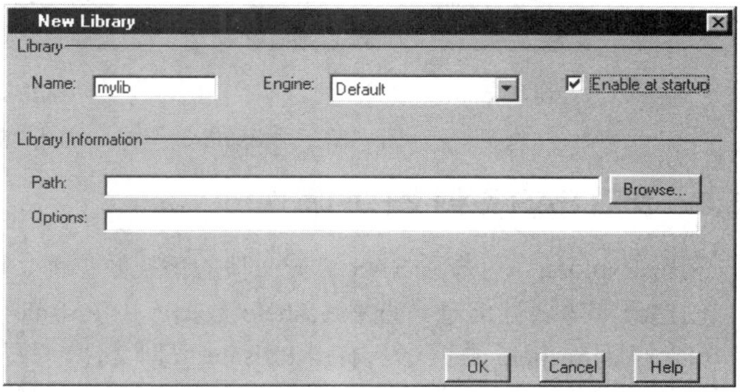

图 1-19　New Library 窗口及操作

(4) 先点击【New Library】窗口→【Browse】按钮，然后在出现的 Select 窗口中搜索选定一个文件夹，双击打开该文件夹，则数据库指向这个文件夹的整条路径被确定，并显示在 New Library 窗口的 Path 框中，用户可查看选定的文件夹是否正确。

(5) 点击 New Library 窗口中的“OK”按钮，则名为“Mylib”的数据库被创建完成，且会出现在 Libraries 的数据库项目中。

注意，一旦在 Explorer 窗口中删除某个数据库，则数据库的文件夹指向也会同时被删除，SAS 程序将不能再访问该数据库中的数据文件和进行统计分析，但计算机磁盘上的相应文件夹及数据文件仍存在，删除的只不过是 SAS 与它们的链接。

1.5.4　查找 SAS 数据库

访问一个 SAS 数据文件首先要找到该数据文件所在的 SAS 数据库。例如，找到 Sashelp 数据库的步骤如下：

(1) 双击【Explorer】窗口→【Libraries】项，则进入 Libraries(SAS 数据库入口)，并在 Explorer 窗口显示 SAS 系统现有的全部数据库，如图 1-20(a)所示。双击 Sashelp 数据库项，则该数据库被打开，并在 Explorer 窗口显示该数据库内的数据文件，如图 1-20(b)所示。

(2) 点击工具栏中的“Up One Level”按钮，或点击【View】菜单→【Up One Level】项，或按“Backspace”键，均可返回上一级的文件夹或 Explorer 窗口。

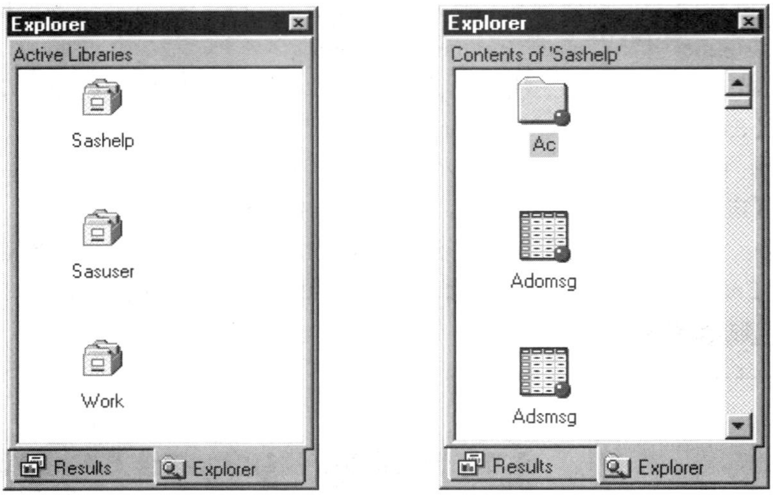

(a) Libraries 数据库的内容　　(b) Sashelp 数据库的内容

图 1-20　用 Explorer 查找 Sashelp 数据库

1.5.5　查看 SAS 数据文件的属性

利用 Explorer，可查看 SAS 数据文件的隶属数据库、成员名(Member name)、引擎、类型、创建日期等属性信息。查看 Sashelp 数据库中 Prdsale 文件的属性，方法如下：

(1) 打开 Sashelp 数据库，右击 Prdsale 数据文件，并从弹出菜单中点击 Properties 项，打开 Properties 窗口。如图 1-21 所示。

(2) 点击 Properties 窗口中的下拉列表框，选定 General Properties 项查看主要的属性信息，亦可选定其它项查看相应的属性信息。

(3) 查看完属性可点击“OK”按钮，关闭 Properties 窗口。

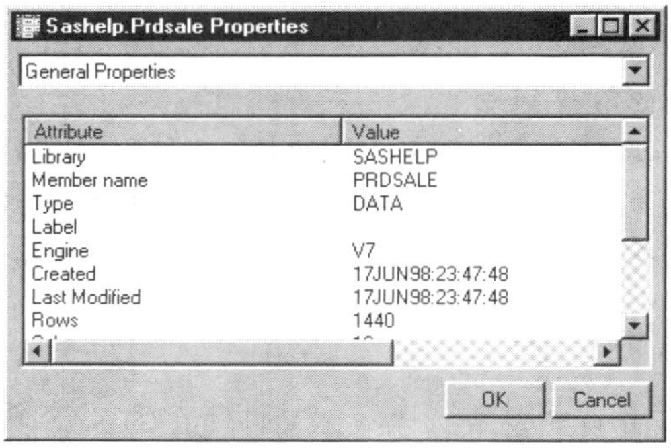

图 1-21　Properties 窗口显示的 Prdsale 文件属性

1.6　SAS 文件操作

SAS 数据文件以成员名(Member name)为基本名、“sas7bdat”为扩展名在计算机上存盘。

所谓成员，就是与某数据库的隶属关系而言的。SAS 程序调用 SAS 数据文件时，用的是“数据库名.成员名(Library name.Member name)”格式的文件名。

1.6.1　复制 SAS 数据文件

在 Explorer 窗口中，拟将 Sashelp 数据库的数据文件 Prdsale 复制到另一个数据库 Mylib 中，操作如下：

(1) 激活 Explorer 窗口，点击【View】菜单→【Show Tree】项，则 Explorer 窗口被划分成两个部分，左子窗口为数据库搜索树，右子窗口为数据库的内容，用户可通过拖动窗口边界来调整 Explorer 窗口或其子窗口的大小。

(2) 点击左子窗口中的 Sashelp 图标，则右子窗口中显示该选定数据库的内容，再点击拖动右子窗口的滚动条找到 Prdsale 数据文件。如图 1-22 所示。

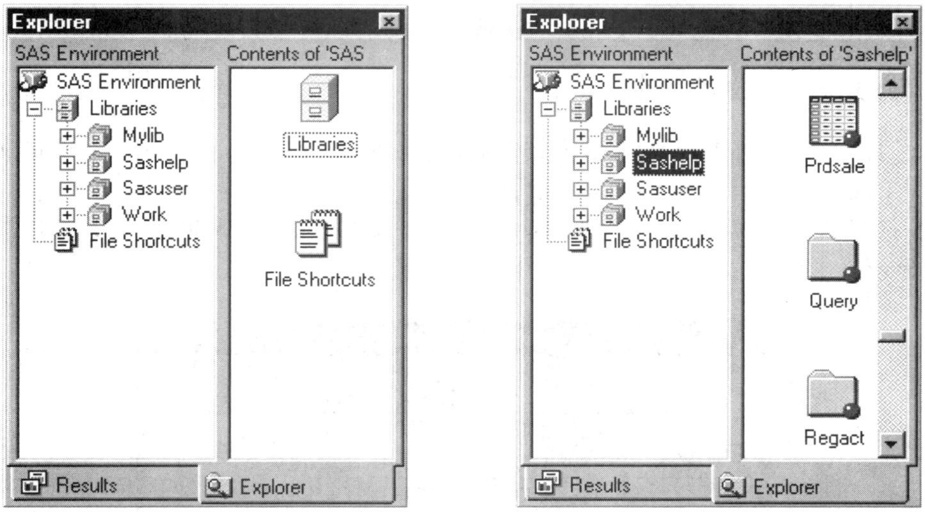

(a) Explorer 中的 SAS 系统　　　　(b) Explorer 中的 Sashelp 数据库

图 1-22　Explorer 窗口及其子窗口

(3) 点击 Prdsale 数据文件，并把该数据文件拖放到左子窗口的 Mylib 图标上，这样 Prdsale 数据文件就复制到了 Mylib 数据库中，或右击 Prdsale 数据文件并点击弹出菜单上的 Copy 项和左子窗口搜索树的 Mylib 项，最后右击右子窗口区域并在出现的弹出菜单上选定 Paste 项点击。完成操作后 Log 窗口中会出现以下信息：

NOTE：The data set MYLIB.PRDSALE has 1440 observations and 10 variables.

(4) 打开 Mylib，确认数据文件已经被复制。

1.6.2　重命名 SAS 数据文件

在 Explorer 窗口中，拟为 Mylib 数据库的文件 Prdsale 起一个新名字，操作如下：

(1) 打开 Mylib 数据库，在 Prdsale 数据文件上右击鼠标，在出现的弹出菜单上点击【Rename】项，则出现 Rename 窗口。

(2) 在 Rename 窗口的文本框中输入“MyProductSales”，点击“OK”按钮，则数据文件的重命名完成。如图 1-23 所示。

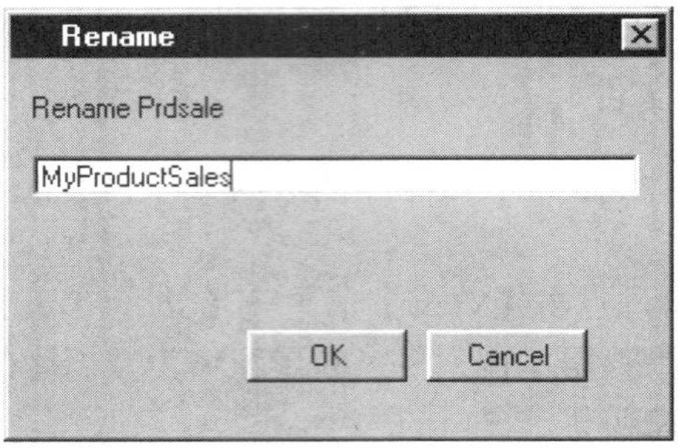

图 1-23　Explorer 窗口操作的 Rename 弹出菜单

(3) 在 Explorer 窗口的左子窗口中点击 SAS Environment 项，则 Explorer 窗口返回初始状态，再点击【View】菜单→【Show Tree】项，则搜索树窗口(左子窗口)消失。

1.6.3　打开 SAS 数据文件

利用 Explorer，可查看 SAS 数据文件的内容。Sashelp 数据库的 Prdsale 数据文件含有产品销售的数据，查看这些数据的操作如下：

(1) 打开 Sashelp 数据库，选定并双击 Prdsale 图标，则 VIEWTABLE 窗口以浏览模式打开并显示 Prdsale 数据表的内容。如图 1-24 所示。

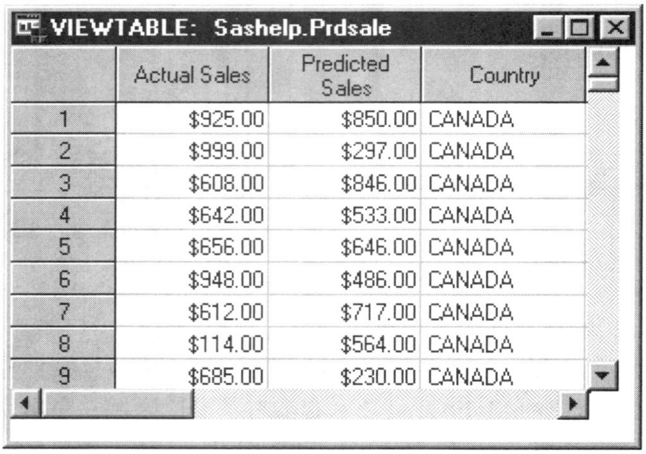

	Actual Sales	Predicted Sales	Country
1	$925.00	$850.00	CANADA
2	$999.00	$297.00	CANADA
3	$608.00	$846.00	CANADA
4	$642.00	$533.00	CANADA
5	$656.00	$646.00	CANADA
6	$948.00	$486.00	CANADA
7	$612.00	$717.00	CANADA
8	$114.00	$564.00	CANADA
9	$685.00	$230.00	CANADA

图 1-24　VIEWTABLE 窗口和显示的 Prdsale 数据表

(2) 浏览完 Prdsale 数据表中的数据后，点击【File】菜单→【Close】项，则关闭 VIEWTABLE 窗口。

1.6.4　删除 SAS 数据文件

在 Explorer 窗口中，对 Sasuser 数据库或其它用户数据库中不需要的数据文件均可执行删除操作，而其它缺省数据库中的数据文件因受到 SAS 的保护而不能执行删除操作。拟将 Mylib 数据库中的文件 Prdsale 删除，操作如下：

(1) 打开 Mylib 数据库，在数据文件 Prdsale 上右击鼠标，在出现的弹出菜单上点击 Delete 项，则出现 Delete Confirmation 窗口。

(2) 点击 Delete Confirmation 窗口的“确定”按钮，则数据文件 Prdsale 被删除。如图 1-25 所示。

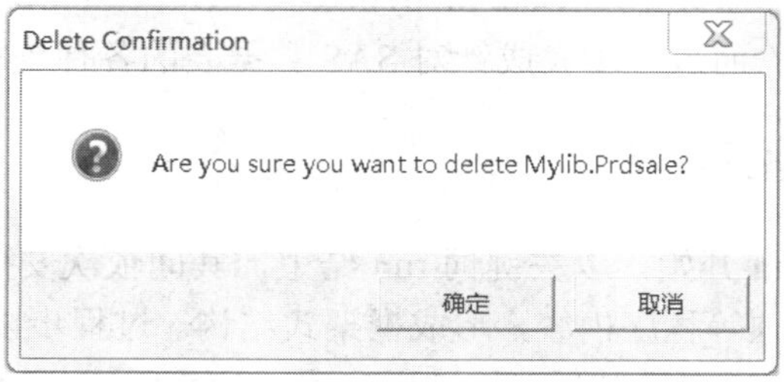

图 1-25　Delete Confirmation 窗口及操作

1.7　管理磁盘文件

可用 SAS 的 My Favorite Folders 对计算机磁盘上的各类文件执行操作，自然也包括 SAS 的程序文件和数据文件。具体方法与 Windows 操作系统中对文件夹及文件的操作相同。

SAS 的 My Favorite Folders(收藏夹)窗口由两个子窗口组成，左子窗口为搜索树，右子窗口为选定文件夹的内容。

My Favorite Folders 的使用方法如下：

(1) 点击【View】菜单→【My Favorite Folders】项，出现 My Favorite Folders 浮动窗口。如图 1-26 所示。

(2) 在左子窗口的搜索树上选定文件夹，该文件夹里的所有文件都显示在右子窗口中，此时可浏览和管理这些文件。

(3) 任务完成后，可点击【File】菜单→【Close】项，关闭 My Favorite Folders 窗口，亦可通过点击该窗口标题栏上的关闭按钮来关闭窗口。

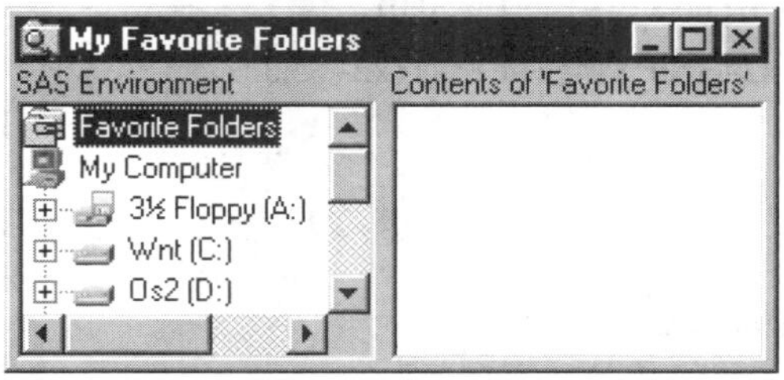

图 1-26　收藏夹(My Favorite Folders)浮动窗口

1.8　SAS 编程基础

用户的编程任务需在 Editor(Enhanced Editor)窗口或 Program Editor 窗口完成，前者具

有较完善的程序编辑、程序调试、程序语法报错、程序运行报错等功能，是 SAS 的缺省编程窗口。

用户可选择菜单驱动方式或程序驱动方式来完成试验设计和统计分析的任务，后者由于容易实现各种统计建模和灵活的编辑删改，更适合复杂多样的统计数据处理。

SAS 只有两类程序，即数据步(Data Step)和过程步(Proc Step)。数据步完成 SAS 数据表的各种编辑和报表任务，而过程步完成针对 SAS 数据表的各种统计分析任务。

1.8.1 SAS 程序的格式结构

数据步以关键词 data 开始，以关键词 run 结束，其间依次安排数据表、数据表选项、SAS 语句、SAS 语句选项等程序内容，形成框架式结构。过程步以关键词 proc 开始，也以关键词 run 结束，其间依次安排过程名、过程选项、SAS 语句、SAS 语句选项等程序内容。SAS 程序的每一条语句均以半角分号“;”结束，较长的语句在页面上可自动续行或回车续行，数据表名与数据表选项、过程名与过程选项均用空格隔开，而语句与语句选项用半角除号“/”隔开。SAS 程序的格式结构如下所示。

数据步结构如下所示：

```
data  data set name  data set options;
      SAS language / SAS language options;
run;
```

过程步结构：

```
proc  process name  process options;
      SAS language  /  SAS language options;
run;
```

1.8.2 SAS 程序示例

为体会 SAS 程序的格式结构，在 Editor 窗口输入如下程序，执行并观察结果：

```
data aa;
do x1=-1 to 1 by 0.01; do x2=-1 to 1 by 0.01;
y=95+5.6*x1-4.9*x2-34.6*x1**2+1.8*x1*x2-35.3*x2**2;
output; end; end;
proc print data=aa;
run;
proc g3grid data=aa out=bb;
grid x1*x2=y / naxis1=20 naxis2=20;
run;
proc g3d data=bb;
plot x2*x1=y / caxis=black ctext=black cbottom=green ctop=blue tilt=75 rotate=60 xticknum= 9
yticknum= 9 zticknum= 9 grid;
run; quit;
```

上述 SAS 程序由一个数据步和两个过程步组成。数据步 data aa 创建了一个满足函数 y=f(x1,x2)的 SAS 数据表 aa。第一个过程步 proc g3grid 调用数据表 aa，计算网格数据并输出到数据表 bb。第二个过程步 proc g3d 调用数据集 bb，并将其中的数据绘制成网格图，如图 1-27 所示。

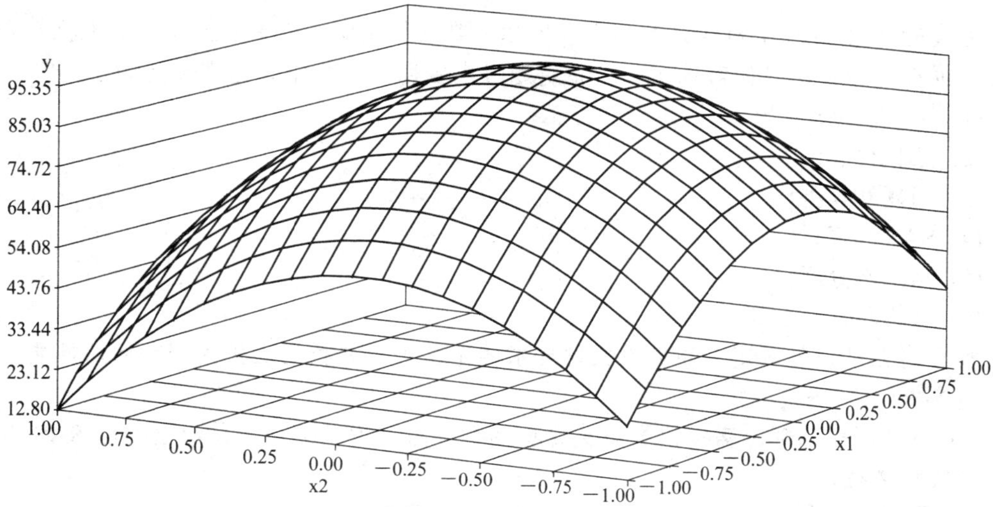

图 1-27 SAS 程序的输出图形

1.9 SAS 帮助操作

SAS 含有内容详细的服务于各种任务编程和 SAS 产品的帮助系统。SAS 软件的帮助系统主要由 Help 菜单、Help 按钮、Help 窗口、Help 文本等构成。下面介绍三种寻求帮助的途径。

1. SAS 系统帮助

(1) 点击 SAS 的【Help】菜单→【SAS System Help】项，出现 SAS System Help 窗口，左子窗口为搜索树，右子窗口为选定主题的内容。若从搜索树上选定了一个主题，则会在右子窗口中显示与该主题相应的帮助内容。

(2) 激活 Explorer 窗口，点击【Help】菜单→【Using This Window】项，或点击工具栏中的 Help 按钮，则会出现 Explorer 任务导向的 SAS System Help 窗口。

2. SAS 在线帮助

点击【Help】菜单→【Books and Training】项→【SAS OnlineDoc】项，则打开 SAS 的在线帮助窗口，从左子窗口搜索树上选定主题，而在右子窗口中阅读相关的帮助内容。

3. SAS 在线课程

(1) 点击【Help】菜单→【Books and Training】项→【SAS OnlineTutor】项，可获得 SAS 编程技能的在线培训，但用户必须先获得 SAS 在线课程的协议许可。

(2) 若要按照课程的推荐顺序进行学习，请点击 Learning Paths。此外，用户可根据感兴趣的内容点击 Contents+Search 选定课程或研究文章进行阅读。

上机报告的写作要求

为及时总结 SAS 上机实践的知识和问题，要求每完成一个单元就写一个上机报告，用户可根据自己的兴趣或偏好选定一个指定题目或主题。上机报告通常包括如下内容:

(1) 上机目的;

(2) 上机内容;

(3) 问题和模型;

(4) SAS 程序;

(5) 结果与分析;

(6) 上机总结。

所写的上机报告限定在题目或主题要求的范围内，并根据上机内容和问题性质酌情满足下述要求:

(1) 写“问题”部分需提出要解决哪些问题，写“模型部分”需给出处理 SAS 数据表的合理统计模型。

(2) 写“SAS 程序”部分需给出运行通过的程序和程序说明。

(3) 写“结果”部分仅需给出 SAS 程序的主要输出结果，可用三线表概括这些结果。写“分析”部分需给出主要的参数估计结果和假设检验结果，并从问题角度和专业层面描述、剖析、比较、解释和概括这些结果的意义。

(4) 写“总结”部分一般给出统计分析结论、尚需解决的问题和用户心得体会。

第 2 单元　SAS 试验设计

上机目的　掌握由效应模型和回归模型出发进行试验设计的方法。熟悉 SAS 试验设计程序的格式、过程、过程选项、语句、语句选项等要素，理解 SAS 试验方案的表示方法。

上机内容　① 利用 FACTEX 过程进行析因设计；② 利用 FACTEX 过程及 PLAN 过程进行完全随机设计、随机区组设计、裂区设计、拉丁方设计和巢式设计；③ 利用 ADX 界面进行响应面设计；④ 利用 FACTEX 过程及 OPTEX 过程进行最优试验设计。

2.1 术语和符号

在 SAS 试验设计中，通常会涉及到一些专业术语和符号，现对它们分别进行解释。

(1) 试验因子。通常在试验中被视作导致问题出现的“原因”，且由人工控制的数值变量或类型变量，简称因子或因素。对于 SAS 程序和 SAS 数据表，本书在研究因子效应时采用大写字母 A、B、C、… 表示因子，而在研究相关关系(回归方程)时采用大写字母加数字编号 X1、X2、X3、… 表征因子。

(2) 因子试验和回归试验。对于探析一组选定变量因果关系的试验，仅要求估计和检验因子效应时称做因子试验，还要求估计和检验回归方程时称做回归试验。

(3) 因子水平。定量因子的一个取值或定性因子的一个标识，简称水平。在 SAS 程序和 SAS 数据表中，本书采用大写字母加数字编号 A1、A2、…、B1、B2、… 表示因子试验的水平，而回归试验的因子是定量的，可采用它的数值表示水平。因子水平还可采用规范的编码表示，仅取二水平则 SAS 编码为 −1 和 1；仅取三水平则 SAS 编码为 −1、0 和 1；取大于三的 a 水平则 SAS 编码为 0、1、2、…、a−1。

(4) 试验处理。因子水平的一个组合(或称水平组合)，简称处理。对单因子试验而言，一个水平就是一个处理。

(5) 试验响应。指试验中因为被看做“结果”而被测定的数值变量，简称响应。在 SAS 程序和 SAS 数据表中，本书采用大写的字母 Y 表示单一响应，采用大写字母加数字编号 Y1、Y2、Y3、… 表示多个响应。

(6) 试验观测。试验中存在因果关系的一组值简称观测。若需区分因子和响应，则称之为因子观测和响应观测。

(7) 试验单元。实施一个处理的载体或区域，简称单元或小区。有些试验的处理均在一个载体上实施，则实施一个处理的时间可视作一个单元。

(8) 试验重复。在试验中一个处理实施的次数，简称重复。

(9) 全面试验。所有可能的试验处理都实施的试验称为全面试验。

(10) 部分试验。选择部分处理用于实施的试验称为部分试验。

(11) 试验条件。指试验单元的统计学性质。若一组条件一致的单元安排同一个处理，则单元的不同不会对试验结果产生影响，若一组条件不一致的单元安排同一个处理，则单元的不同将对试验结果产生影响。

2.2 随机抽样的设计

对随机变量的观测或测试称做随机抽样(随机试验)，它具有三个性质：① 可在相同条件下重复进行；② 抽样的所有可能结果明确可知且不止一个；③ 每次抽样总是恰好出现这些可能结果中的一个，但在抽样前却不能肯定会出现哪一个结果。

2.2.1 单变量随机抽样设计

在参试单元统计学性质一致或单元差异远小于观测变量差异的条件下，对一个变量如何抽样所进行的设计称做单变量抽样设计。

【例 2-1】 为估计某学院一年级 170 名男生《生物统计》课程的平均成绩，拟抽取 17 名学生进行观测，试制定一个抽样方案。

(1) 一个学生是一个单元，试验共需 170 个单元。拟在全院范围内随机抽样，为学生编号(student)0～169；为实施的抽样编号(sample)1～17。

(2) 采用均匀分布随机数函数 UNIFORM 编写 SAS 程序如下：

```
title '单变量随机抽样设计';
data random_number;
do sample=1 to 17 by 1;
student=INT(169.99*UNIFORM(1234));
output; end;
run;
proc print; run; quit;
```

(3) 程序说明。

函数 UNIFORM(1234)的输出结果与其括弧中的数字有关(INT 为取整函数)。

(4) 程序输出的结果如下：

单变量随机抽样设计

Obs	sample	student
1	1	41
2	2	15
3	3	64
4	4	16
5	5	43
6	6	14
7	7	6

8	8	18
9	9	75
10	10	24
11	11	6
12	12	77
13	13	14
14	14	153
15	15	163
16	16	124
17	17	68

2.2.2　配对变量随机抽样设计

单元之间存在系统差异，一个单元上同时观测两个变量，对两个变量在一个单元上如何抽样的设计称做配对变量随机抽样设计。

【例 2-2】 为考察某学院 170 名男生《生物统计》课程的考试成绩与实验成绩的相关性，拟抽取 17 名学生进行观测，试制定一个抽样方案。

(1) 一个学生是一个单元，试验共需 170 个单元。拟在全院范围内随机抽样，为实施的抽样编号(sample)1～17，为学生(即单元)(student)编号 0～169，记实验成绩和考试成绩分别为 1 和 2，test1 记一个单元上的第 1 次抽样，test2 记一个单元上的第 2 次抽样。

(2) 采用均匀分布随机数函数 UNIFORM 编写 SAS 程序如下：

```
title '配对变量随机抽样设计';
  data random_number;
  do sample=1 to 17 by 1;
  student=INT(169.99*UNIFORM(1234567));
  test1=INT(2*UNIFORM(1234567))+1;
  test2=3-test1;
  output; end;
  run;
proc print; run; quit;
```

(3) 程序输出的结果如下：

配对变量随机抽样设计

Obs	sample	student	test1	test2
1	1	115	2	1
2	2	151	1	2
3	3	21	2	1
4	4	28	1	2
5	5	10	2	1

6	6	113	1	2
7	7	76	2	1
8	8	12	2	1
9	9	87	1	2
10	10	112	2	1
11	11	22	2	1
12	12	80	1	2
13	13	130	1	2
14	14	90	2	1
15	15	156	1	2
16	16	24	2	1
17	17	96	2	1

2.2.3 两独立变量随机抽样设计

对两独立变量如何分别观测的设计称做两独立变量随机抽样设计。当一个变量所用单元一致或差异远小于变量本身的差异时，两个变量所用单元间可以有较大的系统差异。

【例 2-3】 为考察某学院 170 名男生和 130 名女生在《生物统计》课上的成绩是否有显著差异，试制定一个抽样方案。

(1) 拟分别独立抽取 17 名男生(男单元)和 13 名女生(女单元)进行观测。为实施的男生抽样编号(male_sample)1～17，男生单元(male_student)编号 0～169。为实施的女生抽样编号(female_sample)1～13，女生单元(female_student)编号 0～129。

(2) 采用均匀分布随机数函数 UNIFORM 编写 SAS 程序如下：

```
title '两独立变量随机抽样设计';
  data male_design;
  do male_sample=1 to 17 by 1;
  male_student=INT(169.99*UNIFORM(1234567));
  output; end;
  run;
  data fmale_design;
  do fmale_sample=1 to 13 by 1;
  fmale_student=INT(129.99*UNIFORM(456789));
  output; end;
  run;
  data twodesign;
  merge male_design fmale_design;
  run;
  proc print; run; quit;
```

(3) 程序输出的结果如下：

两独立变量随机试验设计

Obs	male_ sample	male_ student	fmale_ sample	fmale_ student
1	1	115	1	111
2	2	87	2	110
3	3	151	3	44
4	4	1	4	57
5	5	21	5	118
6	6	140	6	29
7	7	28	7	117
8	8	9	8	120
9	9	10	9	46
10	10	146	10	112
11	11	113	11	91
12	12	43	12	37
13	13	76	13	17
14	14	145	.	.
15	15	12	.	.
16	16	145	.	.
17	17	87	.	.

2.3　单因子试验设计

只取一个因子参试并考察其效应的试验，称做单因子试验。由于仅有一个因子，水平可按等间隔或不等间隔在试验范围内选取若干个设计点(Design Points)，故其试验设计仅是确定设计点的实施规则，试验方案可用试验号(Experiment Number)或观测号(Observation，简写为 Obs)的顺序排列和随机化排列表示。

在 SAS 程序输出的试验方案中，试验号(设计点号或处理号)和区组号均采用 1、2、3、…等自然数表示。不含区组的试验方案采用试验号的顺序排列或随机排列表达，含区组的试验方案则采用区组号和试验号的矩阵排列(列表)表达。

2.3.1　完全顺序设计

若试验单元的统计学性质(试验条件)完全一致，则拟进行的试验可按试验号顺序实施或主观随意实施。

【例 2-4】 试验取 11 个水平和 2 个重复，试确定一个完全顺序设计的试验方案。

(1) 所需单元的个数为 $11 \times 2 = 22$。

(2) 采用 plan 过程编写 SAS 程序如下：

```
title '单因子 2 重复试验完全顺序设计';
proc plan;
factors cells=22 ordered;
treatments treats=22 ordered;
run; quit;
```

(3) 程序说明。

语句 factors cells=22 指定 22 个 cells，其含义是设置 22 个单元，选项 ordered 指定 cells 的值为顺序排列。语句 treatmentss treats=22 指定 22 个 treats，其含义是取 22 个处理，选项 ordered 指定 treats 的值也为顺序排列。注意，语句 treatments 中的 treats 与语句 factors 中的最后一个变量 cells 的值必须一致。

(4) 程序输出的完全顺序设计的试验方案如下：

```
--------------------------------------------------------------------------------------------
--------------------------------------cells--------------------------------------
1  2  3  4  5  6  7  8  9 10 11 12 13 14 15 16 17 18 19 20 21 22
--------------------------------------treats--------------------------------------
1  2  3  4  5  6  7  8  9 10 11 12 13 14 15 16 17 18 19 20 21 22
--------------------------------------------------------------------------------------------
```

2.3.2 区组顺序设计

若试验单元的统计学性质只在局部(Block)完全一致，则拟进行的试验可分区组分别按试验号顺序实施或主观随意实施。区组之间的单元性质可以不一致。

【例 2-5】 试验取 11 个水平和 3 个区组，试确定一个区组顺序设计的试验方案。

(1) 采用 plan 过程编写 SAS 程序如下：

```
title '单因子 3 区组试验区组顺序设计';
proc plan;
factors blocks=3 ordered cells=11 ordered;
treatments treats=11 ordered;
run; quit;
```

(2) 程序说明。

语句 factors blocks=3 指定 3 个 blocks，其含义是设置 3 个区组，选项 ordered 指定 blocks 的值为顺序排列。注意，语句 treatments 中的 treats 与语句 factors 中的最后一个变量 cells 的值必须一致。

(3) 程序输出的区组顺序设计的试验方案如下：

```
--------------------------------------------------------------------------------------------
blocks    --------------------cells--------------------    --------------------treats--------------------
   1       1  2  3  4  5  6  7  8  9 10 11                  1  2  3  4  5  6  7  8  9 10 11
   2       1  2  3  4  5  6  7  8  9 10 11                  1  2  3  4  5  6  7  8  9 10 11
   3       1  2  3  4  5  6  7  8  9 10 11                  1  2  3  4  5  6  7  8  9 10 11
--------------------------------------------------------------------------------------------
```

2.3.3　完全随机设计

若试验单元的统计学性质(试验条件)有随机差异，则拟进行试验的处理需随机地分配到单元上。由于所有处理(包括重复)都要随机地分配到单元上，故称做完全随机设计(Completely Randomized Design of Experiments)。

【例 2-6】 试为单因子 11 水平 2 重复试验制定一个完全随机设计的试验方案。

(1) 所需单元的个数为 $11 \times 2 = 22$。

(2) 采用 plan 过程编写 SAS 程序如下：

```
title '单因素 2 重复试验完全随机设计';
proc plan seed=1234567;
factors cells=22 ordered;
treatments treats=22; run; quit;
```

(3) 程序说明。

plan 过程的选项 seed=1234567 中的数字可随意设定，它指定输出一个与 Seed 值对应的均匀分布的试验号排列，若取消此选项则将使用系统缺省值，即随时间变化的值，seed 的值不同则输出的结果也不同。

(4) 程序输出的完全随机设计的试验方案如下：

```
----------------------------------------------------------------------------------------
          ----------------------------------cells----------------------------------
           1  2  3  4  5  6  7  8  9 10 11 12 13 14 15 16 17 18 19 20 21 22
          ----------------------------------treats---------------------------------
          16 12 20  4  7  3  9  8  5 21 19 14 17 10 15 22  6 11  2  1 18 13
----------------------------------------------------------------------------------------
```

2.3.4　完全随机区组设计

若试验单元的统计学性质(试验条件)在区组内有较小的随机差异，而在区组之间有系统差异，则拟进行试验的处理在区组内需随机地分配到单元上。由于一个区组内试验的所有处理(一般不取重复)都要随机地分配到单元上，故称做完全随机区组设计(Completely Randomized Blocks Design of Experiments)。

【例 2-7】 试为单因子 11 水平 3 区组试验制定一个完全随机区组设计的试验方案。

(1) 每个区组所需单元的个数为 $11 \times 1 = 11$。

(2) 采用 plan 过程编写 SAS 程序如下：

```
title '单因素 3 区组试验完全随机区组设计';
proc plan seed=20120718;
factors blocks=3 ordered cells=11 ordered;
treatments treats=11;
run; quit;
```

(3) 程序说明。

语句 factors 或 treatments 中的每个语句项(如 blocks=3)后面可设置 ordered、random、 cyclic 三种选项，缺省为 random。

(4) 程序输出的完全随机区组设计的试验方案如下：

```
---------------------------------------------------------------------------------------------------------
        blocks          ---------------------cells------------------        -------------------treats---------------------
          1             1  2  3  4  5  6  7  8  9 10 11                  8  6  4 11  9  7  3  1 10  2  5
          2             1  2  3  4  5  6  7  8  9 10 11                  1  4 11  5  3  2  9  7  6  8 10
          3             1  2  3  4  5  6  7  8  9 10 11                  9  7  6  1 10  3  5  2  8 11  4
---------------------------------------------------------------------------------------------------------
```

2.3.5 拉丁方设计

若试验单元是方阵排列，而且单元的统计学性质(试验条件)在纵横两个方向上有随机差异，则将一行单元和一列单元均视作区组，拟进行试验的处理应按拉丁方形式分配到单元上，称做拉丁方设计(Latin Square Design of Experiments)。

【例 2-8】 为单因子 5 水平试验制定一个拉丁方设计的试验方案。

(1) 需用 5×5 拉丁方设计。每个区组所需单元的个数为 $5 \times 1 = 5$。行依次编号 1、2、3、4 和 5，列依次编号 1、2、3、4 和 5，处理依次编号 1、2、3、4 和 5。

(2) 采用 plan 过程编写 SAS 程序如下：

```
title '单因子试验 5 × 5 拉丁方设计';
proc plan;
factors row=5 ordered column=5 ordered;
treatments design1=5 cyclic design2=5 cyclic 3;
run; quit;
```

(3) 程序说明。

语句 factors row=5 column=5 指定生成 5×5 方，语句 treatments design1=5 design2=5 分别指定两个拉丁方设计方案，选项 cyclic 3 指定间隔为 3 的循环排列，选项 cyclic 后的数字缺省则间隔 1。注意，指定的间隔与拉丁方的行数(或列数)不能存在公约数。

(4) 程序输出的拉丁方设计的试验方案如下：

```
---------------------------------------------------------------------------------------------------------
                         row     --column-     -design1-     -design2-
                          1      1 2 3 4 5     1 2 3 4 5     1 2 3 4 5
                          2      1 2 3 4 5     2 3 4 5 1     4 5 1 2 3
                          3      1 2 3 4 5     3 4 5 1 2     2 3 4 5 1
                          4      1 2 3 4 5     4 5 1 2 3     5 1 2 3 4
                          5      1 2 3 4 5     5 1 2 3 4     3 4 5 1 2
---------------------------------------------------------------------------------------------------------
```

【例 2-9】 为单因子 3×2 试验(3 水平 2 重复)制定一个拉丁方设计的试验方案。

(1) 总处理数 $3 \times 2 = 6$，即每个区组所需的单元数为 6。行依次编号 1、2、3、4、5 和 6，列依次编号 1、2、3、4、5 和 6，处理依次编号 1、2、3、4、5 和 6。

(2) 采用 plan 过程编写 SAS 程序如下：

```
title '单因子 2 重复试验 6×6 拉丁方设计';
proc plan;
factors row=6 ordered column=6 ordered;
treatments design1=6 cyclic design2=6 cyclic 5;
run; quit;
```

(3) 程序输出的拉丁方设计的试验方案如下：

```
--------------------------------------------------------------------------------------------
        row      ---column--      --design1--       --design2--
         1       1 2 3 4 5 6      1 2 3 4 5 6       1 2 3 4 5 6
         2       1 2 3 4 5 6      2 3 4 5 6 1       6 1 2 3 4 5
         3       1 2 3 4 5 6      3 4 5 6 1 2       5 6 1 2 3 4
         4       1 2 3 4 5 6      4 5 6 1 2 3       4 5 6 1 2 3
         5       1 2 3 4 5 6      5 6 1 2 3 4       3 4 5 6 1 2
         6       1 2 3 4 5 6      6 1 2 3 4 5       2 3 4 5 6 1
--------------------------------------------------------------------------------------------
```

2.4　试验处理的析因设计

析因设计(Factorial Designs)是一种根据可估计因子效应选定试验处理的试验设计方法，可采用 SAS 的 factex 过程(模块)编程实现。

本书拟采用一种简便方法描述一个试验。例如，将因子水平数相同的“四因子 3 水平无重复试验”称做“四因子 3^4 试验”或简称“3^4 试验”，当有 3 个重复时称做“四因子 $3^4\times3$ 试验”或简称“$3^4\times3$ 试验”。将因子水平数不同的“第 1 因子取 3 个水平、第 2 因子取 4 个水平的二因子无重复试验”称做“二因子 3×4 试验”，当有 3 个重复时称做“二因子(3×4)×3 试验”。其余依此类推。

2.4.1　完全析因设计

试验方案中的一个试验处理为一个设计点(Design Point)，若试验的所有可能处理(水平组合)均做设计点，则称做完全析因设计。

【例 2-10】 三因子 $2^3\times2$ 试验中的因子分别记作 A、B、C，试制定一个完全析因设计的试验方案。

(1) 计算试验的设计点数。

试验处理的总数为 $2^3=8$，2 个重复，共需 $8\times2=16$ 个试验单元，即 16 个设计点。

(2) 采用 factex 过程编写 SAS 程序如下：

```
proc factex;
factors A B C;
size design=16;
```

```
examine design;
run; quit;
```

(3) 程序说明。

语句 factors 指定 3 个因子 A、B 和 C，选项缺省则水平数为 2。语句 size design=16 指定试验方案的设计点数为 16。语句 examine design 指定输出因子水平为规范化编码(二水平编码为 −1 和 1，三水平编码为 −1、0 和 1)的设计点，编码的意义由用户确定。

(4) 程序输出的完全析因设计的编码方案如下：

Experiment Number	A	B	C
1	−1	−1	−1
2	−1	−1	1
3	−1	1	−1
4	−1	1	1
5	1	−1	−1
6	1	−1	1
7	1	1	−1
8	1	1	1
9	−1	−1	−1
10	−1	−1	1
11	−1	1	−1
12	−1	1	1
13	1	−1	−1
14	1	−1	1
15	1	1	−1
16	1	1	1

【例 2-11】 三因子 $2^3 \times 2$ 试验中的因子分别记作 A、B 和 C，其中因子 A 有两水平 26 和 30，因子 B 有两水平 40 和 55，因子 C 有两水平 on 和 off，试制定一个完全析因设计的用因子水平实际值表达的试验方案。

(1) 计算试验的设计点数。

试验处理的总数为 $2^3 = 8$，2 个重复，共需 $8 \times 2 = 16$ 个试验单元，即 16 个设计点。

(2) 采用 factex 过程编写 SAS 程序如下：

```
proc factex;
factors A B C;
size design=16;
output out=design A nvals=(26 30) B nvals=(40 55) C cvals=('on' 'off');
run;
proc print;
run; quit;
```

(3) 程序说明。

语句 output out=design 指定输出设计方案的 SAS 数据表 design(存储在 Work 临时库)。选项 A nval=(26 30)指定因子 A 的水平值为 26 和 30，选项 C cvals=('on' 'off') 指定因子水平值为字符 on 和 off。

(4) 程序输出的完全析因设计的实际水平方案如下：

Obs	A	B	C
1	26	40	on
2	26	40	off
3	26	55	on
4	26	55	off
5	30	40	on
6	30	40	off
7	30	55	on
8	30	55	off
9	26	40	on
10	26	40	off
11	26	55	on
12	26	55	off
13	30	40	on
14	30	40	off
15	30	55	on
16	30	55	off

【例 2-12】 三因子 3^3 试验中的因子分别记作 A、B 和 C，试制定一个完全析因设计的试验方案。

(1) 计算试验的设计点数。

试验处理的总数为 $3^3=27$，无重复，共需 27 个试验单元，即 27 个设计点。

(2) 采用 factex 过程编写 SAS 程序如下：

```
proc factex;
factors A B C / nlev=3;
size design=27;
examine design;
run; quit;
```

(3) 程序说明。

语句 factors 指定 3 个因子 A、B 和 C，选项 nlev=3 指定每个因子的水平数均为 3，其它水平数的试验方案依次类推。

(4) 程序输出的完全析因设计的编码方案如下：

Experiment Number	A	B	C
1	−1	−1	−1
2	−1	−1	0
3	−1	−1	1
4	−1	0	−1
5	−1	0	0
6	−1	0	1
7	−1	1	−1
8	−1	1	0
9	−1	1	1
10	0	−1	−1
11	0	−1	0
12	0	−1	1
13	0	0	−1
14	0	0	0
15	0	0	1
16	0	1	−1
17	0	1	0
18	0	1	1
19	1	−1	−1
20	1	−1	0
21	1	−1	1
22	1	0	−1
23	1	0	0
24	1	0	1
25	1	1	−1
26	1	1	0
27	1	1	1

2.4.2 区组析因设计

若试验的所有可能处理均需分区组(Block)做设计点，则称做区组析因设计。

【例 2-13】 若试验单元的现状是分组一致(区组内的单元试验条件一致)，区组之间可以不一致，则试验实施时需对试验处理划分区组(Block)。三因子 3^3 试验中的因子分别记作 A、B 和 C，试制定一个区组析因设计的试验方案。

(1) 计算试验的设计点数和区组数。

试验处理的总数为 $3^3=27$，无重复，试验共需 27 个单元，即 27 个设计点。区组的个数必须取 3^{3-2} 或 3^{3-1}，每区组的设计点个数必须对应的取 3^2 或 3^1。

(2) 采用 factex 过程编写 SAS 程序如下：

```
proc factex;
factors A B C / nlev=3;
size design=27;
blocks nblocks=3; /*或用 size=9*/
model resolution=max;
examine design;
run; quit;
```

(3) 程序说明。

语句 blocks nblocks=3 指定析因设计的区组数，必须是水平数 3 的整数次幂。语句 blocks size=9 指定析因设计每个区组的设计点个数，也必须是水平数 3 的整数次幂。语句 model resolution=max 指定按最大分辨力划分区组，max 是 maximum 的简写。选用其它水平数时依次类推。

(4) 程序输出的区组析因设计的编码方案如下：

Experiment Number	A	B	C	Block
1	−1	−1	−1	1
2	−1	−1	0	3
3	−1	−1	1	2
4	−1	0	−1	3
5	−1	0	0	2
6	−1	0	1	1
7	−1	1	−1	2
8	−1	1	0	1
9	−1	1	1	3
10	0	−1	−1	3
11	0	−1	0	2
12	0	−1	1	1
13	0	0	−1	2
14	0	0	0	1
15	0	0	1	3
16	0	1	−1	1
17	0	1	0	3
18	0	1	1	2
19	1	−1	−1	2
20	1	−1	0	1
21	1	−1	1	3
22	1	0	−1	1
23	1	0	0	3

24	1	0	1	2
25	1	1	−1	3
26	1	1	0	2
27	1	1	1	1

2.4.3 部分析因设计

若只选取区组析因设计中的一个区组及其所包含设计点构成试验方案，则称做部分析因设计(Fractional Factorial Designs)。

【例 2-14】 五因子 2^5 试验的因子分别用 A、B、C、D、E 表示，试制定一个 1/2 部分析因设计的试验方案。

(1) 计算试验的设计点数和区组数。

总处理数 $2^5=32$，选取 1/2 无重复，共需 $32\times1/2=16$ 个试验单元，即 16 个设计点。

(2) 采用 factex 过程编写 SAS 程序如下：

```
proc factex;
factors A B C D E;
size design=16;
model resolution= max;
examine design;
run; quit;
```

(3) 程序说明。

语句 model resolution=max 指定按最大分辨力选出一个区组做部分析因设计。

(4) 程序输出的 1/2 部分析因设计的编码方案如下：

Experiment Number	A	B	C	D	E
1	−1	−1	−1	−1	1
2	−1	−1	−1	1	−1
3	−1	−1	1	−1	−1
4	−1	−1	1	1	1
5	−1	1	−1	−1	−1
6	−1	1	−1	1	1
7	−1	1	1	−1	1
8	−1	1	1	1	−1
9	1	−1	−1	−1	−1
10	1	−1	−1	1	1
11	1	−1	1	−1	1
12	1	−1	1	1	−1
13	1	1	−1	−1	1
14	1	1	−1	1	−1

15	1	1	1	−1	−1
16	1	1	1	1	1

【例 2-15】 五因子 2^5 试验的因子分别用 A、B、C、D、E 表示，试制定一个 1/4 部分析因设计的试验方案。

(1) 计算试验的处理数和设计点数。

总处理数 $2^5=32$，选取 1/4 无重复，共需 $32\times1/4=8$ 个试验单元，即 8 个设计点。

(2) 采用 factex 过程编写 SAS 程序如下：

```
proc factex;
factors A B C D E;
size design=8;
model resolution=max;
examine d;
run; quit;
```

(3) 程序说明。

语句 examine d 指定输出因子水平为规范化编码的设计点，其中 d 是 design 的简写。

(4) 程序输出的 1/4 部分析因设计的编码方案如下：

Experiment Number	A	B	C	D	E
1	−1	−1	−1	−1	1
2	−1	−1	1	1	−1
3	−1	1	−1	1	−1
4	−1	1	1	−1	1
5	1	−1	−1	1	1
6	1	−1	1	−1	−1
7	1	1	−1	−1	−1
8	1	1	1	1	1

【例 2-16】 四因子 2^4 试验的因子分别记作 A、B、C 和 D，若要求能估计主效应 A、B、C、D 和交互效应 A*B、B*C。试制定一个 1/2 部分析因设计的试验方案。

(1) 计算试验的处理数和设计点数。

总处理数 $2^4=16$，选取 1/2 无重复，共需 $16\times1/2=8$ 个试验单元，即 8 个设计点。

(2) 采用 factex 过程编写 SAS 程序如下：

```
proc factex;
factors A B C D;
size design=8;
model e=(A B C D A*B B*C);
examine d;
run; quit;
```

(3) 程序说明。

语句 model e=(A B C D A*B B*C)指定要估计的效应，其中 e 可写为 estimate 或 est。

(4) 程序输出的 1/2 部分析因设计的编码方案如下：

Experiment Number	A	B	C	D
1	−1	−1	−1	−1
2	−1	−1	1	1
3	−1	1	−1	1
4	−1	1	1	−1
5	1	−1	−1	1
6	1	−1	1	−1
7	1	1	−1	−1
8	1	1	1	1

2.4.4 最小部分析因设计

最小部分析因设计在国内通常称做正交试验设计(Orthogonal Designs)，在 SAS 里就是分辨力(resolution)和试验量(size)均达最小时的部分析因设计。

【例 2-17】 试利用 SAS 编程实现 $L_4(2^3)$正交表。

(1) 定义因子和水平。

3 个因子分别记作 A、B 和 C，因子的 2 个水平分别记作 1 和 2。

(2) 采用 factex 过程编写 SAS 程序如下：

```
title 'L4(2^3)正交设计';
proc factex;
factors A B C;
size design=min;
model resolution=3;
output out=orthodesign A nvals=(1 2) B nvals=(1 2) C nvals=(2 1);
run;
proc print data=orthodesign;
run;quit;
```

(3) 程序说明。

语句 model resolution=3 设置分辨力等于 3(最小值)。语句 size design=min 指定最少设计点的个数。两个选项缺一不可。

(4) 程序输出的编码正交表如下：

L4(2^3)正交设计

Obs	A	B	C
1	1	1	1

2	1	2	2
3	2	1	2
4	2	2	1

【例 2-18】 试利用 SAS 编程实现 $L_8(2^7)$正交表。

(1) 定义因子和水平。

7 个因子分别记作 A、B、C、D、E、F、G，因子的 2 个水平分别记作 1 和 2。

(2) 采用 factex 过程编写 SAS 程序如下：

```
title 'L8(2^7)正交设计';
  proc factex;
  factors X1-X7;
  size design=min;
  model resolution=3;
  output out=orthodesign
    [X1]=A nvals=(1 2) [X2]=B nvals=(1 2) [X7]=C nvals=(2 1)
    [X3]=D nvals=(1 2) [X6]=E nvals=(2 1) [X5]=F nvals=(2 1) [X4]=G nvals=(1 2);
  run;
  data orthodesign;
  set orthodesign;
  drop X1-X7;
  run;
  proc print data=orthodesign;
run;quit;
```

(3) 程序说明。

proc 步目的是产生与已发布正交表一致的一个试验方案。语句 factors X1-X7 产生一个 7 因子 2 水平的析因设计。语句 output 中的[X1]=A nvals=(1 2)项将变量 X1 转换成因子变量 A，并指定使用的水平编码，其余项的意义相同。data 步目的是删除 SAS 数据表 orthodesign 中的多余变量 X1、X2、…、X7。

(4) 程序输出的编码正交表如下：

L8(2^7)正交设计

Obs	A	B	C	D	E	F	G
1	1	1	1	1	1	1	1
2	1	1	1	2	2	2	2
3	1	2	2	1	1	2	2
4	1	2	2	2	2	1	1
5	2	1	2	1	2	1	2
6	2	1	2	2	1	2	1
7	2	2	1	1	2	2	1

```
                    8     2     2     1     2     1     1     2
---------------------------------------------------------------------------
```

【例 2-19】 试利用 SAS 编程实现 $L_8(4\times 2^4)$混合水平正交表。

(1) 定义因子和水平。

5 个因子分别记作 A、B、C、D 和 E，第 1 因子的 4 个水平分别记作 1、2、3、4，其余因子的 2 个水平分别记作 1、2。

(2) 采用 factex 过程编写 SAS 程序如下：

```
title 'L8(4 × 2^4)混合水平正交设计';
proc factex;
    factors X1-X4;
    blocks nblocks=4;
    size design=min;
    model resolution=3;
    output out=design01
    blockname=A nvals=(1 2 3 4) [X1]=B nvals=(1 2)
    [X3]=C nvals=(2 1) [X4]=D nvals=(2 1) [X2]=E nvals=(1 2);
run;
data design01;
    set design01;
    drop X1-X4;
run;
proc print data=design01; run; quit;
```

(3) 程序说明。

proc 步目的是产生与已发布正交表一致的一个试验方案。语句 factors X1-X4 产生一个 4 因子 2 水平的试验方案。语句 output 中的 blockname=A nvals=(1 2 3 4)项将区组变量指定为因子 A 并赋值。data 步是为了删除 SAS 数据表 design01 中多余的变量 X1、X2、X3 和 X4。

(4) 程序输出的编码正交表如下：

L8(4×2^4)混合水平正交设计

Obs	A	B	C	D	E
1	1	1	1	1	1
2	1	2	2	2	2
3	2	1	1	2	2
4	2	2	2	1	1
5	3	1	2	1	2
6	3	2	1	2	1
7	4	1	2	2	1
8	4	2	1	1	2

用户亦可通过下面的 SAS 程序完成同样的任务：

```
title 'L8(4 × 2^4)混合水平正交设计';
proc factex;
factors X1-X6;
size design=min;
model resolution=3;
output out=design01
        [X1 X2]=A nvals=(1 3 2 4) [X3]=B nvals=(1 2)
        [X6]=C nvals=(2 1) [X5]=D nvals=(2 1) [X4]=E nvals=(1 2);
run;
data design01;
set design01;
drop X1-X6;
run;
proc print data=design01; run; quit;
```

2.5 多因子试验设计

一个试验的设计包括两个基本过程，选定试验处理和确定试验实施规则。因此，一个试验方案应包括选定的试验处理及其实施规则两方面的信息。

有两个以上因子参试并考察其主效应及互作效应的试验，称做多因子试验。多因子试验的一个处理是由多个因子各取一个水平组合而成，因而试验设计不仅要选定参与试验的处理(设计点)，还要确定处理在单元上的排列。

试验方案应由设计点列表和试验实施列表两部分组成。在 SAS 程序输出的试验方案里，设计点列表由 factex 过程设计给出，试验实施列表由 plan 过程设计给出。

2.5.1 完全顺序设计

当参与试验的单元性质全都一致或存在微弱的随机差异，又需要研究全部的因子效应时，可使用多因子试验完全顺序设计(Completely Design of Experiments)。

【例 2-20】 试为二因子(2 × 4) × 3 试验制定一个完全顺序设计的试验方案。

(1) 计算试验的设计点数。

第 1 因子 2 个水平，第 2 因子 4 个水平，3 个重复，总处理数为 $2 \times 4 \times 3 = 24$，共需 24 个试验单元(即 24 个设计点)，为设计点编码 1～24。

(2) 采用 factex 过程和 plan 过程编写 SAS 程序如下：

```
proc factex;
factors X1-X3;
size design=8;
model resolution=max;
```

```
output out=aa [X1]=A nvals=(-1 1) [X2 X3]=B nvals=(-2 -1 1 2);
run;
data aa;
set aa; drop X1-X3;
run;
proc print data=aa; run;
proc plan seed=20120719;
factors cells=24 ordered;
treatments treats=24 ordered;
run;quit;
```

(3) 程序输出的完全顺序设计的试验方案如下：

```
----------------------------------------------------------------------------------------------
                         Obs      A      B
                          1      -1     -2
                          2      -1      1
                          3      -1     -1
                          4      -1      2
                          5       1     -2
                          6       1      1
                          7       1     -1
                          8       1      2
--------------------------------------------cells--------------------------------------------
 1  2  3  4  5  6  7  8  9 10 11 12 13 14 15 16 17 18 19 20 21 22 23 24
--------------------------------------------treats-------------------------------------------
 1  2  3  4  5  6  7  8  9 10 11 12 13 14 15 16 17 18 19 20 21 22 23 24
----------------------------------------------------------------------------------------------
```

2.5.2 完全随机设计

当参与试验的单元性质存在较强的随机差异，又需要研究全部的因子效应时，可使用多因子试验完全随机设计(Completely Randomized Design of Experiments)。

【例 2-21】 试为二因子$(2\times4)\times3$试验制定一个完全随机设计的试验方案。

(1) 计算试验的设计点数。

第 1 因子 2 个水平，第 2 因子 4 个水平，3 个重复，总处理数为 $2\times4\times3=24$，共需 24 个试验单元(即 24 个设计点)，为设计点编码 1～24。

(2) 采用 factex 过程和 plan 过程编写 SAS 程序如下：

```
proc factex;
factors X1-X3;
size design=8;
model resolution=max;
```

```
output out=aa [X1]=A nvals=(−1 1) [X2 X3]=B nvals=(−2 −1 1 2);
run;
data aa;
set aa; drop X1-X3;
run;
proc print data=aa; run;
proc plan seed=20120719;
factors cells=24 ordered;
treatments treats=24;
run;quit;
```

(3) 程序输出的完全随机设计的试验方案如下：

```
--------------------------------------------------------------------------------------------
                         Obs      A      B
                          1      −1     −2
                          2      −1      1
                          3      −1     −1
                          4      −1      2
                          5       1     −2
                          6       1      1
                          7       1     −1
                          8       1      2
      ------------------------------------cells------------------------------------
        1  2  3  4  5  6  7  8  9 10 11 12 13 14 15 16 17 18 19 20 21 22 23 24
      ------------------------------------treats-----------------------------------
       22 12 14  9  3  4 13 20 18 23 21 19  5 24 16  6 15  2  8 17 11  7 10  1
--------------------------------------------------------------------------------------------
```

2.5.3　不完全随机设计

当参与试验的单元性质存在较强的随机差异，且只想研究部分因子效应时，可使用多因子试验不完全随机设计(Incomplete Randomized Design of Experiments)。

【例 2-22】 试为四因子 $2^4 \times 3$ 试验制定一个不完全随机设计的试验方案。

(1) 计算试验的设计点数。

四个因子均取 2 个水平，1/2 部分析因设计，选定设计点拟实施 3 个重复，只研究主效应 A、B、C、D 和互作效应 A*B、A*C、A*D。总处理数为 $2^4 \times 1/2 \times 3 = 24$，共需 24 个试验单元，即 24 个设计点。

(2) 采用 factex 过程和 plan 过程编写 SAS 程序如下：

```
proc factex;
factors A B C D;
size design=8;
```

```
model e=(A B C D A*B A*C A*D);
examine d;
run;
proc plan seed=20120719;
factors cells=24 ordered;
treatments treats=24;
run;quit;
```

(3) 程序输出的不完全随机设计的试验方案如下：

```
--------------------------------------------------------------------------------
                Experiment Number     A      B      C      D
                                1    -1     -1     -1     -1
                                2    -1     -1      1      1
                                3    -1      1     -1      1
                                4    -1      1      1     -1
                                5     1     -1     -1      1
                                6     1     -1      1     -1
                                7     1      1     -1     -1
                                8     1      1      1      1
       ------------------------------------cells-------------------------------
        1  2  3  4  5  6  7  8  9 10 11 12 13 14 15 16 17 18 19 20 21 22 23 24
       ------------------------------------treats------------------------------
       22 12 14  9  3  4 13 20 18 23 21 19  5 24 16  6 15  2  8 17 11  7 10  1
--------------------------------------------------------------------------------
```

2.5.4 完全随机区组设计

当区组内参与试验的单元性质存在较强的随机差异，区组之间的单元性质存在较强的系统差异，又需要研究全部的因子效应时，可使用多因子试验完全随机区组设计(Completely Randomized Blocks Design of Experiments)。

【例 2-23】 试为二因素$(2\times4)\times3$试验制定一个完全随机区组设计的试验方案。

(1) 计算试验的设计点数。

处理数$2\times4=8$，设 3 区组，每区组 8 个单元，共需$2\times4\times3=24$个单元，即 24 个设计点。

(2) 采用 factex 过程和 plan 过程编写 SAS 程序如下：

```
proc factex;
factors X1-X3;
size design=8;
model resolution=max;
output out=aa [X1]=A nvals=(-1 1) [X2 X3]=B nvals=(-2 -1 1 2);
run;
```

```
data aa;
set aa; drop X1-X3;
run;
proc print data=aa; run;
proc plan seed=20120719;
factors blocks=3 ordered cells=8 ordered;
treatments treats=8;
run;quit;
```

(3) 程序输出的完全随机区组设计的试验方案如下：

Obs	A	B
1	−1	−2
2	−1	1
3	−1	−1
4	−1	2
5	1	−2
6	1	1
7	1	−1
8	1	2

blocks	---------cells------	-------treats------
1	1 2 3 4 5 6 7 8	8 5 6 2 3 4 7 1
2	1 2 3 4 5 6 7 8	5 8 7 6 1 2 3 4
3	1 2 3 4 5 6 7 8	2 3 4 1 5 8 7 6

2.5.5 不完全随机区组设计

当区组内参与试验的单元性质存在较强的随机差异，区组之间的单元性质存在较强的系统差异，且只想研究部分因子效应时，可使用多因子试验不完全随机区组设计(Incomplete Randomized Blocks Design of Experiments)。

【例 2-24】 试为四因子 $2^4 \times 3$ 试验制定一个不完全随机区组设计的试验方案。

(1) 计算试验的设计点数。

四个因子均取 2 个水平，1/2 部分析因设计产生 $2^4 \times 1/2$ 个处理，设置 3 个区组，共需 $2^4 \times 1/2 \times 3 = 24$ 个单元，即 24 个设计点。试验只研究主效应 A、B、C、D 和互作效应 A*B、A*C、A*D。

(2) 采用 factex 过程和 plan 过程编写 SAS 程序如下：

```
proc factex;
factors A B C D;
size design=8;
model e=(A B C D A*B A*C A*D);
```

```
examine d;
run;
proc plan seed=20120719;
factors blocks=3 ordered cells=8 ordered;
treatments treats=8;
run;quit;
```

(3) 程序输出的不完全随机区组设计的试验方案如下：

Experiment Number	A	B	C	D
1	−1	−1	−1	−1
2	−1	−1	1	1
3	−1	1	−1	1
4	−1	1	1	−1
5	1	−1	−1	1
6	1	−1	1	−1
7	1	1	−1	−1
8	1	1	1	1

blocks	---------cells-------	------treats------
1	1 2 3 4 5 6 7 8	8 5 6 2 3 4 7 1
2	1 2 3 4 5 6 7 8	5 8 7 6 1 2 3 4
3	1 2 3 4 5 6 7 8	2 3 4 1 5 8 7 6

2.5.6 裂区设计

若参与试验的单元性质存在较强的系统差异，试验处理又不易分成合理的区组，可考虑使用裂区设计(Split Plot Design of Experiments)。全部试验区划分成若干个区组，每个区组又分为若干个主区(区组内分出的主单元)，主区又分为若干个副区(主单元内分出的副单元)，如此逐层分割，有几个因子就分割成几层，每层单元随机地分配一个因子的处理。单元愈大系统差异愈大，因子愈重要愈要分配到较小的单元上。

【例 2-25】 试为二因素$(3\times4)\times3$试验制定一个裂区设计的试验方案。

(1) 计算试验的设计点数。

设因子 A 为 3 个水平，因子 B 为 4 个水平，则处理数为 $3\times4=12$。设 3 个区组用于实现因子 A 的重复，每区组划分为 3 个主单元，以分配因子 A 的 3 个水平，每个主单元又划分为 4 个副单元，以分配因子 B 的 4 个水平，共 $3\times3=9$ 个主单元和 $9\times4=36$ 个副单元。

(2) 采用 plan 过程编写 SAS 程序如下：

```
proc plan seed=20120718;
factors blocks=3 ordered A_cells=3 ordered;
treatments A=3;
run;
```

```
proc plan seed=20120719;
factors blocks=3 ordered A_cells=3 ordered B_cells=4 ordered;
treatments B=4;
run;quit;
```

(3) 程序说明。

由于因子 A 和因子 B 分配的单元大小不一样，故采用区组、主单元、副单元在试验区上的顺序分割，再将因子 A 的处理随机地分配到主单元上，将因子 B 的处理随机地分配到副单元上，采用两个 plan 过程编程实现。

(4) 程序输出的裂区设计试验方案如下：

```
--------------------------------------------------------------------------------
          Factor      Select      Levels      Order
            A            3           3        Random

                      blocks     --A_cells-    --A--
                         1        1   2   3    3 2 1
                         2        1   2   3    3 1 2
                         3        1   2   3    3 2 1

          Factor      Select      Levels      Order
            B            4           4        Random

          blocks     A_cells     --B_cells-     ---B---
            1            1       1  2  3  4     4 3 1 2
                         2       1  2  3  4     2 1 3 4
                         3       1  2  3  4     3 4 2 1
            2            1       1  2  3  4     1 4 3 2
                         2       1  2  3  4     1 2 3 4
                         3       1  2  3  4     1 4 3 2
            3            1       1  2  3  4     4 3 2 1
                         2       1  2  3  4     1 2 3 4
                         3       1  2  3  4     1 3 4 2
--------------------------------------------------------------------------------
```

2.5.7　巢式设计

若欲考察的因子效应来源于某些逐级嵌套的对象，这些不同层次的对象可逐个视作因子，从而采用巢式(等级嵌套)设计(Hierarchical Nested Design of Experiments)的试验对这些因子的效应进行观测。例如，对某些生物对象的采样检测。

【例 2-26】 选两个温室(因子 A)，两端和中部选 3 个一定面积的区域(因子 B)，每区域任选 3 株植物(因子 C)，每株植物任取 3 个叶片(因子 D)检测光合速率(Y)两次。试为这样的四因子 $2 \times 3 \times 3 \times 3$ 试验制定一个巢式设计的试验方案。

(1) 计算观测的个数。

处理数为 $2 \times 3 \times 3 \times 3 = 54$，2 个重复，共产生$(2 \times 3 \times 3 \times 3) \times 2 = 108$ 个观测。

(2) 采用 plan 过程编写 SAS 程序如下：

```
title 'Hierarchical Nested Design';
proc plan seed=20120721;
factors A=2 ordered B=3 ordered C=3 D=3;
treatments Y=3;
run; quit;
```

(3) 程序输出的巢式设计的试验方案如下：

Factor	Select	Levels	Order
A	2	2	Ordered
B	3	3	Ordered
C	3	3	Random
D	3	3	Random

A	B	C	--D--	--Y--
1	1	1	2 3 1	1 2 3
		3	3 2 1	1 3 2
		2	3 1 2	3 2 1
	2	2	2 3 1	2 1 3
		1	3 2 1	3 1 2
		3	3 1 2	2 3 1
	3	3	1 2 3	2 1 3
		2	1 2 3	2 1 3
		1	2 3 1	2 3 1
2	1	1	2 3 1	1 3 2
		3	2 1 3	3 2 1
		2	3 1 2	3 2 1
	2	2	1 3 2	2 3 1
		3	3 2 1	2 3 1
		1	3 1 2	2 1 3
	3	3	2 1 3	2 3 1
		1	1 3 2	3 1 2
		2	3 1 2	1 2 3

2.6 回归试验设计

在响应观测和因子观测均定量的条件下，若想研究响应与因子的相关关系(即想估计和检验回归模型(回归方程))，可采用回归试验设计(Regreesion Designs)。

回归试验设计要针对一定类型的回归模型，并以减少或抑制该模型的估计误差为基本准则，由此衍生出许多设计方法。注意，试验实施时应保持试验单元的统计学性质一致或具有较弱的随机差异。

2.6.1 一元回归设计

一元回归设计(Single Regression Designs)指仅有一个自变量(因子)的回归试验设计。回归模型未知时，可采用线性模型和多项式模型进行设计。

线性回归设计可采用在试验范围内对因子水平等间隔布点的析因设计方案。非线性回归设计可采用在试验范围内对因子响应陡峭区密集布点、平缓区稀疏布点的不等间隔的析因设计方案。此方案因子水平数至少需要 5 个。

2.6.2 多元回归设计

多元回归设计(Multiple regression Designs)指具有两个以上自变量(因子)的回归试验设计。回归模型未知时，可采用线性模型和多项式模型进行设计。下面例题拟采用在试验范围内，设计点具有正交性的析因设计或部分析因设计。

设用 p、q、n 分别表示自变量个数、回归效应个数和试验方案(不含重复)的设计点数，则线性回归设计满足 $q = 1 + p$，二次多项式设计满足 $q = 1 + (p + 1)(p + 2)/2$。设计方案应满足 $n > q$，这样才能保证回归方程和全部回归效应能被估计及检验。

【例 2-27】 试制定一个三元线性回归设计的试验方案。

(1) 计算回归效应的个数。

自变量(因子)个数为 3，分别以 X1、X2、X3 表示，则效应的总数为 3+1=4，试验方案至少需要 5 个处理，拟采用 2^3 试验完全析因设计或 3^3 试验 1/3 部分析因设计。

(2) 采用 factex 过程编写 SAS 程序如下：

```
title "Factorial Design of 2^3 Test"
proc factex;
factors X1-X3;
size design=8;
model est=(X1 X2 X3);
examine d;
run;
title "1/3 Fractional Factorial Design of 3^3 Test"
proc factex;
factors X1-X3 / nlev=3;
size design=9;
model est=(X1 X2 X3);
examine d;
run; quit;
```

(3) 程序输出的试验方案如下：

Factorial Design of 2^3 Test

Experiment Number	X1	X2	X3
1	–1	–1	–1
2	–1	–1	1
3	–1	1	–1
4	–1	1	1
5	1	–1	–1
6	1	–1	1
7	1	1	–1
8	1	1	1

1/3 Fractional Factorial Design of 3^3 Test

Experiment Number	X1	X2	X3
1	–1	–1	–1
2	–1	0	1
3	–1	1	0
4	0	–1	1
5	0	0	0
6	0	1	–1
7	1	–1	0
8	1	0	–1
9	1	1	1

【例 2-28】 试制定一个五元二次多项式回归设计的试验方案。

(1) 计算回归效应的个数。

5 个自变量分别以 X1、X2、X3、X4、X5 表示，效应的个数为：

$$q=(5+1)\times\frac{5+2}{2}+1$$

故试验方案至少需要 22 个不含重复的设计点。拟采用 3^5 试验 1/9 部分析因设计，它的设计点个数为 27。

(2) 采用 factex 过程编写 SAS 程序如下：

```
title "1/9 Fractional Factorial Design of 3^5 Test";
proc factex;
factors X1-X5 / nlev=3;
size design=27;
model res=max;
examine d;
```

run; quit;

(3) 程序输出的部分析因设计的试验方案如下：

1/9 Fractional Factorial Design of 3^5 Test

Experiment Number	X1	X2	X3	X4	X5
1	−1	−1	−1	−1	−1
2	−1	−1	0	1	1
3	−1	−1	1	0	0
4	−1	0	−1	1	1
5	−1	0	0	0	0
6	−1	0	1	−1	−1
7	−1	1	−1	0	0
8	−1	1	0	−1	−1
9	−1	1	1	1	1
10	0	−1	−1	1	0
11	0	−1	0	0	−1
12	0	−1	1	−1	1
13	0	0	−1	0	−1
14	0	0	0	−1	1
15	0	0	1	1	0
16	0	1	−1	−1	1
17	0	1	0	1	0
18	0	1	1	0	−1
19	1	−1	−1	0	1
20	1	−1	0	−1	0
21	1	−1	1	1	−1
22	1	0	−1	−1	0
23	1	0	0	1	−1
24	1	0	1	0	1
25	1	1	−1	1	−1
26	1	1	0	0	1
27	1	1	1	−1	0

2.7 响应面设计

响应面设计(Response-Surface Designs)属于多元回归试验设计，它是一种针对多元二次多项式模型的设计。

响应面设计的试验方案既可以采用实际水平表达又可以采用编码表达。编码表达中，每个因子均采用 $-\alpha$、-1、0、1、α 5 水平编码，只含编码 -1、1 的设计点称做析因设计点，只含编码 0 的设计点称做中心点，只含编码 $-\alpha$、0 或 α、0 的设计点称做主轴点或 α 设计点。三元响应面设计的 3 种设计点可用三维直角坐标系中的点表示，如图 2-1 所示。

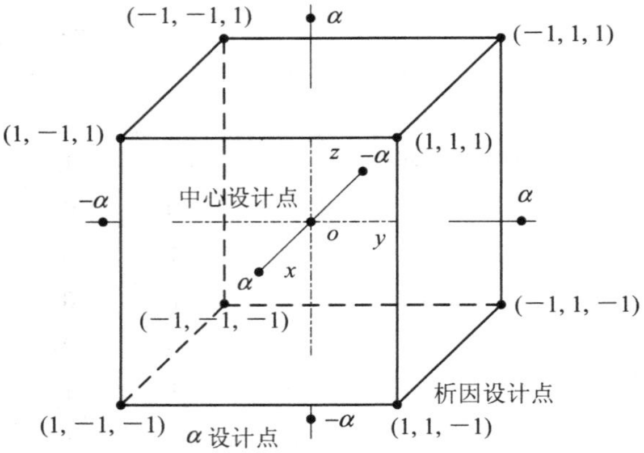

图 2-1 三因素响应面设计的设计点

响应面设计可通过 SAS 的 ADX 界面通过人机交互完成。利用 ADX 界面还可以进行二水平设计、混合水平设计、混料设计、最优设计和裂区设计。

2.7.1 问题和模型

【案例】 某温室废弃物制沼气试验，试验因子为配料浓度(X1)、pH 值(X2)和配料比(X3)，检测指标为产气量(Y1)和甲烷含量(Y2)。X1 的低水平为 5.62(编码 –1)，高水平为 10.38(编码 1)。X2 的低水平为 5.8(编码 –1)，高水平为 8.2(编码 1)。X3 的低水平为 1.2(编码 –1)，高水平为 4.0(编码 1)。试利用 SAS 的 ADX 界面并以可选转性、正交旋转性、精度均衡性等为准则分别制定响应面设计的试验方案。

案例的响应面设计回归模型为：

$$\begin{cases} Y = f\left(X_1, X_2, X_3\right) + \varepsilon \\ \quad = \beta_0 + \sum_{j=1}^{3} \beta_j X_j + \sum_{j'<j}^{3} \beta_{jj'} X_j X_{j'} + \sum_{j=1}^{3} \beta_{jj} X_j^2 + \varepsilon \\ \varepsilon \sim N\left(0, \sigma^2\right),\ j = 1, 2, \cdots, p,\ j' = 1, 2, \cdots, p \end{cases}$$

2.7.2 中心组合正交旋转设计

【例 2-29】 利用 SAS 的 ADX 界面(ADX Desktop)为案例执行一个中心组合正交旋转设计(Central Composite Orthogonal Rotatable Design)。

(1) 点击 SAS 菜单栏上的【Solutions】菜单→【Analysis】项→【Design of Experiments】项，如图 2-2 所示，则出现 ADX 界面(试验设计界面)，如图 2-3 所示。

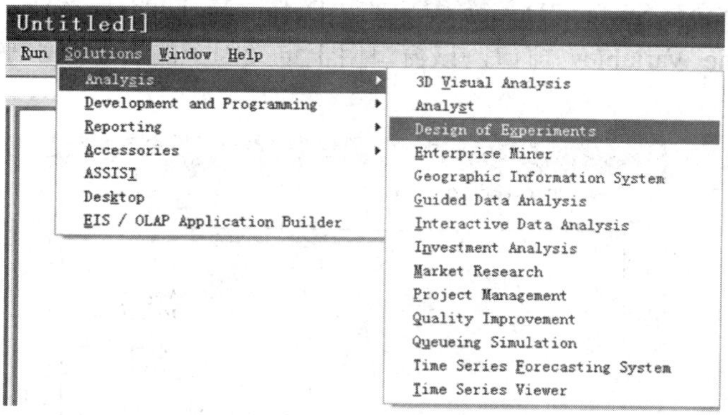

图 2-2　点击启动 ADX 试验设计界面的菜单命令

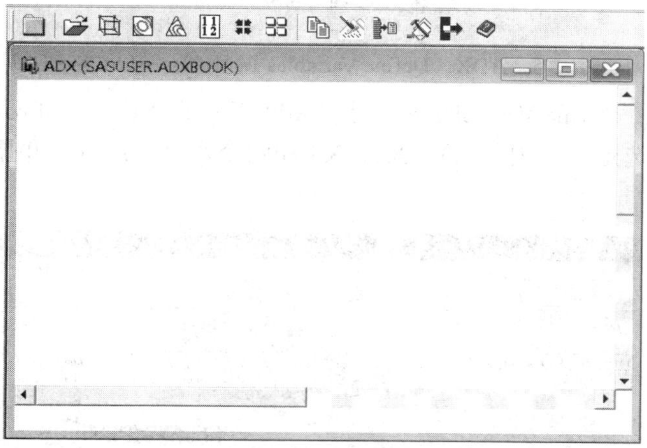

图 2-3　ADX 界面和 ADX 工具栏

(2) 点击 ADX 界面的“Response Surface Designs”按钮，如图 2-3 所示，则出现响应面设计窗口(Response Surface Design)。该窗口的左侧区域是 New Design 子窗口，右侧区域是一列用于设计和管理方案的命令按钮。如图 2-4 所示。

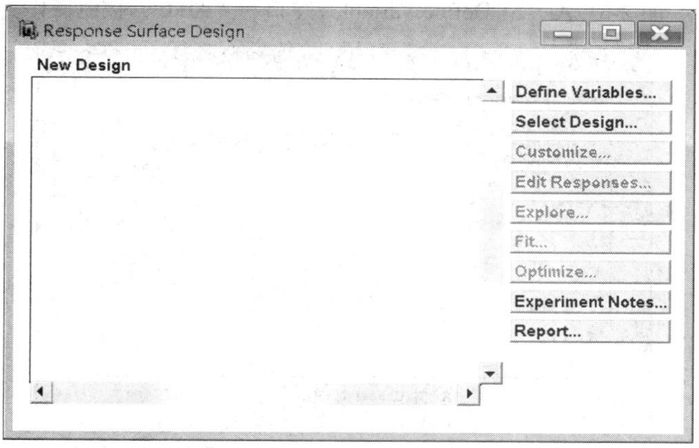

图 2-4　ADX 的 Response Surface Design 窗口

(3) 点击 Response Surface Design 窗口的“Define Variables”按钮，如图 2-4 所示，则出现 ADX：Define Variables 窗口，该窗口用于定义因子的表达和水平的数值，如图 2-5 所示。

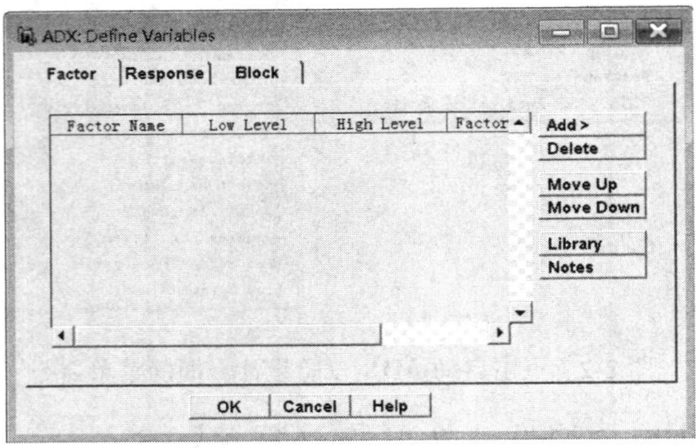

图 2-5 ADX：Define Variables 窗口的子窗口和按钮

(4) 点击 ADX：Define Variables 窗口上“Add>”按钮 Number of rows 列表上的数字 3，如图 2-6 所示，则选定三个因子 X1、X2、X3 和两个水平 –1、1，并显示在 Factor 子窗口中，如图 2-7 所示。

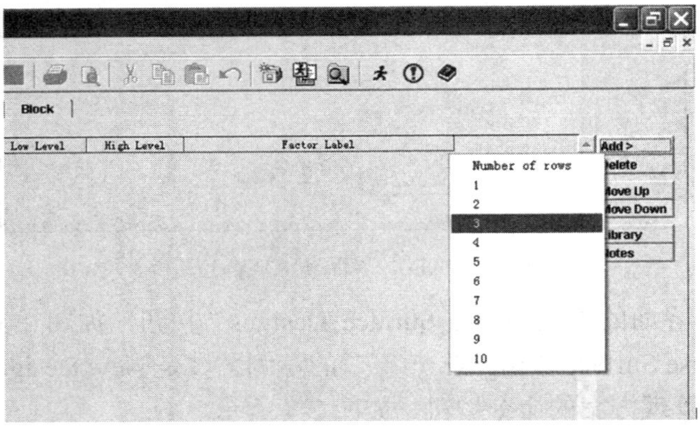

图 2-6 ADX：Define Variables 窗口和“Add>”按钮操作

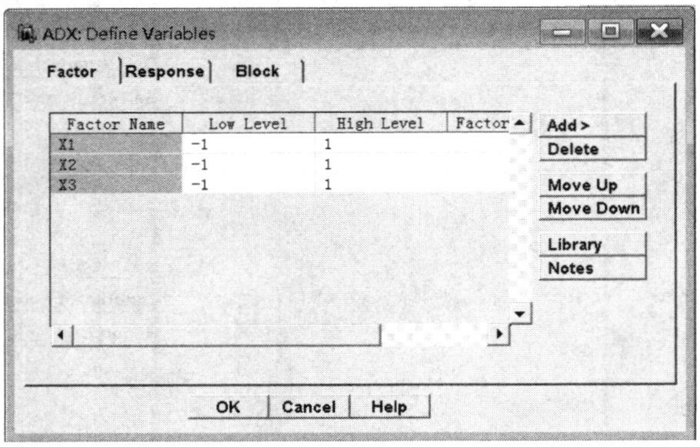

图 2-7 ADX：Define Variables 窗口和显示的定义内容

(5) 在 Factor 子窗口中，列名为 Factor Name、Low Level、High Level 等下面的文本框内缺省给出因子名、析因设计点低水平及高水平的编码，它们均可被修改，如图 2-7 所示。若将水平编码修改为实际水平值，则可输出实际水平值表达的试验方案。

(6) 点击 ADX：Define Variables 窗口下方的“OK”按钮，则出现 ADX：Message 窗口，如图 2-8 所示，点击该窗口上的“yes”按钮则保存选定的因子和水平，同时窗口被关闭并返回到 Response Surface Design 窗口，如图 2-9 所示。

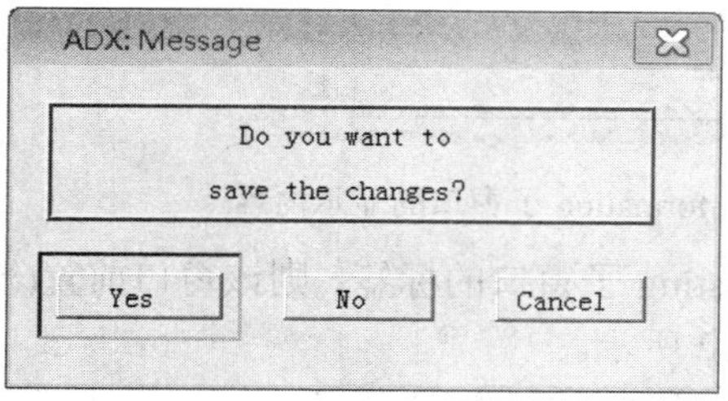

图 2-8　ADX：Message 窗口和问询操作

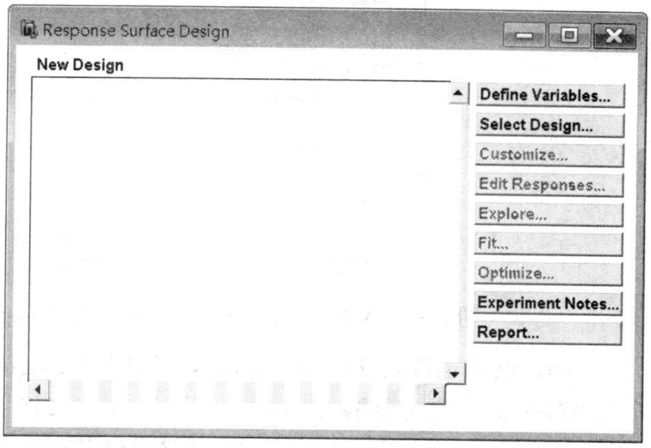

图 2-9　Response Surface Design 窗口

(7) 点击 Response Surface Design 窗口的“Select Design”按钮，则出现 ADX：Response Surface Design 窗口。其下方的子窗口中显示试验方案列表，如图 2-10 所示。

(8) 在 ADX：Response Surface Design 窗口中，点击子窗口内的 Central Composite: Orthogonal 项，则选定了中心组合正交旋转设计的试验方案，如图 2-10 所示。

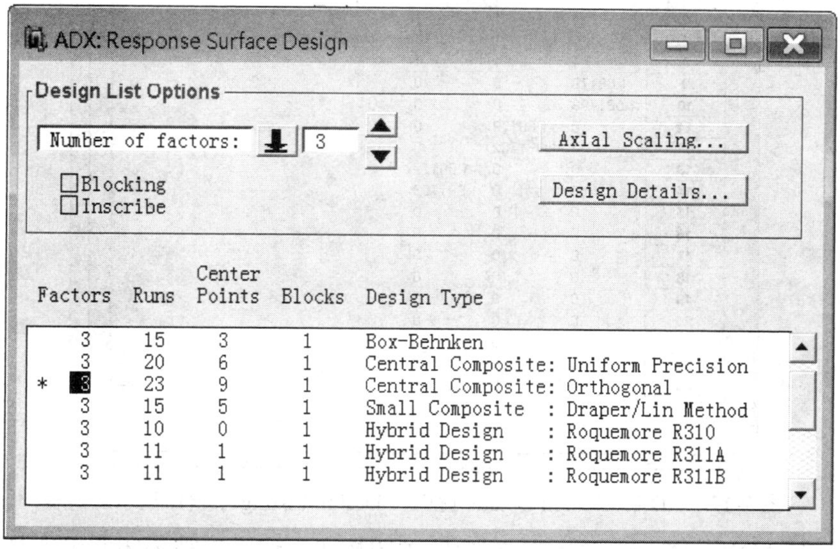

图 2-10　ADX：Response Surface Design 窗口和选定的设计

(9) 选定试验方案之后点击 Design Details 按钮，出现 ADX：Design Details 窗口，包

括 Design Information 和 Design Listing 两个层叠子窗口，如图 2-11 所示。Design Information 子窗口列举选定试验方案的特性，Design Listing 子窗口则给出该试验方案的设计点列表。

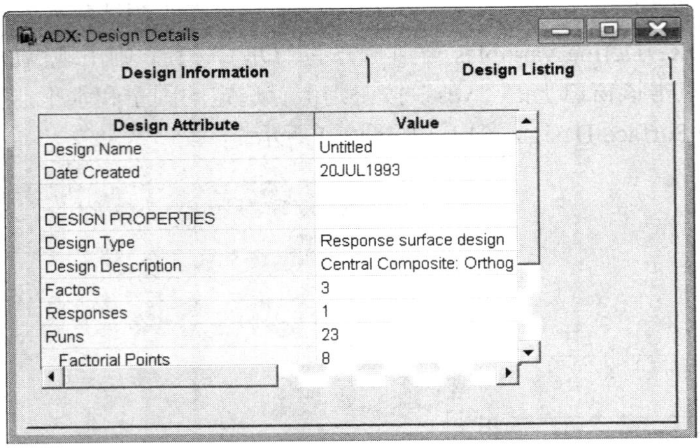

图 2-11　ADX：Design Details 窗口和 Design Information 子窗口的显示内容

(10) 点击 ADX：Design Details 窗口上 Design Listing 子窗口的标签，则该窗口前置(缺省隐藏)并显示选定试验方案的设计点列表，如图 2-12 所示。

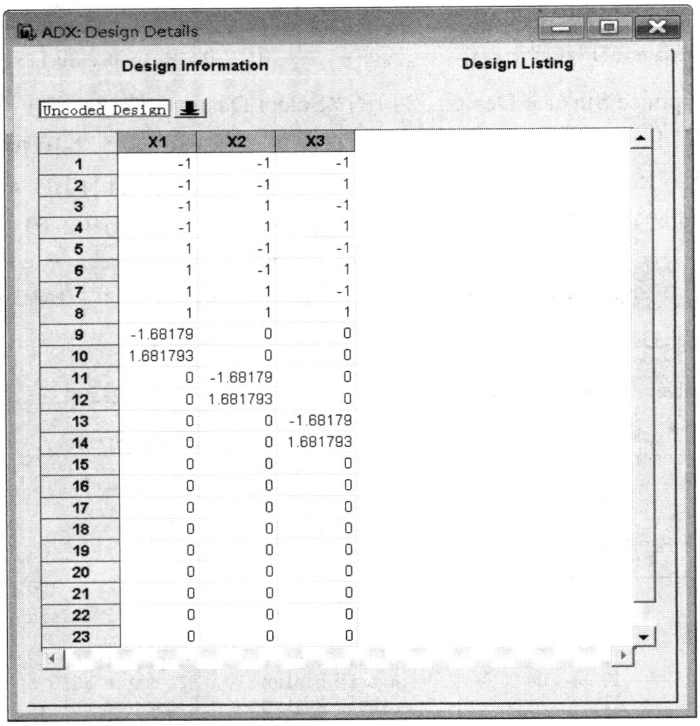

	X1	X2	X3
1	-1	-1	-1
2	-1	-1	1
3	-1	1	-1
4	-1	1	1
5	1	-1	-1
6	1	-1	1
7	1	1	-1
8	1	1	1
9	-1.68179	0	0
10	1.681793	0	0
11	0	-1.68179	0
12	0	1.681793	0
13	0	0	-1.68179
14	0	0	1.681793
15	0	0	0
16	0	0	0
17	0	0	0
18	0	0	0
19	0	0	0
20	0	0	0
21	0	0	0
22	0	0	0
23	0	0	0

图 2-12　ADX：Design Details 窗口和 Design Listing 子窗口显示的内容

(11) 点击 ADX：Design Details 窗口的关闭按钮，该窗口被关闭并出现是否保存的对话窗口，点击“yes”按钮，则返回到 Response Surface Design 窗口，并在 New Design 子窗口中显示选定的试验方案，如图 2-13 所示。

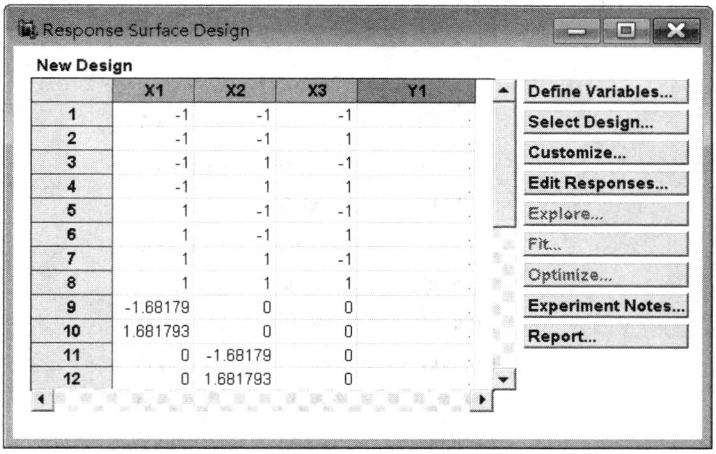

图 2-13　Response Surface Design 窗口和 New Design 子窗口的显示

(12) 点击 Response Surface Design 窗口上的 "Report" 按钮，则出现 ADX：Report 窗口，如图 2-14 所示。在 Report Items 列表框中选定 Design Points 项，再点击"Generate Report"按钮，则在 ADX：Repot 窗口显示选定设计的试验方案，如图 2-15 所示。

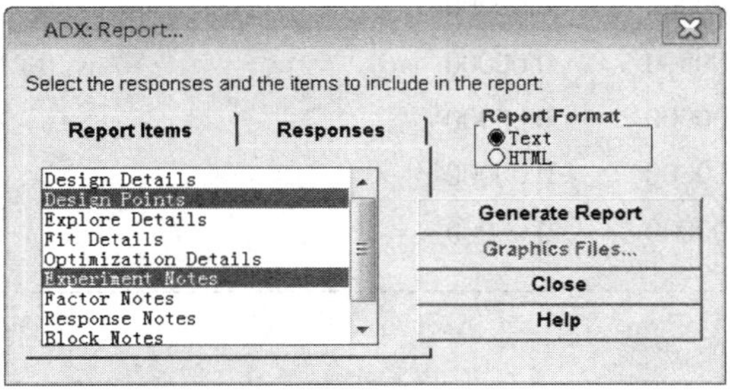

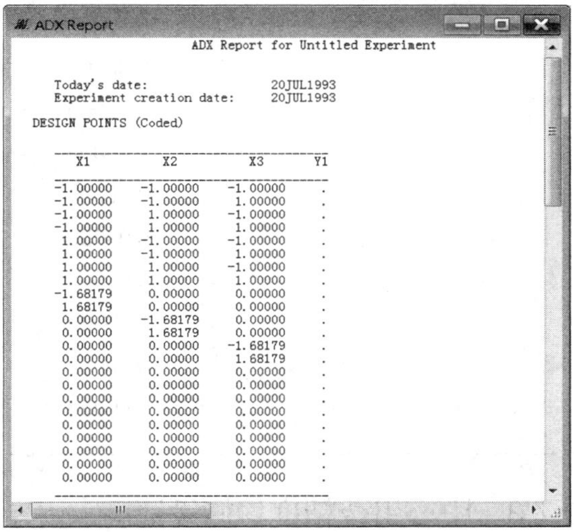

图 2-14　ADX：Report 窗口和选定的输出内容　图 2-15　ADX Report 窗口显示的选定设计的试验方案

(13) ADX：Repot 窗口显示的内容可命名存盘。例如，不点击 Response Surface Design 窗口的"Report"按钮，而是点击关闭窗口按钮""，当弹出是否保存对话框时点击"yes"，则会出现要求命名的对话框，输入存盘名并点击 "OK" 后，该试验方案将以自定义名称出现在 ADX 界面中。

上述设计过程从定义变量(因子)开始，适合于变量名自定义和水平值自定义的场合，如果试验方案拟采用缺省编码表达，则完成设计不需要上述诸多步骤。例如，在第(3)步中取消点击 Response Surface Design 窗口的"Define Varibles"按钮，而改为点击"Select Design"按钮，而后便可依次完成选定方案、浏览或直接输出方案。

ADX Repot 窗口输出的试验设计结果如下：

DESIGN POINTS (Coded)

X1	X2	X3
−1.00000	−1.00000	−1.00000
−1.00000	−1.00000	1.00000
−1.00000	1.00000	−1.00000
−1.00000	1.00000	1.00000
1.00000	−1.00000	−1.00000
1.00000	−1.00000	1.00000
1.00000	1.00000	−1.00000
1.00000	1.00000	1.00000
−1.68179	0.00000	0.00000
1.68179	0.00000	0.00000
0.00000	−1.68179	0.00000
0.00000	1.68179	0.00000
0.00000	0.00000	−1.68179
0.00000	0.00000	1.68179
0.00000	0.00000	0.00000
0.00000	0.00000	0.00000
0.00000	0.00000	0.00000
0.00000	0.00000	0.00000
0.00000	0.00000	0.00000
0.00000	0.00000	0.00000
0.00000	0.00000	0.00000
0.00000	0.00000	0.00000
0.00000	0.00000	0.00000

2.7.3 中心组合精度均衡设计

【例 2-30】 利用 SAS 的 ADX 界面为案例实现一个中心组合精度均衡设计(Central Composite Uniform Precision Design)。

试验设计步骤与例 2-29 基本相同，在第(8)步从 ADX：Response Surface Design 窗口中选择试验方案时，选定 Central Composite：Uniform Precision 项即可，如图 2-10 所示。

案例的中心组合精度均衡设计如下：

DESIGN POINTS (Coded)

X1	X2	X3
−1.00000	−1.00000	−1.00000

−1.00000	−1.00000	1.00000
−1.00000	1.00000	−1.00000
−1.00000	1.00000	1.00000
1.00000	−1.00000	−1.00000
1.00000	−1.00000	1.00000
1.00000	1.00000	−1.00000
1.00000	1.00000	1.00000
−1.68179	0.00000	0.00000
1.68179	0.00000	0.00000
0.00000	−1.68179	0.00000
0.00000	1.68179	0.00000
0.00000	0.00000	−1.68179
0.00000	0.00000	1.68179
0.00000	0.00000	0.00000
0.00000	0.00000	0.00000
0.00000	0.00000	0.00000
0.00000	0.00000	0.00000
0.00000	0.00000	0.00000
0.00000	0.00000	0.00000

2.7.4　小试验量的中心组合设计

【例 2-31】 利用 SAS 的 ADX 界面为案例实现一个小试验量的中心组合设计(Small Central Composite Draper/Lin Design)。

试验设计步骤与例 2-29 基本相同，在第(8)步从 ADX：Response Surface Design 窗口中选择试验方案时，选定 Small Composite：Draper/Lin Method 项即可。

案例的小试验量的中心组合设计如下：

DESIGN POINTS (Coded)

X1	X2	X3
−1.00000	−1.00000	1.00000
−1.00000	1.00000	−1.00000
1.00000	−1.00000	−1.00000
1.00000	1.00000	1.00000
−1.41421	0.00000	0.00000
1.41421	0.00000	0.00000
0.00000	−1.41421	0.00000
0.00000	1.41421	0.00000
0.00000	0.00000	−1.41421

0.00000	0.00000	1.41421
0.00000	0.00000	0.00000
0.00000	0.00000	0.00000
0.00000	0.00000	0.00000
0.00000	0.00000	0.00000
0.00000	0.00000	0.00000

2.7.5 Box-Behnken 设计

Box-Behnken 设计较上述响应面设计少了主轴点，因此容易确保设计点在拟定的试验范围内，通常试验量也比较少，故实施成本较低。

【例 2-32】 利用 SAS 的 ADX 界面为案例实现一个 Box-Behnken 设计。

试验设计步骤与例 2-29 基本相同，在第(8)步从 ADX Response Surface Design 窗口中选择试验方案时，选定 Box-Behnken 项即可，如图 2-10 所示。

案例的 Box-Behnken 设计如下：

DESIGN POINTS (Coded)

X1	X2	X3
−1	−1	0
−1	1	0
1	−1	0
1	1	0
0	−1	−1
0	−1	1
0	1	−1
0	1	1
−1	0	−1
1	0	−1
−1	0	1
1	0	1
0	0	0
0	0	0
0	0	0

2.8 最优试验设计

针对研究目标确定一个效应模型或回归模型。由析因设计和限制条件确定可选设计点，基于确定的模型、按照一定的最优准则、利用一定的优化算法、从可选设计点中挑选部分设计点构成试验方案，有时还要并入一些指定的设计点(扩增设计点)一同构成试验方案，该设计称做最优试验设计(optimal experimental designs)。

标准试验设计一般具有确定的精度级和对估计因子效应及回归方程均非常重要的正交性。然而，遇到下述情况需要采用最优试验设计：

(1) 某些水平组合(处理)不可行。

(2) 试验区域的形状不规则。

(3) 可执行的试验次数受到有限资源的制约。

(4) 采用不规则的线性或非线性回归模型。

最优试验设计通常使用基于信息矩阵的 D-最优、G-最优、A-最优和基于设计点距离的 U-最优、S-最优 5 个优化准则。由于 G-最优与 D-最优等价，故最优试验设计的 SAS 程序采用下述 4 个优化准则(缺省采用 D-最优)：

(1) D-最优：以信息矩阵行列式值最大为准则，选定一组可选设计点。

(2) A-最优：以参数估计方差之和最小为准则，选定一组可选设计点。

(3) U-最优：以到规定设计点的最小距离之和最小为准则，选定一组可选设计点。

(4) S-最优：以最小的调和平均距离最大为准则，选定一组可选设计点。

2.8.1　最优区组析因设计

优化选定一组区组析因设计点所构成的试验方案，称做最优区组析因设计(Optimal Factorial Design With Blocks)。

【例 2-33】 国产 368 系列汽车发动机主要有 4 种机型，即江陵、淮海、江南和宗申。拟以汽油机机型(machine)分区组(blocks)实施试验并研究机油粘度(X1)、机油压力(X2)、分流阀开闭(X3)对机油的耗油量及清洁度的影响。试制定一个 16 处理 4 区组的最优区组析因设计试验方案。

(1) 编程准备。

因子 X1、X2、X3 各取 2 水平，因子 machine 取 4 水平，共 $2^3 \times 4 = 32$ 个可选设计点。选定主效应模型和 D-最优准则(SAS 缺省)，试验方案取 16 个处理。

(2) 采用 factex 过程和 optex 过程编写 SAS 程序如下：

```
proc factex;
    factors X1-X3;
    blocks nblocks=4;
    size design=32;
    output out=design1
        X1   nvals=(26 30)
        X2   nvals=(40 55)
        X3   cvals=('on' 'off')
        blockname = machine cvals=('江陵'  '淮海'  '江南'  '宗申');
run;
proc optex seed=27513 data=design1;
```

```
        class X1-X3 machine;
        model X1 X2 X3 machine;
        generate n=16;
        output out=design2;
    run;
    proc print data=design2;
    run; quit;
```

(3) 程序说明。

factex 过程产生可选设计点，语句 output 指定将其输出到数据文件 design1；blockname 项指定区组名为 machine；optex 过程完成优化设计；data=design1 指定调用文件 design1；语句 class 指定因子变量；语句 model 指定效应模型；语句 generate 指定试验方案取 16 个处理；语句 output 指定输出最终试验方案到数据文件 design2。

(4) 程序输出的试验方案如下：

Obs	X1	X2	X3	machine
1	30	55	on	淮海
2	30	55	off	宗申
3	30	55	off	江南
4	30	55	off	江陵
5	30	40	on	宗申
6	30	40	on	江南
7	30	40	on	江陵
8	30	40	off	淮海
9	26	55	on	宗申
10	26	55	on	江南
11	26	55	on	江陵
12	26	55	off	淮海
13	26	40	on	淮海
14	26	40	off	宗申
15	26	40	off	江南
16	26	40	off	江陵

2.8.2 最优平衡不完全区组设计

优化选定一组平衡不完全区组设计点所构成的试验方案，称做最优平衡不完全区组设计(Optimal Balanced Incomplete Block Design)。

【例 2-34】 为估计和检验某化工过程的得率(Y)与温度(X)的回归方程，试制定一个最优平衡不完全区组设计的试验方案。其中的限制条件是：一次准备不超过 3 个试验，回归至少需要 5 个试验点，任何两次准备的单元之间难免存在系统误差。

(1) 编程准备。

考虑回归精度时 X 取 7 个水平，考虑限制条件和平衡设计时取均含 3 处理的 7 个区组，选定 D-最优准则。

(2) 采用 data 步和 optex 过程编写 SAS 程序如下：

```
data can;
    do tmt = 1 to 7;
        output;
    end;
proc optex data=can seed=73462 coding=orth;
    class tmt;
    model tmt;
    blocks structure=(7)3;
    output out=bibd blockname=blocks;
run;
proc print data=bibd;
run; quit;
```

(3) 程序说明。

data 步程序产生可选设计点并输出到数据文件 can。optex 过程完成平衡不完全区组设计及其优化，选项 data=can 指定调用可选设计点文件 can；选项 coding=orth 指定寻优过程中对因子水平进行正交化编码；语句 blocks structure=(7)3 指定由 3 个处理构成 7 个区组。语句 output 指定输出试验方案到数据文件 bibd，并定义区组名为 blocks。

(4) 程序输出的试验方案如下：

Obs	BLOCKS	X
1	1	1
2	1	4
3	1	7
4	2	6
5	2	3
6	2	1
7	3	2
8	3	5
9	3	1
10	4	6
11	4	2
12	4	7
13	5	5
14	5	4
15	5	6

16	6	5
17	6	7
18	6	3
19	7	4
20	7	3
21	7	2

2.8.3 最优不完全区组设计

优化选定一组不完全区组设计点所构成的试验方案，称做最优不完全区组设计(Optimal Incomplete Block Design)。

【例 2-35】 为考察 6 个地域(blocks)的不同施肥量(X)对某作物产量的影响，试制定一个含 11 个处理的最优不完全区组设计试验方案。

(1) 编程准备。

因子 X 取 4 个水平，由问题可知区组因子 blocks 取 6 个水平，形成 4×6=24 个可选设计点。选定主效应模型和 D-最优准则，试验方案取 11 个处理。

(2) 采用 plan 过程和 optex 过程编写 SAS 程序如下：

```
proc plan seed=3459;
    factors blocks=6 ordered X=4 ordered / noprint;
    output out=can;
proc optex seed=19471;
    class blocks X;
    model blocks X;
    generate n = 11;
    examine design;
run; quit;
```

(3) 程序说明。

plan 过程确定了 24 个可选设计点，并由语句 output 将其输出到数据文件 can。optex 过程缺省调用刚生成的文件 can 并优化设计，语句 examine design 指定显示试验方案。

(4) 程序输出的试验方案如下：

Point Number	blocks	X
1	6	2
2	5	4
3	5	1
4	4	4
5	4	3
6	3	3
7	3	2

8	2	3
9	2	1
10	1	2
11	1	1

2.8.4　最优部分析因设计

优化选定一组部分析因设计点所构成的试验方案，称做最优部分析因设计(Optimal Fractional Factorial Design)。

【例 2-36】 为寻求某化工制品的最佳工艺，拟为所做试验设置注入速率(X1)、催化剂类型(X2)、搅拌频率(X3)、反应温度(X4)和配料比(X5)5 个因子。所取的因子水平如表 2-1 所示。试制定一个含 8 个处理的最优部分析因设计试验方案。

表 2-1　因 子 水 平 表

项目	X1	X2	X3	X4	X5
低水平	10	1	100	140	3
高水平	15	2	120	180	6

(1) 编程准备。

5 个因子均取 2 水平共 $2^5=32$ 个可选析因设计点。选定包括主效应、催化剂与温度互作、温度与配料比互作的效应模型和 D-最优准则，试验方案取 8 个处理。

(2) 采用 factex 过程和 optex 过程编写 SAS 程序如下：

```
proc factex;
    factors  X1-X5;
    output out=one
                X1  nvals=(10  15)
                X2  nvals=(1  2)
                X3  nvals=(100 120)
                X4  nvals=(140 180)
                X5  nvals=(3  6);
run;
proc optex seed=27513 data=one;
    class X1-X5;
    model  X1  X2  X3  X4  X5  X2*X4  X4*X5;
    generate n=8;
    output out=design;
run;
proc print; run; quit;
```

(3) 程序说明。

factex 过程产生可选设计点，语句 output 指定将其输出到数据文件 one。optex 过程调用文件 one，语句 model 指定效应模型，语句 generate 指定设计仅允许有 8 个处理。

(4) 程序输出的试验方案如下：

Obs	X1	X2	X3	X4	X5
1	15	2	120	180	3
2	15	2	100	140	6
3	15	1	120	180	6
4	15	1	100	140	3
5	10	2	120	140	3
6	10	2	100	180	6
7	10	1	120	140	6
8	10	1	100	180	3

上 机 报 告

(1) 用 factex 过程编程实现完全析因设计。
(2) 用 factex 过程编程实现区组析因设计。
(3) 用 factex 过程编程实现部分析因设计。
(4) 用 factex 过程编程实现正交试验设计。
(5) 用 factex 过程和 plan 过程编程实现完全随机设计。
(6) 用 factex 过程和 plan 过程编程实现不完全随机设计。
(7) 用 factex 过程和 plan 过程编程实现完全随机区组设计。
(8) 用 factex 过程和 plan 过程编程实现不完全随机区组设计。
(9) 用 factex 过程和 plan 过程编程实现裂区设计。
(10) 用 factex 过程和 plan 过程编程实现拉丁方设计。
(11) 用 factex 过程和 plan 过程编程实现巢式设计。
(12) 用 ADX 界面实现中心组合正交旋转设计。
(13) 用 ADX 界面实现中心组合精度均衡设计。
(14) 用 ADX 界面实现小试验量中心组合设计。
(15) 用 ADX 界面实现 Box-Behnken 设计。
(16) 用 optex 过程和 factex 过程编程实现最优回归试验设计。
(17) 用 optex 过程和 plan 过程编程实现最优回归试验设计。

第 3 单元　SAS 数据整理

上机目的　学会以规定格式整理试验数据，学会 SAS 数据表的创建和整理，掌握以均值附显著性标记、标准差、变异系数、置信区间等概括试验数据的 SAS 处理方法。

上机内容　① 将试验数据以规定格式整理成 Excel 数据表，并用 inport 程序或菜单命令将其导入 SAS；② 用 Table Editor 将试验数据整理成 SAS 数据表；③ 用 SAS 程序实现数据表的输入、复制、抽取、合并、分解和排序，以及观测的变换、复制、更新、修改、添加和删除等操作；④ 用 SAS 的 means 过程对数据表中的观测进行概括。

注意：为便于叙述，本书将以“数据表”(Data Table，Data Set)一词统一指代表格、矩阵和计算机存盘文件三种形式的数据样本。

3.1　数据表的格式要求

为便于叙述，本书将因子(自变量)和响应均称做变量，将因子和响应的值均称做变量值。

【例 3-1】　将表 3-1 中的数据(变量名和变量值)输入到 Excel，并存盘为数据文件。

表 3-1　因子试验 SAS 数据表

A	B	C	Y1	Y2
A1	B1	C1	15.4	85.1
A1	B1	C2	12.7	46.9
A1	B2	C1	29.8	91.7
A1	B2	C2	17.5	55.2
A2	B1	C1	25.4	63.1

【例 3-2】　将表 3-2 中的数据(变量名和变量值)输入到 Excel，并存盘为数据文件。

表 3-2　回归试验 SAS 数据表

X1	X2	X3	Y1	Y2
20	10.5	110	15.4	85.1
20	10.5	220	12.7	46.5
20	40.5	110	29.8	91.2
20	40.5	220	17.1	95.8
60	10.5	110	25.3	115.3

表 3-1 和表 3-2 描述了 SAS 数据表(文件)的标准格式。其基本要点是：

(1) 表中的一列是一个变量，其中第 1 行是变量名，其余行是变量值。

(2) 自第 2 行开始，表中的一行是一个观测，是一个处理及其响应的测定结果。该结果由所有变量中有因果关系的一组关联数据构成，整理数据时需特别注意。

试验数据必须按 SAS 要求的标准格式整理，才能被 SAS 程序正确调用。试验数据的整理和存盘为数据文件，可通过 Excel 和 SAS 的 Table Editor 两种途径完成。

3.2 用 Excel 整理试验数据

用 Excel 整理试验数据时，因为 SAS 程序处理汉字变量名时会出错，所以变量名必须用字母或字母加数字的形式表示，而变量值可以是字母、数值、汉字或它们的组合。

3.2.1 创建 Excel 数据表

【例 3-3】 将表 3-3 所示的试验测定数据创建为 Excel 数据表。

表 3-3　2^3 析因设计回归试验的测定数据

X1	X2	X3	Y
0.35	11.5	4.5	25.45
0.35	11.5	8.5	27.15
0.35	21.5	4.5	29.22
0.35	21.5	8.5	31.43
0.95	11.5	4.5	33.66
0.95	11.5	8.5	35.74
0.95	21.5	4.5	37.81
0.95	21.5	8.5	39.54

创建 Excel 数据表的操作如下：

(1) 启动 Excel，在表格编辑区的第 1 行分别输入变量名 X1、X2、X3 和 Y。

(2) 在表格编辑区自第 2 行开始分别输入 X1、X2、X3 和 Y 四个变量的值，注意一个观测之间的数据关联，不要错行或输错数据，如图 3-1 所示。

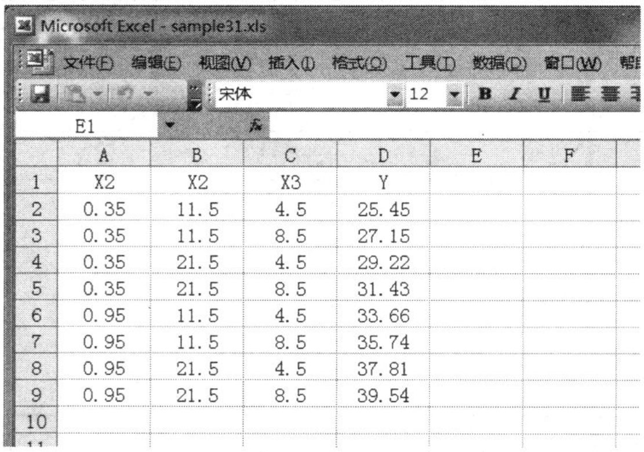

	A	B	C	D	E	F
1	X2	X2	X3	Y		
2	0.35	11.5	4.5	25.45		
3	0.35	11.5	8.5	27.15		
4	0.35	21.5	4.5	29.22		
5	0.35	21.5	8.5	31.43		
6	0.95	11.5	4.5	33.66		
7	0.95	11.5	8.5	35.74		
8	0.95	21.5	4.5	37.81		
9	0.95	21.5	8.5	39.54		
10						

图 3-1　试验数据整理的 Excel 数据表

(3) 数据输好并核查无误后，以 sample31 命名存盘，即生成 Excel 数据表。存盘文件在计算机上的全名为 sample31.xls。

3.2.2　将 Excel 数据表转换成 SAS 数据表

Excel 数据表只有导入 SAS 并转换成 SAS 数据表时才能用于统计分析。

采用菜单方式将 Excel 数据表 sample31.xls 导入 SAS 的操作如下：

(1) 鼠标点击【File】菜单→【Import Data】项，则出现 Import Wizard-Select import type 窗口，如图 3-2 所示。

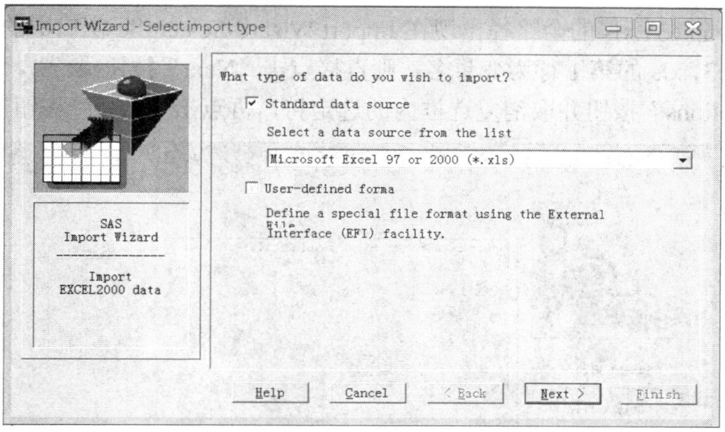

图 3-2　Import Wizard-Select import type 窗口和选定文件类型

(2) 在 Import Wizard-Select import type 窗口中，若 Select a data source from the list 下拉列表框中的缺省项为 Microsoft Excel 97 or 2000 (*.xls) 文件类型，则直接点击“Next>”按钮进入 Import Wizard-Select file 窗口，如图 3-3 所示。否则点击实心三角并在文件类型列表中选定拟导入的数据文件类型。

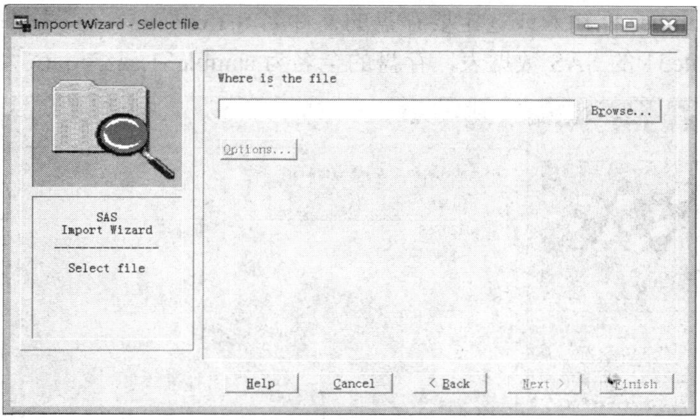

图 3-3　Inport Wizard-Select file 窗口和文件搜索工具

(3) 在 Import Wizard-Select file 窗口中，点击 Where is the file 搜索框右边的“Browse”按钮则出现打开窗口。在该窗口中，查找文件夹并选定欲导入的 Excel 文件 sample31.xls，点击该文件并在文件名出现在文件名输入框中之后点击“打开”按钮，如图 3-4 所示。

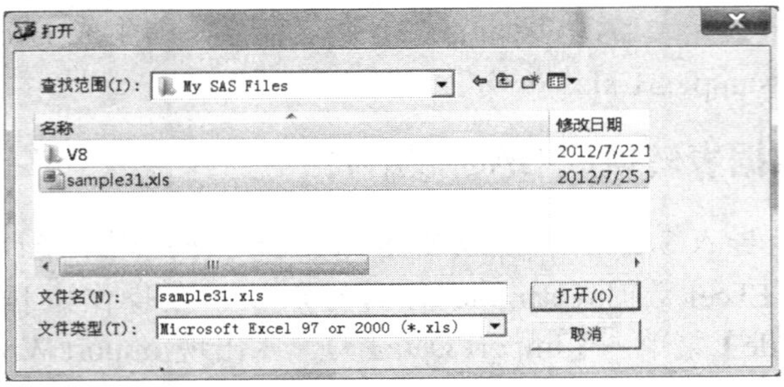

图 3-4 打开窗口和选定的 Excel 数据表

(4) 文件 sample31.xls 的全路径出现在 Import Wizard-Select file 窗口中的 Where is the file 框内，若 sample31.xls 的第 1 行为变量名，则直接点击“Next”按钮(缺省)，若第 1 行是观测值，则点击“options”按钮并取消复选框内的选定符，再点击“Next”按钮，如图 3-5 所示。

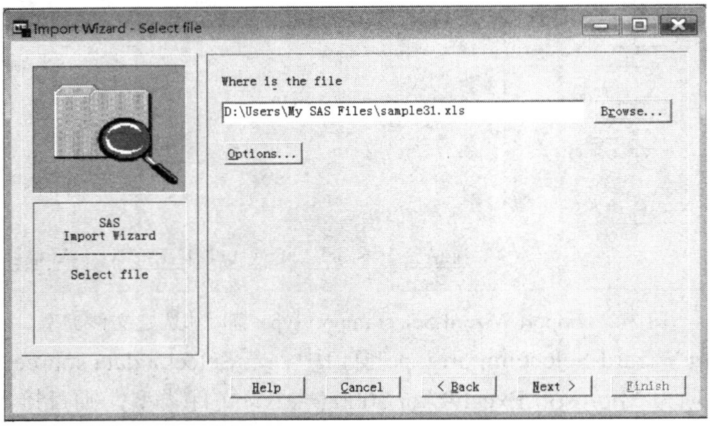

图 3-5 Import Wizard-Select file 窗口和数据表第 1 行属性的设置

(5) 在 Import Wizard-Select library and member 窗口的 Library 框中选定数据库 SASUSER 或其它库，在 Member 框输入或选定要存盘的文件名 SAMPLE31，点击“Finish”按钮则生成一个名为 sample31 的 SAS 数据表，存盘的全名为 sample31.sas7bdat，如图 3-6 所示。

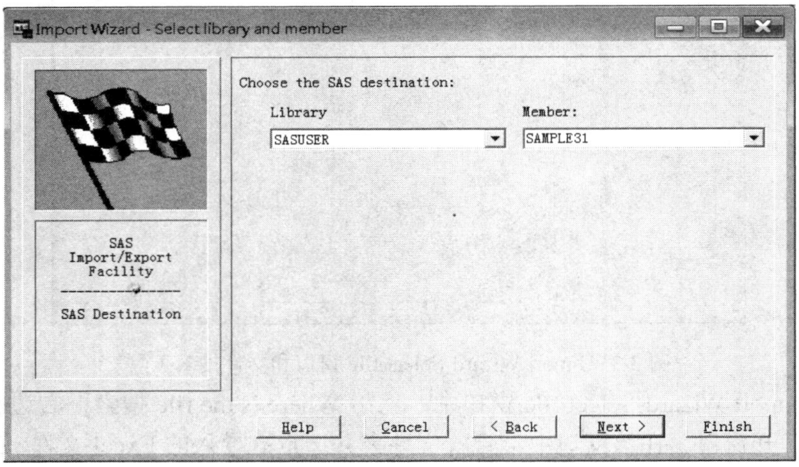

图 3-6 选定数据库和命名存盘数据表

注意，点击 Library 框右端的实心三角出现 SAS 数据库列表，若选临时库可点击 work 选项，但退出 SAS 时存盘的数据表将不复存在。若选永久库 SASUSER 或其它自定义数据库，退出 SAS 时不会删除存盘的数据表。

将 Excel 数据表导入 SAS 亦可用如下的 import 过程编程：

```
proc import out=sasuser.sample31
    datafile="D:\Users\My SAS Files\sample31.xls" DBMS=Excel2000;
    run; quit;
```

上述程序的过程选项 out 指定输出名为 sasuser.sample31 的 SAS 数据表，过程选项 datafile 给出要导入的 Excel 数据文件及其全路径，其它选项缺省。程序方式省去了 Excel 数据表导入 SAS 时的一系列操作，可与调用该数据表的 SAS 过程组合成一个完整程序。

Excel 数据表导入 SAS 的操作，应注意 SAS 版本与 Excel 版本的兼容性。SAS 系统 V6.12 可调入 Excel 97 或更低版本的文件，SAS 系统 V8.1 可调入 Excel 2000 或更低版本的文件，有的 8.1 版本可调用 Excel 2003。注意，Excel 数据表不能在处于 Excel 软件打开状态时导入 SAS。

3.3　用 SAS 整理试验数据

读者可利用 SAS 的 Table Editor 工具直接输入试验数据并创建 SAS 数据表，但由于 SAS 对数据表的过强保护，编辑操作起来太繁琐，故不推荐使用。

【例 3-4】 利用 SAS 将表 3-3 所示的试验测定数据直接创建为 SAS 数据表。

创建 SAS 数据表的步骤如下：

(1) 点击【Tools】菜单→【Table Editor】项，出现 VIEWTABLE 窗口。如图 3-7 所示。

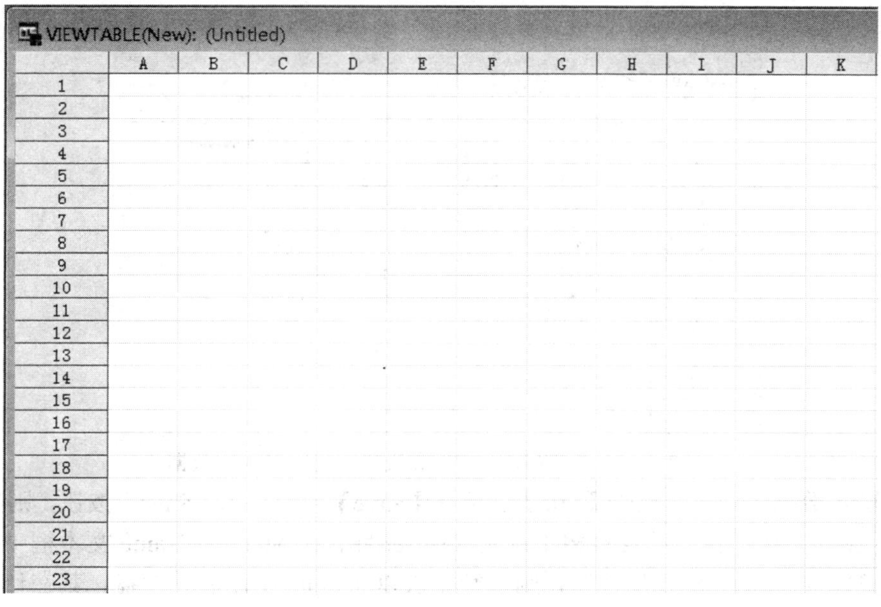

图 3-7　未命名的 VIEWTABLE 窗口

(2) 右击第 1 列顶部的字母 A，则出现弹出菜单，点击该菜单的 Column Attributes 菜单项则出现 Column Attributes 列属性设置窗口，如图 3-8 所示。

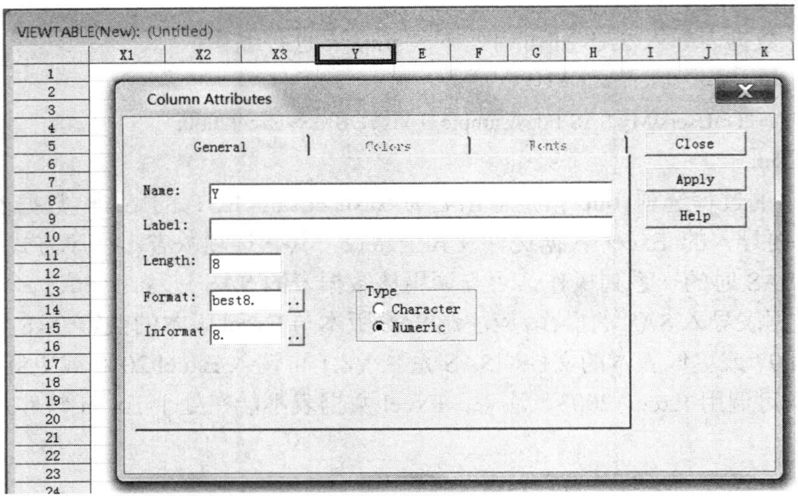

图 3-8　Column Attributes 列属性设置窗口

将 Name 框中的 A 改成 X1，若变量值为数值型则在 Type 单选框中选定 Numeric(缺省为字符型数据)，点击“Apply”按钮确定设置。

保留 Column Attributes 窗口，点击第 2 列顶部的字母 B，则 Column Attributes 窗口便可设置第 2 列的属性，将 Name 框中的 B 改成 X2，其余操作与上面相同。以此类推。

注意，表列顶部的标签 A、B、C 等是 SAS 系统缺省的变量名，表格编辑区只能输入变量值，这与 Excel 不同。

(3) 在 VIEWTABLE 窗口的表格编辑区输入试验数据，结果如表 3-9 所示。

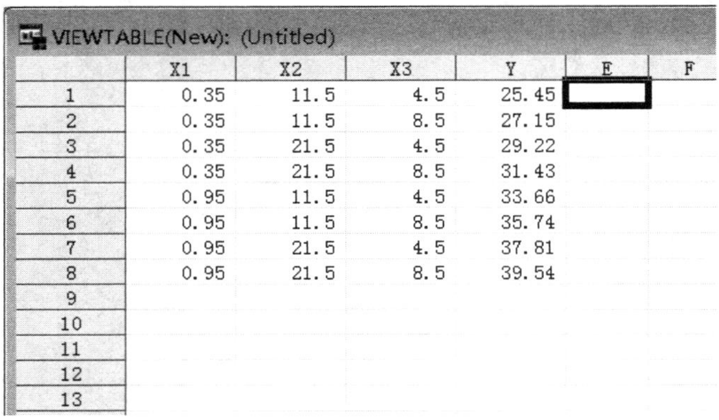
VIEWTABLE(New): (Untitled)

	X1	X2	X3	Y	E	F
1	0.35	11.5	4.5	25.45		
2	0.35	11.5	8.5	27.15		
3	0.35	21.5	4.5	29.22		
4	0.35	21.5	8.5	31.43		
5	0.95	11.5	4.5	33.66		
6	0.95	11.5	8.5	35.74		
7	0.95	21.5	4.5	37.81		
8	0.95	21.5	8.5	39.54		
9						
10						
11						
12						
13						

图 3-9　VIEWTABLE 窗口和表格编辑区输入的数据

(4) 输入数据完成后，点击【File】菜单→【Save】项或点击“Save”按钮，则出现 Save As 窗口，在其左边子窗口的搜索树上选定 Sasuser 库，在 Member Name 文本框中填入存盘名 sample31，再点击“Save”按钮，则该数据表以 sample31 命名并存盘，其在计算机上的全名是 sample31.sas7bdat。如图 3-10 所示。

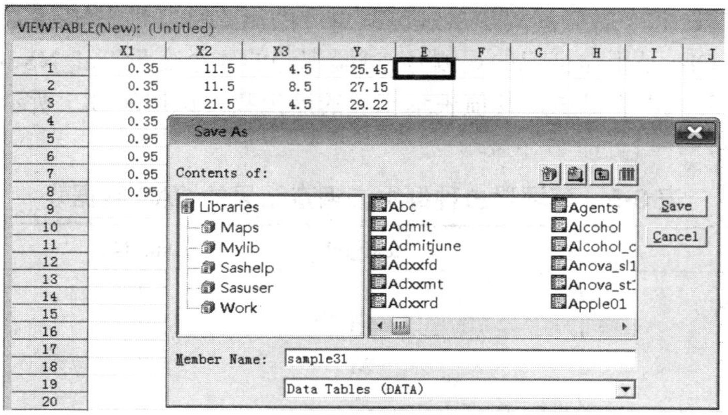

图 3-10 Save As 窗口中的数据库选定和 SAS 数据表存盘

3.4 创建各种形式的 SAS 数据表

试验数据的记录主要有字符型(定性)、数值型(定量)、离散型、连续型、二值型(仅有 0、1 两个值)、计数(频数)型、计量型、权值型、相关型(协方差和相关系数)、单变量、单向分组、两向分组、*n* 向分组、系统分组等多种形式。SAS 数据表为它们规定了相应的输入和排列规则。下面的练习要求先将试验数据整理成 Excel 数据表，再导入 SAS 生成 SAS 数据表。

3.4.1 字符型 SAS 数据表

若数据表中所有变量的值全是字符型数据，则称做字符型数据表。

【例 3-5】 为研究大学生交通违规行为的原因，统计了某校大学生的性别(sex)、年级(grade)、省籍(region)、修法律课情况(law)及遇红灯采取的行为(action)，如表 3-4 所示。试按表中的数据排列格式创建 SAS 数据表，并自行命名存盘。

表 3-4 大学生交通违规行为调查的 SAS 数据表

sex	grade	region	law	action
女	大一	山西	没修	遵规
女	大一	河北	已修	遵规
女	大二	浙江	已修	遵规
女	大二	广东	没修	违规
男	大一	山西	没修	遵规
男	大一	河北	已修	违规
男	大二	浙江	没修	违规
男	大二	广东	已修	违规

3.4.2 数值型 SAS 数据表

若数据表中拟测定的所有变量全是数值型数据，则称做数值型数据表。

【例 3-6】 以 18 个时间间隔依次观测某草坪的昆虫种群生态(活虫数)，结果如表 3-5 所示。其中，变量 Obs 是用作标记的观测号；试验观测的 4 个变量 leaf_NS、leaf_NI、suak_NS 和 suak_NI 分别表示 4 类昆虫，其值表示相应的活虫数。试按表 3-5 所示的数据排列格式创建 SAS 数据表，并自行命名存盘。

表 3-5 草坪昆虫种群生态调查结果的 SAS 数据表

Obs	leaf_NS	leaf_NI	suak_NS	suak_NI
1	1	6	2	36
2	1	20	2	24
3	1	28	2	48
4	2	35	2	97
5	1	20	2	76
6	3	19	5	210
7	4	27	6	270
8	5	58	6	310
9	4	64	8	304
10	5	72	9	354
11	5	84	9	388
12	6	97	9	290
13	6	66	11	345
14	7	58	11	266
15	5	104	10	420
16	5	76	10	308
17	5	82	8	176
18	2	23	2	55

3.4.3 混合型 SAS 数据表

若数据表中的变量值既有字符型又有数值型，则称做混合型 SAS 数据表。

【例 3-7】 为考察施用的复合肥种类(fertilizer)对番茄果实产量(Y1)、果实直径(Y2)及茎叶产量(Y3)的影响，分别测定了小区收获时的试验结果，如表 3-6 所示。试按表 3-6 所示的格式创建混合型 SAS 数据表，并自行命名存盘。

表 3-6 番茄生产施用 3 种复合肥试验的 SAS 数据表

fertilizer	Y1	Y2	Y3
F1	54	47	31
F1	66	58	36
F1	63	53	30
F2	54	52	22
F2	53	53	24
F2	67	64	31
F3	64	57	28
F3	69	58	33
F3	66	53	30

3.4.4　含频数和权值的 SAS 数据表

数据表中相同的观测，可合并为一个观测，并添加一个频数变量，说明该观测出现的频数，这样可以化简数据表。SAS 能通过这种频数变量实现正确的数据调用。

某些统计分析需对观测赋权，此时可添加一个权变量，权值大小表示一种重要性的程度。实际上，频数也可以视作一种权，观测的重要性表现为该观测出现的次数，因为频数值愈大相应观测出现的概率也愈大。

【例 3-8】　根据表 3-4 中的数据，试按变量 sex 分组统计大学生遇红灯行为(action)的频数(count)、频率(freq)和百分率(percent)，按表 3-7 所示格式创建 SAS 数据表，并自行命名存盘。

表 3-7　大学生交通违规行为按性别分组统计的 SAS 数据表

sex	action	count	freq	percent
女	遵规	3	0.3750	37.50
女	违规	1	0.1250	12.50
男	遵规	1	0.1250	12.50
男	违规	3	0.3750	37.50

【例 3-9】　根据表 3-4 中的数据，试按变量 sex × grade 分组统计大学生遇红灯行为(action)的频数(count)、频率(freq)和百分率(percent)，按表 3-8 所示格式创建 SAS 数据表，并自行命名存盘。

表 3-8　大学生交通违规行为按性别 × 年级分组统计的 SAS 数据表

sex	grade	action	count	freq	percent
女	大一	遵规	2	0.2500	25.00
女	大一	违规	0	0.0000	0.00
女	大二	遵规	1	0.1250	12.50
女	大二	违规	1	0.1250	12.50
男	大一	遵规	1	0.1250	12.50
男	大一	违规	1	0.1250	12.50
男	大二	遵规	0	0.0000	0.00
男	大二	违规	2	0.2500	25.00

注意：表中的变量 count、freq 和 percent 分别表示观测出现的频数、频率和百分率。

3.4.5　单变量 SAS 数据表

只有一个变量的试验观测且在数据表中仅占一列，称做单变量 SAS 数据表。

【例 3-10】　对某果园 10 年生串枝红杏的果重(weight)进行了观测。试按表 3-9 所示的格式创建 SAS 数据表，并自行命名存盘。

表 3-9 10 年生串枝红杏果重(g)观测的 SAS 数据表

weight
51
53
65
55
55
53
…

3.4.6 单向分组 SAS 数据表

若表中的响应数据仅按一个因子的水平值分组，则称做单向分组数据表。

【例 3-11】 如表 3-6 所示，表中 3 个响应变量的值均按因子(fertilizer)的 3 个水平值分组，故该表是一个单向分组 SAS 数据表。

3.4.7 两向分组 SAS 数据表

若表中的响应数据按 2 个因子的水平组合(处理)分组，则为两向分组 SAS 数据表。

【例 3-12】 为考察新药 drug_A 和新药 drug_B 单独服用或联合服用的治疗效果，选 12 名患者做 $2^2 \times 3$ 析因设计试验并测定每人的红细胞数 red_cell，结果如表 3-10 所示。试按表 3-10 的格式创建 SAS 数据表，并自行命名存盘。

表 3-10 新药临床试验的两向分组 SAS 数据表

drug_A	drug_B	red_cell
use	use	21
use	use	2.2
use	use	2
use	without	1.3
use	without	1.2
use	without	1.1
without	use	0.9
without	use	1.1
without	use	1
without	without	0.8
without	without	0.9
without	without	0.7

3.4.8 *n* 向分组 SAS 数据表

若表中的响应数据按 *n* 个因子的水平组合(处理)分组，则为 *n* 向分组 SAS 数据表。

【例 3-13】 为考察栽培措施对棉花产量的影响，实施了区组(Blocks)、品种(A)、播期(B)、种植密度(C)的 $3 \times 2 \times 2 \times 3$ 区组析因设计试验并测定了小区产量(Output)，结果记录于表 3-11 中。试按表 3-12 所示的格式创建 SAS 数据表，并自行命名存盘。

直接以表 3-11 的记录格式创建 SAS 数据表，SAS 将不能做出正确的分析结果。因此，需整理成如表 3-12 所示格式的 SAS 数据表。

表 3-11　棉花栽培试验的小区测产结果($kg/25\ m^2$)

品种	播期	种植密度	区组 1	区组 2	区组 3
品种 1	播期 1	密度 1	12	14	13
		密度 2	12	11	11
		密度 3	10	9	9
	播期 2	密度 1	10	9	9
		密度 2	9	9	8
		密度 3	6	6	7
品种 2	播期 1	密度 1	3	2	4
		密度 2	4	3	4
		密度 3	7	6	7
	播期 2	密度 1	2	2	3
		密度 2	3	4	5
		密度 3	5	7	7

表 3-12　棉花栽培试验的四向分组 SAS 数据表

Blocks	A	B	C	Output
1	A1	B1	C1	12
1	A1	B1	C2	12
1	A1	B1	C3	10
1	A1	B2	C1	10
1	A1	B2	C2	9
1	A1	B2	C3	6
1	A2	B1	C1	3
1	A2	B1	C2	4
1	A2	B1	C3	7
1	A2	B2	C1	2
1	A2	B2	C2	3
1	A2	B2	C3	5
2	A1	B1	C1	14
2	A1	B1	C2	11
2	A1	B1	C3	9
2	A1	B2	C1	9
2	A1	B2	C2	9
2	A1	B2	C3	6
2	A2	B1	C1	2
2	A2	B1	C2	3
2	A2	B1	C3	6
2	A2	B2	C1	2
2	A2	B2	C2	4
2	A2	B2	C3	7

续表

Blocks	A	B	C	Output
3	A1	B1	C1	13
3	A1	B1	C2	11
3	A1	B1	C3	9
3	A1	B2	C1	9
3	A1	B2	C2	8
3	A1	B2	C3	7
3	A2	B1	C1	4
3	A2	B1	C2	4
3	A2	B1	C3	7
3	A2	B2	C1	3
3	A2	B2	C2	5
3	A2	B2	C3	7

3.4.9 二值 SAS 数据表

仅有 0、1 两个变量值的 SAS 数据表称做二值 SAS 数据表。

试验中若变量仅仅有两个结果，一个结果用 0 表示，另一个结果用 1 表示，则可整理成二值 SAS 数据表。

【例 3-14】 为考察 6 个玉米品种(variety1～variety6)的遗传相似性，由 PCR 试验测定了各个玉米品种的 DNA 指纹图谱。所考察的图谱位点上出现酶带用 1 表示，不出现用 0 表示。试按表 3-13 所示的格式将试验数据整理成二值 SAS 数据表。

表 3-13 玉米品种 PCR 试验 DNA 指纹图谱的二值 SAS 数据表

property	variety1	variety2	variety3	variety4	variety5	variety6
phi123-1	0	0	0	0	0	1
phi123-2	0	0	0	0	0	0
phi123-3	1	1	1	0	0	1
phi331888-1	0	0	0	0	1	1
phi331888-2	0	0	0	1	0	1
phi331888-3	0	0	0	0	1	0
p-y1-1	1	0	1	1	0	0
p-y1-2	0	0	0	0	0	0
p-y1-3	0	0	0	0	0	0
p-y1-4	0	1	0	0	0	0
umc1066-1	0	0	0	0	0	1
umc1066-2	0	0	0	0	0	0
umc1066-3	0	0	0	0	0	0
umc1066-4	0	0	1	0	0	1

注意： property 的值表示不同引物 DNA 指纹图谱上的位点。

3.4.10　协差阵和相关阵 SAS 数据表

若协差阵或相关阵已知，则 SAS 的一些过程(模块)可直接将其作为原始数据调用，如主分量分析和因子分析。然而，直接使用协差阵或相关阵所使用的试验信息是不完全的，比如 10 对观测计算的相关系数和 50 对观测计算的相关系数在统计性质上是不一样的，而且存在不能对相关系数或协方差做假设检验的缺陷。因此，强烈推荐首选使用原始数据，若需要可由 SAS 调用原始数据生成相关阵或协差阵的 SAS 数据表。

【例 3-15】 梨枣储藏保鲜试验测试了在保鲜处置(treat)和贮藏时间(time)组合下的 O_2 含量(O2)、过氧化物酶活性(POD)、过氧化氢酶活性(CAT)、VC 含量(VC)等 4 个指标的数据，结果如表 3-14 所示。试创建 4 个指标的协差阵及相关阵的 SAS 数据表。

(1) 将试验数据整理成如表 3-14 所示的两向分组 SAS 数据表。

表 3-14　梨枣贮藏保鲜试验的 SAS 数据表(sasuser.lizaodata)

time	treat	O2	POD	CAT	VC
1	cl	0.0003	0.100	0.7514	240.3
1	cl	0.0004	0.146	0.6500	275.2
1	cl	0.0019	0.440	0.6170	510.0
1	cl	0.0025	0.533	0.7600	438.0
2	cl1	0.0004	0.400	0.5540	417.0
2	cl1	0.0030	0.330	0.5746	420.1
2	cl1	0.0022	0.300	0.5040	400.0
3	cl2	0.0045	0.100	0.6630	380.0
3	cl2	0.0043	0.150	0.6290	333.8
3	cl2	0.0046	0.350	0.7640	292.4
3	cl2	0.0076	0.210	0.8060	274.2
3	cl2	0.0082	0.150	1.0500	254.5
1	ck	0.0003	0.100	0.7514	240.3
1	ck	0.0006	0.260	0.6080	253.4
1	ck	0.0044	0.560	0.5420	460.0
1	ck	0.0039	0.600	0.7080	406.0
2	ck1	0.0014	0.480	0.5250	365.0
2	ck1	0.0102	0.350	0.4760	375.3
2	ck1	0.0044	0.300	0.4600	375.0
3	ck2	0.0062	0.210	0.5814	337.0
3	ck2	0.0068	0.240	0.5916	309.6
3	ck2	0.0130	0.460	0.7150	270.3
3	ck2	0.0142	0.320	0.7850	255.7
3	ck2	0.0205	0.220	0.8670	205.1

(2) 采用 corr 过程编写计算相关阵和协差阵的 SAS 程序如下：

```
/*相关阵和协差阵计算*/
  proc corr data=sasuser.lizaodata outp=covcorrdata cov;
    var O2 POD CAT VC;
    with O2 POD CAT VC;
  run;
  data covdata;
    set covcorrdata;
    variable=_NAME_;
    If _TYPE_='COV';
    drop _TYPE_   _NAME_;
  run;
  data corrdata;
    set covcorrdata;
    variable=_NAME_;
    If _TYPE_='CORR';
    drop _TYPE_   _NAME_;
     run; quit;
```

(3) 程序输出数据表 covcorrdata 的内容如表 3-15 所示，包括协差阵和相关阵。

表 3-15　协差阵和相关阵的 SAS 数据表 covcorrdata

TYPE	_NAME_	O2	POD	CAT	VC
COV	O2	0.0000254601	−8.467504E-6	0.0002705631	−0.165899318
COV	POD	−8.467504E-6	0.0226873895	−0.005891226	7.695490942
COV	CAT	0.0002705631	−0.005891226	0.0191186573	−6.526061667
COV	VC	−0.165899318	7.695490942	−6.526061667	6708.9094928
MEAN		0.0052415833	0.3045416667	0.6638916667	337.00833333
STD		0.0050458008	0.1506233365	0.1382702329	81.907933027
N		24	24	24	24
CORR	O2	1	−0.011141227	0.3878018087	−0.401410322
CORR	POD	−0.011141227	1	−0.282868577	0.6237608332
CORR	CAT	0.3878018087	−0.282868577	1	−0.576230859
CORR	VC	−0.401410322	0.6237608332	−0.576230859	1

(4) 程序输出数据表 covdata 的内容如表 3-16 所示(协差阵 SAS 数据表)。

表 3-16　协差阵的 SAS 数据表 covdata

variable	O2	POD	CAT	VC
O2	0.0000254601	−8.467504E-6	0.0002705631	−0.165899318
POD	−8.467504E-6	0.0226873895	−0.005891226	7.695490942
CAT	0.0002705631	−0.005891226	0.0191186573	−6.526061667
VC	−0.165899318	7.695490942	−6.526061667	6708.9094928

(5) 程序输出数据表 corrdata 的内容如表 3-17 所示(相关阵 SAS 数据表)。

表 3-17　相关阵的 SAS 数据表 corrdata

variable	O2	POD	CAT	VC
O2	1	−0.011141227	0.3878018087	−0.401410322
POD	−0.011141227	1	−0.282868577	0.6237608332
CAT	0.3878018087	−0.282868577	1	−0.576230859
VC	−0.401410322	0.6237608332	−0.576230859	1

3.5　SAS 数据表的管理

【例 3-16】 在 3 个区组分别测定了 3 个小麦品种(Variety)的黑穗病率(%)后，将测定结果整理成名为 sasuser.sample32 的 SAS 数据表，如表 3-18 所示。

表 3-18　SAS 数据表 sasuser.sample32 的内容

Variety	Blocks	Percent
V1	B1	0.8
V1	B2	3.8
V1	B3	0.0
V2	B1	4.3
V2	B2	1.9
V2	B3	0.7
V3	B1	9.8
V3	B2	11.2
V3	B3	6.2

试编写合适的 SAS 程序，实现针对观测的复制、添加、删除、修改和更新，以及实现针对数据表的组合、抽取、合并、改变量名、删除变量、保留变量等操作。

3.5.1　复制数据表

【例 3-17】 试将 SAS 数据表 sasuser.sample32 中的全部观测复制到一个新的 SAS 数

据表 sasuser.example317 中，该数据表的内容如表 3-18 所示。

SAS 程序如下：

```
/*复制数据表*/
data sasuser.example317;
  set sasuser.sample32;
  run; quit;
```

3.5.2 添加观测

【例 3-18】 试将 SAS 数据表 sasuser.sample32 复制到数据表 sasuser.example318 中，并添加一个观测(V4 1 15)，如表 3-19 所示。

SAS 程序如下：

```
/*创建要添加的观测*/
  data aa;
  input variety $ blocks $ percent;
  datalines;
  V4 B1 15
  run;
/*添加观测*/
  data sasuser.example318;
  set sasuser.sample32 aa;
    run; quit;
```

表 3-19 SAS 数据表 sasuser.example318 的内容

Variety	Blocks	Percent
V1	B1	0.8
V1	B2	3.8
V1	B3	0.0
V2	B1	4.3
V2	B2	1.9
V2	B3	0.7
V3	B1	9.8
V3	B2	11.2
V3	B3	6.2
V4	B1	15.0

3.5.3 修改观测

【例 3-19】 试将 SAS 数据表 sasuser.sample32 中的观测(V3 B2 11.2)修改为(V3 B2

23.5)，并创建为 SAS 数据表 sasuser.example319，如表 3-20 所示。

SAS 程序如下：

```
/*创建要修改的观测*/
  data bb;
    input variety $ blocks $ percent;
  datalines;
    V3 B2 23.5
  run;
/*创建被修改观测的数据表*/
  data sasuser.example319;
    set sasuser.sample32;
  run;
/*修改观测*/
  data sasuser.example319;
    modify sasuser.example319 bb;
    by variety blocks;
    run; quit;
```

表 3-20　SAS 数据表 sasuser.example319 的内容

Variety	Blocks	Percent
V1	B1	0.8
V1	B2	3.8
V1	B3	0.0
V2	B1	4.3
V2	B2	1.9
V2	B3	0.7
V3	B1	9.8
V3	B2	23.5
V3	B3	6.2

3.5.4　删除观测

【例 3-20】 试删除 SAS 数据表 sasuser.sample32 中变量 Percent 的值小于 4 的观测，并创建为 SAS 数据表 sasuser.example320，如表 3-21 所示。

SAS 程序如下：

```
/*删除观测*/
  data sasuser.example320;
  set sasuser.sample32;
  if percent<=4 then delete;
    run; quit;
```

表 3-21　SAS 数据表 sasuser.example320 的内容

Variety	Blocks	Percent
V2	B1	4.3
V3	B1	9.8
V3	B2	11.2
V3	B3	6.2

3.5.5　更新观测

【例 3-21】试将 SAS 数据表 sasuser.sample32 中的观测(V3 B2 11.2)更新为(V3 B2 23.5)并添加观测(V4 B1 15.0)，更新后将其创建为 SAS 数据表 sasuser.example321，如表 3-22 所示。

SAS 程序如下：

```
/*创建要更新的观测*/
  data cc;
  input variety $ blocks $ percent;
  datalines;
  V3 B2 23.5
  V4 B1 15
  ;
  run;
/*更新观测*/
  data sasuser.example321;
  update sasuser.sample32 cc;
  by variety blocks;
  run; quit;
```

表 3-22　SAS 数据表 sasuser.example321 的内容

Variety	Blocks	Percent
V1	B1	0.8
V1	B2	3.8
V1	B3	0.0
V2	B1	4.3
V2	B2	1.9
V2	B3	0.7
V3	B1	9.8
V3	B2	23.5
V3	B3	6.2
V4	B1	15.0

3.5.6　合并数据表

【例 3-22】 试将 SAS 数据表 sasuser.sample32 与观测(V3 B2 23.5)和(V4 B1 15.0)合并

为 SAS 数据表 sasuser.example322，如表 3-23 所示。注意，合并操作不会替代、修改和更新任何相同处理的观测，新数据表包括所有参与合并的观测。

SAS 程序如下：

```
/*创建要合并的数据表*/
  data cc;
  input variety $ blocks $ percent;
  datalines;
  V3 B2 23.5
  V4 B1 15
  ;
  run;
  /*合并数据表*/
  data sasuser.example322;
  set sasuser.sample32 cc;
    run; quit;
```

表 3-23　SAS 数据表 sasuser.example322 的内容

Variety	Blocks	Percent
V1	B1	0.8
V1	B2	3.8
V1	B3	0.0
V2	B1	4.3
V2	B2	1.9
V2	B3	0.7
V3	B1	9.8
V3	B2	11.2
V3	B3	6.2
V3	B2	23.5
V4	B1	15.0

3.5.7　抽取子表

【例 3-23】 试从 SAS 数据表 sasuser.sample32 中抽取变量 Variety 的值仅含 V1 和 V3 的子表，并创建为 SAS 数据表 sasuser.example323，如表 3-24 所示。

SAS 程序如下：

```
/*抽取子表*/
  data sasuser.example323;
  set sasuser.sample32;
  if variety='V1' or variety='V3';
    run; quit;
```

表 3-24　SAS 数据表 sasuser.example323 的内容

Variety	Blocks	Percent
V1	B1	0.8
V1	B2	3.8
V1	B3	0.0
V3	B1	9.8
V3	B2	11.2
V3	B3	6.2

3.5.8 行对应合并数据表

【例 3-24】 设 SAS 数据表 dd 含(V1 B1 2.8)、(V1 B2 5.8)和(V4 B1 15.0)3 个观测，令其与 SAS 数据表 sasuser.sample32 行对应合并，则后一数据表的全部观测均替代前一数据表的对应行观测，而前一数据表的其余观测被保留。处理结果创建为 SAS 数据表 sasuser.example324，如表 3-25 所示。

SAS 程序如下：

```
/*创建要合并的数据表*/
  data dd;
  input variety $ blocks $ percent;
  datalines;
    V1 B1 2.8
    V1 B2 5.8
    V4 B1 15.0
  ;
  run;
/*行对应合并数据表*/
  data sasuser.example324;
    merge sasuser.sample32 dd;
    run; quit;
```

表 3-25　SAS 数据表 sasuser.example324 的内容

Variety	Blocks	Percent
V1	B1	2.8
V1	B2	5.8
V4	B1	15.0
V2	B1	4.3
V2	B2	1.9
V2	B3	0.7
V3	B1	9.8
V3	B2	11.2
V3	B3	6.2

3.5.9　匹配合并数据表

【例 3-25】 设 SAS 数据表 dd 含(V1 B1 2.8)、(V1 B2 5.8)和(V4 B1 15.0)3 个观测，令其与 SAS 数据表 sasuser.sample32 匹配合并，则后一数据表的观测按 by 语句指定的匹配变量值组合替代前一数据表的观测，而前一数据表的其余观测被保留。处理结果创建为 SAS 数据表 sasuser.example325，如表 3-26 所示。

SAS 程序如下：

```
/*创建要合并的数据表*/
  data dd;
  input variety $ blocks $ percent;
  datalines;
    V1 B1 2.8
    V1 B2 5.8
    V4 B1 15.0
  ;
  run;
/*匹配合并数据表*/
  data sasuser.example325;
    merge sasuser.sample32 dd;
    by variety blocks;
  run; quit;
```

表 3-26　SAS 数据表 sasuser.example325 的内容

Variety	Blocks	Percent
V1	B1	2.8
V1	B2	5.8
V1	B3	0.0
V2	B1	4.3
V2	B2	1.9
V2	B3	0.7
V3	B1	9.8
V3	B2	11.2
V3	B3	6.2
V4	B1	15.0

3.5.10　改变量名

【例 3-26】将 SAS 数据表 sasuser.sample32 复制到 SAS 数据表 sasuser.example326 中，并用 rename 语句将新数据表中的变量 variety 改成 type，如表 3-27 所示。

SAS 程序如下：

```
/*改变量名*/
  data sasuser.example326;
    set sasuser.sample32;
    rename variety=type;
    label variety=Type;
    run; quit;
```

表 3-27 SAS 数据表 sasuser.example326 的内容

Type	Blocks	Percent
V1	B1	0.8
V1	B2	3.8
V1	B3	0.0
V2	B1	4.3
V2	B2	1.9
V2	B3	0.7
V3	B1	9.8
V3	B2	11.2
V3	B3	6.2

3.5.11 删除变量

【例 3-27】将 SAS 数据表 sasuser.sample32 复制到 SAS 数据表 sasuser.example327 中，并用 drop 语句将新数据表中的变量 blocks 删除，如表 3-28 所示。

SAS 程序如下：

```
/*删除变量*/
  data sasuser.example327;
    set sasuser.sample32;
    drop blocks;
    run; quit;
```

表 3-28 SAS 数据表 sasuser.example327 的内容

Variety	Percent
V1	0.8
V1	3.8
V1	0.0
V2	4.3
V2	1.9
V2	0.7
V3	9.8
V3	11.2
V3	6.2

3.5.12 保留变量

【例 3-28】将 SAS 数据表 sasuser.sample32 复制到 SAS 数据表 sasuser.example328 中，并用 keep 语句将新数据表中的变量 variety 和 percent 保留，结果与例 3-27 相同，如表 3-28 所示。

SAS 程序如下：

```
/*保留变量*/
  data sasuser.example328;
    set sasuser.sample32;
    keep variety percent;
  run; quit;
```

3.6 SAS 数据表的观测排序

【例 3-29】采用 sort 过程对 SAS 数据表 sasuser.sample32 中的观测进行排序，排序结果输出到 SAS 数据表 sasuser.example329 中，如表 3-29 所示。其中，语句 by blocks 指定表中的观测按 blocks 的升序排列，即缺省排序规则。

SAS 程序如下：

```
/*按单一变量blocks排序*/
  proc sort data=sasuser.sample32 out=sasuser.example329;
    by blocks;
  run; quit;
```

表 3-29 SAS 数据表 sasuser.example329 的内容

Variety	Blocks	Percent
V1	B1	0.8
V2	B1	4.3
V3	B1	9.8
V1	B2	3.8
V2	B2	1.9
V3	B2	11.2
V1	B3	0.0
V2	B3	0.7
V3	B3	6.2

【例 3-30】采用 sort 过程对 SAS 数据表 sasuser.sample32 中的观测进行排序，排序结果输出到 SAS 数据表 sasuser.example330 中，如表 3-30 所示。其中，语句 by 指定表中的观测按 variety 的升序(缺省)和 blocks 的降序(选项 descending)排列。

SAS 程序如下：

```
/*按两变量variety和blocks排序*/
  proc sort data=sasuser.sample32 out=sasuser.example330;
     by variety descending blocks;
  run; quit;
```

表 3-30　SAS 数据表 sasuser.example330 的内容

Variety	Blocks	Percent
V1	B3	0.0
V1	B2	3.8
V1	B1	0.8
V2	B3	0.7
V2	B2	1.9
V2	B1	4.3
V3	B3	6.2
V3	B2	11.2
V3	B1	9.8

3.7　SAS 数据变换

SAS 数据步程序的赋值语句采用等式表示，等号左面是新创建的变量，等号右面是计算表达式，即计算结果赋值给新变量。计算表达式常含有 SAS 函数，可实现对数据表中已有变量的数据变换。常用 SAS 函数如表 3-31 所示。

表 3-31　常用 SAS 函数

SAS 函数	赋值语句用法	功 能 描 述
ABS(x)	Y=ABS(x)	Y 等于变量 x 的绝对值
CEIL(x)	Y=CEIL(x)	Y 等于变量 x 的向高整数
FLOOR(x)	Y=FLOOR(x)	Y 等于变量 x 的向低整数
INT(x)	Y=INT(x)	Y 等于变量 x 的整数部分
ROUND(x, n)	Y=ROUND(x, n)	Y 等于变量 x 的 n 精度舍入值
EXP(x)	Y=EXP(x)	Y 等于变量 x 的 e^x 值
SQRT(x)	Y=SQRT(x)	Y 等于变量 x 的 $\sqrt{x}$ 值
LOG(x)	Y=LOG(x)	Y 等于变量 x 的自然对数值
LOG10(x)	Y=LOG10(x)	Y 等于变量 x 的 10 为底对数值
LOG2(x)	Y=LOG2(x)	Y 等于变量 x 的 2 为底对数值
ARCOS(x)	Y=ARCOS(x)	Y 等于变量 x 的反余弦函数值
ARSIN(x)	Y=ARSIN(x)	Y 等于变量 x 的反正弦函数值
ATAN(x)	Y=ATAN(x)	Y 等于变量 x 的反正切函数值
COS(x)	Y=COS(x)	Y 等于变量 x 的余弦函数值
SIN(x)	Y=SIN(x)	Y 等于变量 x 的正弦函数值
TAN(x)	Y=TAN(x)	Y 等于变量 x 的正切函数值

【例 3-31】试对 SAS 数据表 sasuser.sample32 中的响应变量 percent 分别进行反正弦、自然对数和平方根变换，变换结果分别赋值给变量 Y1、Y2 和 Y3，并输出到 SAS 数据表 sasuser.example331 中，如表 3-32 所示。

SAS 程序如下：

```
data sasuser.example331;
  set sasuser.sample32;
  Y1=arsin(percent/100);      /*反正弦变换*/
  Y2=log(1+percent/100);    /*自然对数变换*/
  Y3=sqrt(percent/100);       /*平方根变换*/
run; quit;
```

表 3-32　SAS 数据表 sasuser.example331 的内容

Variety	Blocks	Percent	Y1	Y2	Y3
V1	B1	0.8	0.00805	0.00797	0.08944
V1	B2	3.8	0.03801	0.03730	0.19494
V1	B3	0	0	0	0
V2	B1	4.3	0.04301	0.04210	0.20736
V2	B2	1.9	0.01900	0.01882	0.13784
V2	B3	0.7	0.00700	0.00698	0.08367
V3	B1	9.8	0.09816	0.09349	0.31305
V3	B2	11.2	0.11224	0.10616	0.33466
V3	B3	6.2	0.06204	0.06015	0.24900

3.8　SAS 数据概括

许多试验的 SAS 数据表包括每个处理的重复观测，一般需对每个处理计算重复响应结果的均值、标准差、变异系数、置信区间等，一些论文还在均值旁标注均值 t 检验的显著性标记，这些工作称做数据概括。

【例 3-32】针对培养基(Medium)、苄基腺嘌呤(BA)、萘乙酸(NAA)三因子核桃苗组织培养试验，分别测定了启用率(Rate)、分化芽数(Num)和芽长(Length)的响应数据，如表 3-33 所示。试以处理分组概括试验测定响应数据。

(1) 将试验数据(表 3-33)创建为 SAS 数据表 sasuser.sample33。

(2) 采用 means 过程编写概括数据的 SAS 程序如下：

```
proc means data=sasuser.sample33 MEAN STD CV STDERR PROBT;
  class Medium BA NAA;
  var Rate Num Length;
run; quit;
```

表 3-33　核桃苗组织培养试验的测定数据(sasuser.sample33)

Medium	BA	NAA	Treat	Rate	Num	Length
MS	6-BA0.5	NAA0.05	T1	88.89	13	0.238
MS	6-BA0.5	NAA0.05	T1	85.21	15	0.256
MS	6-BA1.0	NAA0.2	T2	25	4	0.4
MS	6-BA1.0	NAA0.2	T2	28.3	6	0.43
MS	6-BA1.5	NAA0.5	T3	32.4	5	0.28
MS	6-BA1.5	NAA0.5	T3	36.7	8	0.276
MS	6-BA2.0	NAA0.1	T4	66.67	8	0.31
MS	6-BA2.0	NAA0.1	T4	62.51	10	0.34
WPM	6-BA0.5	NAA0.5	T5	19.5	10	0.246
WPM	6-BA0.5	NAA0.5	T5	17.8	11	0.258
WPM	6-BA1.0	NAA0.2	T6	20	14	0.264
WPM	6-BA1.0	NAA0.2	T6	18.6	11	0.251
WPM	6-BA1.5	NAA0.1	T7	20	13	0.271
WPM	6-BA1.5	NAA0.1	T7	19.1	14	0.285
WPM	6-BA2.0	NAA0.05	T8	35	21	0.302
WPM	6-BA2.0	NAA0.05	T8	35.2	22	0.413

注意：为便于表达概括整理的数据，在表 3-33 中增添了一个标识处理的变量 Treat。

(3) 将程序输出结果整理成如表 3-34、表 3-35 和表 3-36 所示的概括数据表。

表 3-34　核桃苗组织培养试验分化启用率的数据概括

处理	均值	标准差	变异系数	标准误	Pr > T
T1	87.0500	2.6022	2.9893	1.8400	0.0135
T2	26.6500	2.3335	8.7559	1.6500	0.0394
T3	34.5500	3.0406	8.8005	2.1500	0.0396
T4	64.5900	2.9416	4.5542	2.0800	0.0205
T5	18.6500	1.2021	6.4455	0.8500	0.0290
T6	19.3000	0.9899	5.1293	0.7000	0.0231
T7	19.5500	0.6364	3.2552	0.4500	0.0147
T8	35.1000	0.1414	0.4029	0.1000	0.0018

表 3-35　核桃苗组织培养试验分化芽数的数据概括

处理	均值	标准差	变异系数	标准误	Pr > T
T1	14.0000	1.4142	10.1015	1.0000	0.0454
T2	5.0000	1.4142	28.2843	1.0000	0.1257
T3	6.5000	2.1213	32.6357	1.5000	0.1444
T4	9.0000	1.4142	15.7135	1.0000	0.0704
T5	10.5000	0.7071	6.7344	0.5000	0.0303
T6	12.5000	2.1213	16.9706	1.5000	0.0760
T7	13.5000	0.7071	5.2378	0.5000	0.0236
T8	21.5000	0.7071	3.2889	0.5000	0.0148

表 3-36　核桃苗组织培养试验芽长的数据概括

处理	均值	标准差	变异系数	标准误	Pr > T
T1	0.2470	0.0127	5.1530	0.0090	0.0232
T2	0.4150	0.0212	5.1116	0.0150	0.0230
T3	0.2780	0.0028	1.0174	0.0020	0.0046
T4	0.3250	0.0212	6.5271	0.0150	0.0294
T5	0.2520	0.0085	3.3672	0.0060	0.0152
T6	0.2575	0.0092	3.5699	0.0065	0.0161
T7	0.2780	0.0099	3.5610	0.0070	0.0160
T8	0.3575	0.0785	21.9549	0.0555	0.0980

上 机 报 告

(1) 利用 Excel 整理试验数据。

(2) 利用 SAS 的 Table Editor 整理试验数据。

(3) 利用 SAS 的 Import Data 菜单命令导入 Excel 数据表。

(4) 利用基于 Import 过程的 SAS 程序导入 Excel 数据表。

(5) 利用数据步 SAS 程序创建字符型 SAS 数据表。

(6) 利用数据步 SAS 程序创建数值型 SAS 数据表。

(7) 利用数据步 SAS 程序创建混合型 SAS 数据表。

(8) 利用数据步 SAS 程序创建含频数和权值的 SAS 数据表。

(9) 利用数据步 SAS 程序创建单变量 SAS 数据表。

(10) 利用数据步 SAS 程序创建单向分组 SAS 数据表。

(11) 利用数据步 SAS 程序创建两向分组 SAS 数据表。

(12) 利用数据步 SAS 程序创建 *n* 向分组 SAS 数据表。

(13) 利用数据步 SAS 程序创建二值 SAS 数据表。

(14) 利用数据步 SAS 程序创建协差阵和相关阵 SAS 数据表。

(15) 利用数据步 SAS 程序实现 SAS 数据表的观测排序。

(16) 利用数据步 SAS 程序实现 SAS 数据表的数据变换。

(17) 利用数据步 SAS 程序实现 SAS 数据表的数据概括。

第 4 单元 SAS 统计绘图

上机目的 掌握 SAS 绘统计图的编程方法，熟悉程序中的过程、过程选项、语句、语句选项等编程要素和编程格式。学会用统计图展现试验数据、拟合曲线、函数图形、频数和累积频数分布、百分率和累积百分率分布、响应误差、响应面和等值线。

上机内容 ① 采用 gplot 过程编写 SAS 程序，绘散点图、折线图和曲线图；② 采用 gchart 过程编写 SAS 程序，绘饼图、柱形图、直方图和误差图；③ 采用 g3d 过程编写 SAS 程序，绘三维网格图；④ 采用 gcontour 过程编写 SAS 程序，绘等值线图。

4.1 用 SAS 绘制散点图

在执行 SAS 绘图程序之前，首先需创建或选定用于绘图的 SAS 数据表。

【例 4-1】 在某地连续观测 13 个年份(Order)的冬季积雪时间(X1)、化雪日期(X2)和二化螟第一代成虫发生量(Y)，获得的数据样本如表 4-1 所示。试创建它的 SAS 数据表 sasuser.chengchong。

表 4-1 二化螟成虫生态的观测结果(数据表 sasuser.chengchong)

Order	X1	X2	Y
1	10	26	9
2	12	26	17
3	14	40	34
4	16	32	42
5	19	51	40
6	16	33	27
7	7	26	4
8	7	25	27
9	12	17	13
10	11	24	56
11	12	16	15
12	7	16	8
13	11	15	20

(1) 用表 4-1 数据创建 Excel 数据表 chengchong.xls。

(2) 将 Excel 数据表 chengchong.xls 导入 SAS，创建 SAS 数据表 sasuser.chengchong，以备后面的 SAS 绘图程序调用。

4.1.1　单变量散点图

单变量散点图，一般按时间顺序或指定顺序展现变量观测值的动态变化。

【例 4-2】 试编写 SAS 程序调用数据表 sasuser.chengchong(表 4-1)绘散点图，展现二化螟第一代成虫发生量(Y)的年份(Order)动态。

(1) 采用 gplot 过程编写绘制散点图的 SAS 程序如下：

```
goptions reset=all ftext=swiss htext=1.65;          /*设置文本的字体和尺寸*/
symbol V=star H=1.75 CV=B;                           /*设置数据点标记的类型、尺寸和颜色*/
axis1 label=(f='宋体'  '年份编号');                  /*设置横轴标签的字体和内容*/
axis2 label=(A=90 f='宋体'  '成虫发生量');           /*设置纵轴标签的角度、字体和内容*/
proc gplot data=sasuser.chengchong;                  /*指定 gplot 过程调用的数据表*/
  plot Y*Order / noframe haxis=axis1 vaxis=axis2;      /*选项去图框、引用纵横轴的设置*/
run;quit;
```

(2) 程序的输出结果如图 4-1 所示。

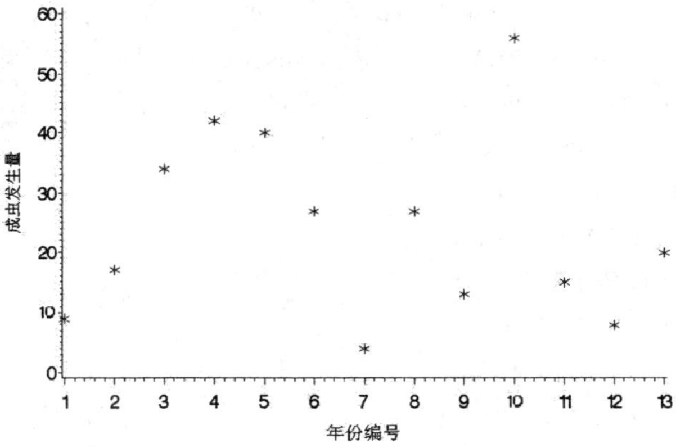

图 4-1　二化螟成虫发生量的年份动态

4.1.2　两变量散点图

两变量散点图，一般用于展现一个变量与另一个变量的相关关系。

【例 4-3】 试编写 SAS 程序调用数据表 sasuser.chengchong 绘制散点图，展现二化螟第一代成虫发生量(Y)与积雪时间(X1)的关系。

(1) 采用 gplot 过程编写绘制散点图的 SAS 程序如下：

```
goptions reset=all ftext=swiss htext=1.65;
symbol V=star H=1.75 CV=B;
axis1 label=(f='宋体'  '积雪时间(周)');
axis2 label=(A=90  f='宋体'  '成虫发生量');
proc gplot data=sasuser.chengchong;
plot Y*X1 / noframe haxis=axis1 vaxis=axis2;
run; quit;
```

(2) 程序的输出结果如图 4-2 所示。

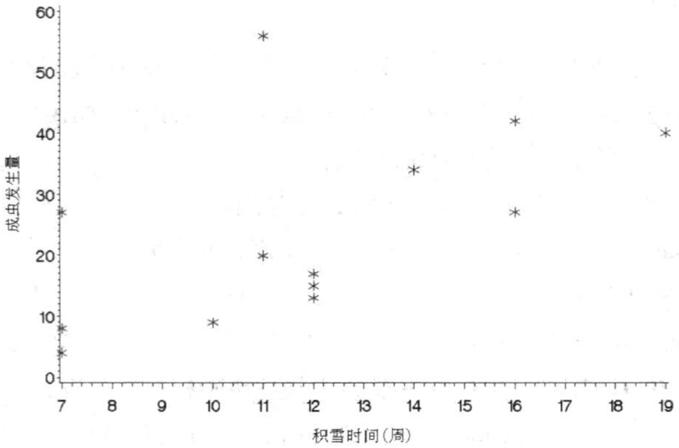

图 4-2 二化螟成虫发生量与积雪时间的关系

4.1.3 多变量散点图

多变量散点图，可展现多个变量的时间动态，或多个变量与同一变量的相关关系。

【例 4-4】 试编写 SAS 程序调用数据表 sasuser.chengchong 绘制散点图，展现二化螟第一代成虫发生量(Y)、积雪时间(X1)、化雪日期(X2)的年份动态。

(1) 采用 gplot 过程编写绘制散点图的 SAS 程序如下：

```
goptions reset=all ftext=swiss htext=1.55;
symbol1 V=star H=1.75 CV=black;
symbol2 V=square H=1.75 CV=B;
symbol3 V=hash H=1.75 CV=R;
axis1 label=(f='宋体'  '年份编号');
axis2 label=(A=90 f='宋体'  '*成虫发生量  □积雪时间  #化雪日期');
proc gplot data=sasuser.chengchong;
plot Y*Order X1* Order X2*Order        / noframe overlay haxis=axis1 vaxis=axis2;
run;quit;                              /*选项 overlay 使多个散点图叠加*/
```

(2) 程序的输出结果如图 4-3 所示。

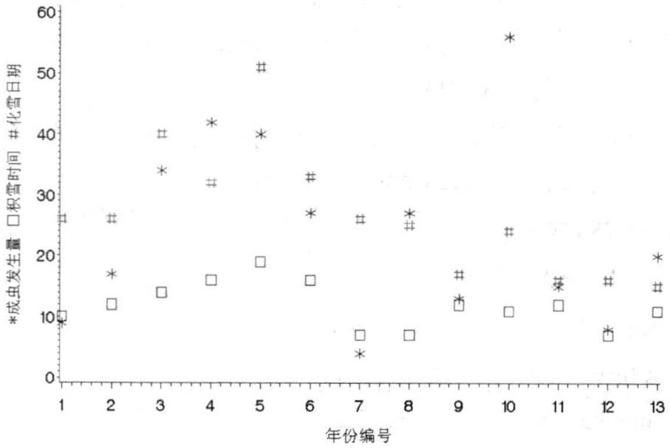

图 4-3 成虫发生量、积雪时间、化雪日期的年份动态

4.2　用 SAS 绘制折线图

在执行 SAS 绘图程序之前，首先需创建或选定用于绘图的 SAS 数据表。

【例 4-5】 抽样观测 12 个高营养玉米杂交种(variety)的产量(X1，t/ha)、穗长(X2，cm)、百粒重(X3，g)、蛋白质含量(X4，%)和百克蛋白赖氨酸含量(X5，%)，获得的数据样本如表 4-2 所示。试创建它的 SAS 数据表 sasuser.yumi。

表 4-2　高营养玉米杂交种性状的观测结果(数据表 sasuser.yumi)

Variety	X1	X2	X3	X4	X5
1	7.103	23.4	37.3	9.54	3.88
2	7.013	23.2	30.5	7.90	4.81
3	6.887	20.9	32.0	9.51	4.52
4	6.830	23.4	33.8	8.60	3.84
5	6.788	22.9	34.8	9.53	4.40
6	6.679	22.3	28.6	8.67	4.50
7	6.401	20.9	27.3	9.79	4.29
8	6.284	20.2	62.3	7.62	4.73
9	6.249	22.2	31.0	7.84	5.10
10	5.707	20.4	26.8	7.75	4.52
11	5.702	20.8	27.3	8.91	5.05
12	5.569	23.4	31.0	9.18	4.36

(1) 用表 4-2 所示数据创建 Excel 数据表 yumi.xls。

(2) 将 Excel 数据表 yumi.xls 导入 SAS，创建 SAS 数据表 sasuser.yumi，以备后面的 SAS 绘图程序调用。

4.2.1　单变量折线图

单变量折线图，可用于单个连续变量观测数据的时序或指定顺序的展现。

【例 4-6】 试编写 SAS 程序调用数据表 sasuser.yumi 绘制折线图，展现 12 个玉米杂交种(variety)的产量(X1，t/ha)动态。

(1) 采用 gplot 过程编写绘制折线图的 SAS 程序如下：

```
goptions reset=all ftext=swiss htext=1.95;
symbol V=hash H=2.25 CV=BL CI=B i=join;
axis1 label=(f='宋体'  '玉米杂交种编号');
axis2 label=( A=90 f='宋体'  '产量(t/ha)') ;
proc sort data=sasuser.yumi;
by Variety;  /*按横坐标变量排序*/
run;
proc gplot data=sasuser.yumi;
plot X1*Variety / noframe haxis=axis1 vaxis=axis2;
  run; quit;
```

(2) 程序的输出结果如图 4-4 所示。

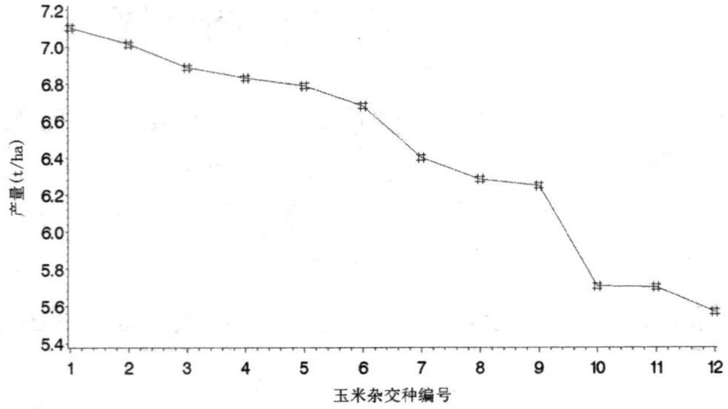

图 4-4　玉米杂交种的产量动态

4.2.2　变量相关折线图

变量相关折线图，通常用于展现两连续变量观测数据的相关关系。

【例 4-7】 试编写 SAS 程序调用数据表 sasuser.yumi 绘制折线图，展现 12 个玉米杂交种上百克蛋白赖氨酸含量(X5)与蛋白质含量(X4)的关系。

(1) 采用 gplot 过程编写绘制折线图的 SAS 程序如下：

```
goptions reset=all ftext=swiss htext=1.95;
symbol V=hash H=2.25 CV=BL CI=B i=join;
axis1 label=(f='宋体'   '蛋白质含量(%)') order=7.5 to 10 by 0.5;
axis2 label=(A=90 f='宋体'   '百克蛋白赖氨酸含量(%)');
proc sort data=sasuser.yumi;
by X4;
proc gplot data=sasuser.yumi;
plot X5*X4 / noframe haxis=axis1 vaxis=axis2;
run;quit;
```

(2) 程序的输出结果如图 4-5 所示。

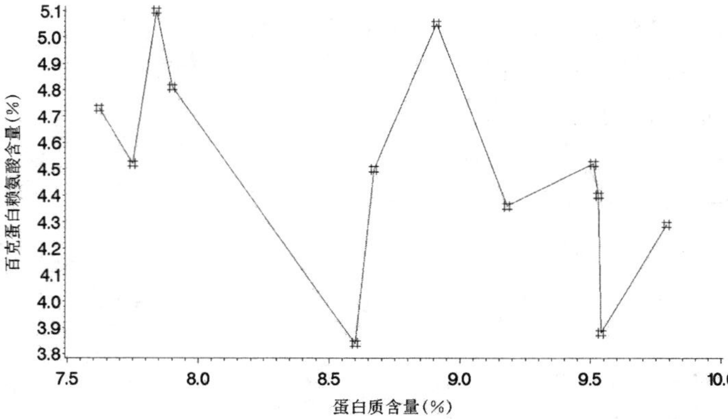

图 4-5　玉米杂交种上百克蛋白赖氨酸含量与蛋白质含量的关系

4.2.3 多变量折线图

多变量折线图，通常用于展现多个连续变量按时间顺序或指定顺序的动态变化，或多个连续变量与同一连续变量的关系。

【例 4-8】 试编写 SAS 程序调用数据表 sasuser.yumi 绘制折线图，展现玉米杂交种 5 个测定指标 X1、X2、X3、X4 和 X5 的品种动态和相互关系。

(1) 采用 gplot 过程编写绘制折线图的 SAS 程序如下：

```
goptions reset=all ftext=swiss htext=1.95;
symbol1 V=hash H=2.25 CV=BL CI=B i=join;
symbol2 V=square H=2.25 CV=BL CI=B i=join;
symbol3 V=star H=2.25 CV=BL CI=B i=join;
symbol4 V=circle H=2.25 CV=BL CI=B i=join;
axis1 label=(f='宋体'  '玉米杂交种编号');
axis2 label=(A=90  f='宋体'  '指标测定值');
legend1 value=(f='宋体'  '产量' '穗长' '百粒重' '蛋白质' '百克蛋白赖氨酸');
proc sort data=sasuser.yumi;
by Variety ;
proc gplot data=sasuser.yumi;
plot X1*Variety X2*Variety X3*Variety X4*Variety X5*Variety / noframe overlay
haxis=axis1 vaxis=axis2 legend= legend1;
run;quit;
```

(2) 程序的输出结果如图 4-6 所示。

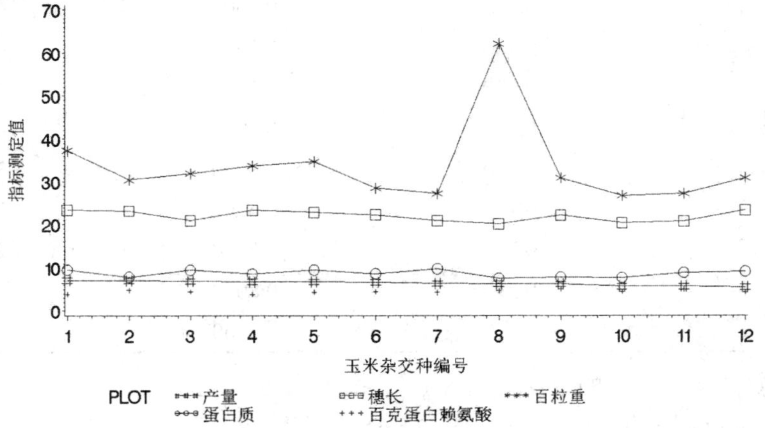

图 4-6 玉米杂交种 4 个测定指标的品种动态

4.3 用 SAS 绘制盒须图

盒须图(box and whisker plots)以图形方式展现变量重复观测数据的最小值、最大值、中值(50%分位点)和指定百分位点(如 5%分位点和 95%分位点)，如图 4-7 所示。

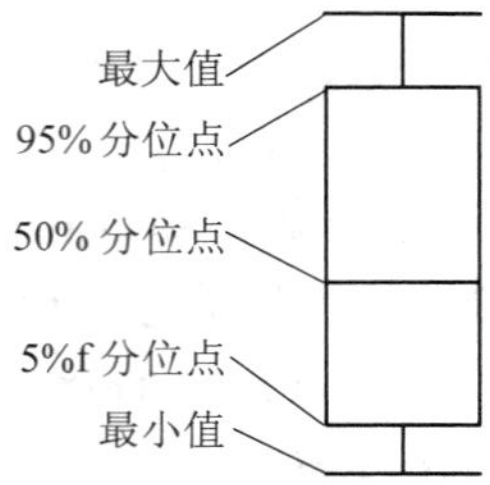

图 4-7　盒须图的框线结构及意义

【例 4-9】 为考察保鲜处置配合储藏天数(Treat)对梨枣生化性状的影响，分别测定了过氧化物酶活性(POD)、过氧化氢酶活性(CAT)和 VC 含量(VC)的数据样本，如表 4-3 所示。试绘制盒须图展现三测定指标的百分位点分布。

表 4-3　梨枣储藏保鲜试验的 SAS 数据表(sasuser.lizao)

Treats	POD	CAT	VC
T0	0.100	0.7514	240.3
T0	0.260	0.6080	253.4
T0	0.560	0.5420	460.0
T0	0.600	0.7080	406.0
T1	0.100	0.7514	240.3
T1	0.146	0.6500	275.2
T1	0.440	0.6170	510.0
T1	0.533	0.7600	438.0
T2	0.400	0.5540	417.0
T2	0.330	0.5746	420.1
T2	0.300	0.5040	400.0
T3	0.100	0.6630	380.0
T3	0.150	0.6290	333.8
T3	0.350	0.7640	292.4
T3	0.210	0.8060	274.2
T3	0.150	1.0500	254.5

(1) 创建如表 4-3 所示的单向分组 SAS 数据表 sasuser.lizao。

(2) 采用 gplot 过程编写绘制盒须图的 SAS 程序如下：

```
goptions reset=all ftext=swiss htext=2.05;
symbol I=BOXT05 BWIDTH=15 CI=B;
axis1 label=(f='宋体'  '处理号') offset=(25,15);
axis2 label=(A=90  f='宋体'  '指标测定值');
proc sort data=sasuser.lizao;
```

```
   by Treats;
proc gplot data=sasuser.lizao;
   plot POD*Treats / noframe overlay haxis=axis1 vaxis=axis2;
   plot CAT*Treats / noframe overlay haxis=axis1 vaxis=axis2;
   plot VC*Treats / noframe overlay haxis=axis1 vaxis=axis2;
run;quit;
```

(3) 语句 symbol 的 I=BOXT05 项等号右端由 BOX、T 和 05 三个字符串拼连构成，BOX 指定绘盒须图，T 指定须线延伸到最大值和最小值线，05 指定最小分位点为 5%，最大分位点为 95%，CI=B 指定盒须图线为蓝色。语句 axis1 的 offset=(25,15)项指定第一个盒须图框边界距左轴端 25 个单位，最后一个盒须图框边界距右轴端 15 个单位。

(4) 程序的输出结果如图 4-8、图 4-9 和图 4-10 所示。

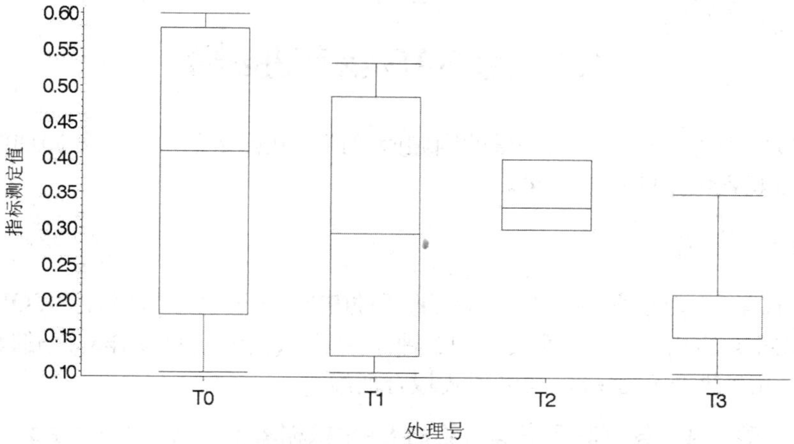

图 4-8 梨枣储藏保鲜试验 POD 观测的百分位点分布

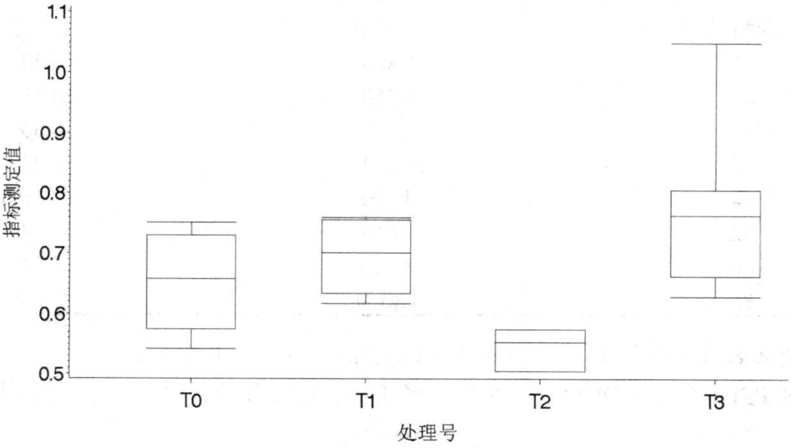

图 4-9 梨枣储藏保鲜试验 CAT 观测的百分位点分布

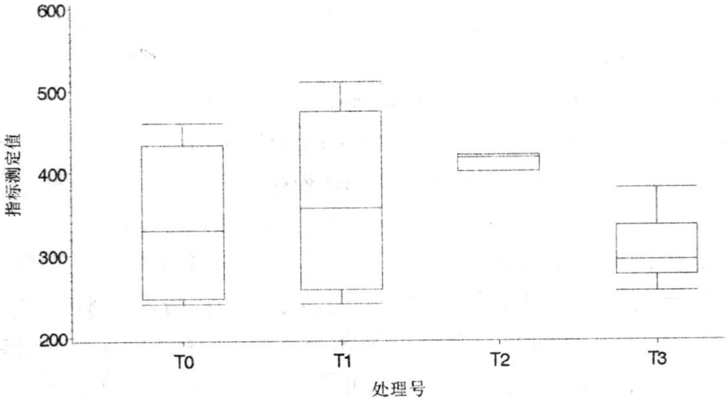

图 4-10 梨枣储藏保鲜试验 VC 观测的百分位点分布

4.4 用 SAS 绘制曲线图

曲线图以图形方式展现连续变量的回归函数或已知函数的图形，回归曲线图常附加试验数据点，以观察数据的拟合效果。

4.4.1 拟合曲线图

【例 4-10】 为考察冬枣的多酚氧化酶活性(PPO)和过氧化物酶活性(POD)在某处置下与储藏天数(Days)的相关关系，测定了 12 种储藏天数(储藏天数 0 作对照)的数据样本，如表 4-4 所示。试绘图展现试验点与多项式拟合曲线。

表 4-4 冬枣储藏保鲜试验的 SAS 数据表(sasuser.dongzao)

Days	PPO	POD
0	0.938	0.100
8	1.250	0.146
16	1.340	0.440
24	1.800	0.533
32	2.800	0.400
40	3.550	0.330
48	3.820	0.300
56	4.123	0.220
64	5.600	0.150
72	6.610	0.190
80	8.460	0.210
88	11.380	0.150

(1) 创建如表 4-4 所示的单向分组 SAS 数据表 sasuser.dongzao。

(2) 变量 PPO(Y_1)和 POD(Y_2)分别对变量 Days(X)做多项式回归，获得如下回归方程(详细过程略)：

$$Y_1 = 0.886552 + 0.00355X^2 - 0.00007425X^3 + 0.00000056X^4$$

$$Y_2 = 0.0663663 + 0.0307833X - 0.0007755X^2 + 0.00000504X^3$$

(3) 采用 gplot 过程编写绘制试验点和拟合曲线的 SAS 程序如下：

```
goptions reset=all ftext=swiss htext=2.05;
symbol01 V=hash H=2.25 CV=B;
symbol02 I=spline CI=R;
axis1 label=(f='宋体'  '储藏天数(d)') offset=(5,5);
axis2 label=(A=90  f='宋体'  'PPO 值');
axis3 label=(A=90  f='宋体'  'POD 值');
data aa;
  do days=0 to 88 by 1;
    E_PPO=0.886552+0.003550*days*days-.00007425*days*days*days+0.00000056*days*
days*days*days;
    E_POD=0.0663663+0.0307833*days-.0007755*days*days+0.00000504*days*days*days;
  output;
  end;
run;
data bb;
  set sasuser.dongzao aa;
run;
proc sort data=bb;
  by Days;
proc gplot data=bb;
  plot PPO*Days E_PPO*Days/ noframe overlay haxis=axis1 vaxis=axis2;
  plot POD*Days E_POD*Days/ noframe overlay haxis=axis1 vaxis=axis3;
run;quit;
```

(4) 语句 symbol01 对 plot 语句中的第 1 个绘图项(例如 PPO*Days)起作用。语句 symbol02 对 plot 语句的第 2 个绘图项(例如 E_PPO*Days)起作用。

(5) 程序的输出结果如图 4-11 和图 4-12 所示。

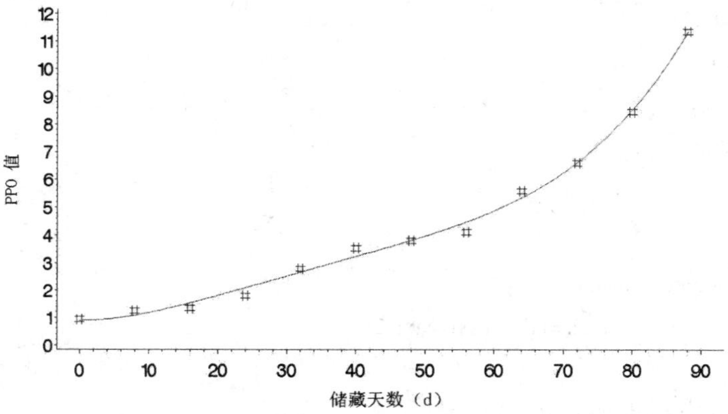

图 4-11 冬枣 PPO 活性与储藏天数的试验点和拟合曲线

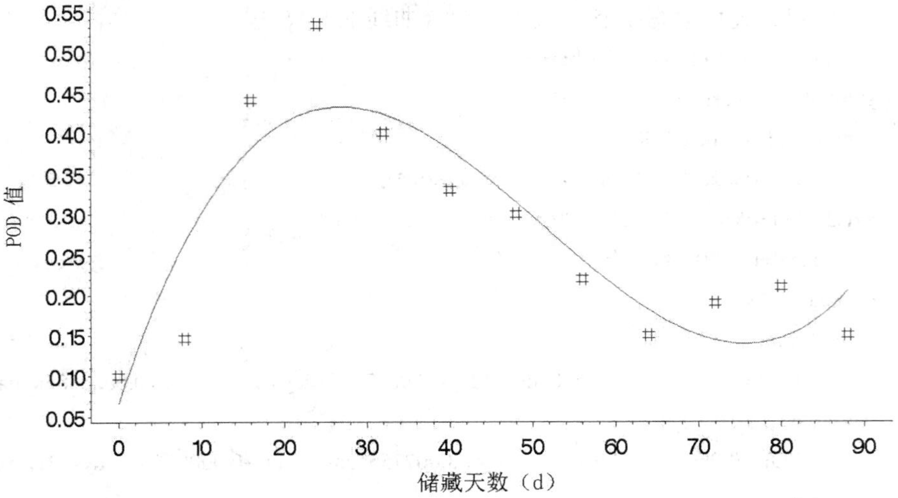

图 4-12　梨枣 POD 活性与储藏天数的试验点和拟合曲线

4.4.2　函数的图形

函数图形通常用于展现两连续变量的函数关系。

【例 4-11】 已知两变量的关系由下面的函数决定：

$$y=\frac{\sin x}{x}$$

试编写 SAS 程序绘出该函数的图形。

(1) 采用 gplot 过程编写绘制函数图形的 SAS 程序如下：

```
goptions reset=all ftext=swiss htext=2.05;
symbol I=spline CI=B;
axis1 label=(f='宋体'  '自变量  X') ;
axis2 label=(A=90 f='宋体'  '响应  Y');
data hanshu;
   do x=-30 to 30 by 0.1;
      y=sin(x)/x;
      output;
   end;
run;
proc gplot data=hanshu;
plot y*x / noframe haxis=axis1 vaxis=axis2;
run;quit;
```

(2) 程序的输出结果如图 4-13 所示。

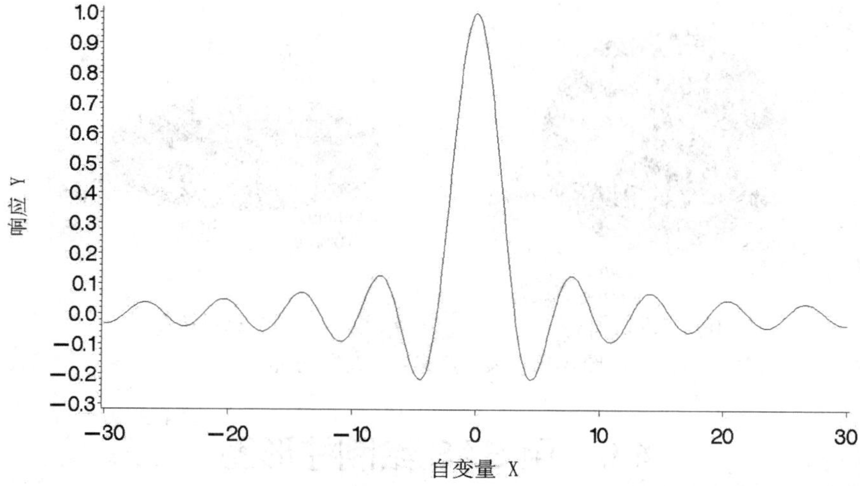

图 4-13　函数 $y=\frac{\sin x}{x}$ 的图形

4.5　用 SAS 绘制饼图

饼图顾名思义形似“圆饼”，一般用于展示离散或连续变量的百分率分布。

【例 4-12】 各国(Country)的榛子产量占全球总产量的份额(Output，%)如表 4-5 所示。试用饼图展现全球榛子产量的百分率分布。

表 4-5　榛子的主产国家及产量统计(数据表 sasuser.zhenzi)

Country	Output
Italy	60
Spain	20
US	10
Others	10

(1) 创建绘图用的 SAS 数据表 sasuser.zhenzi，如表 4-5 所示。

(2) 采用 gchart 过程编写绘制饼图的 SAS 程序如下：

```
goptions reset=all ftext='宋体' htext=2.25;
proc gchart data=sasuser.zhenzi;
pie country / noheading type=pct freq=output; /*绘二维饼图*/
pie3d country / noheading type=pct freq=output; /*绘三维饼图*/
run;quit;
```

(3) 程序的输出结果如图 4-14 所示。

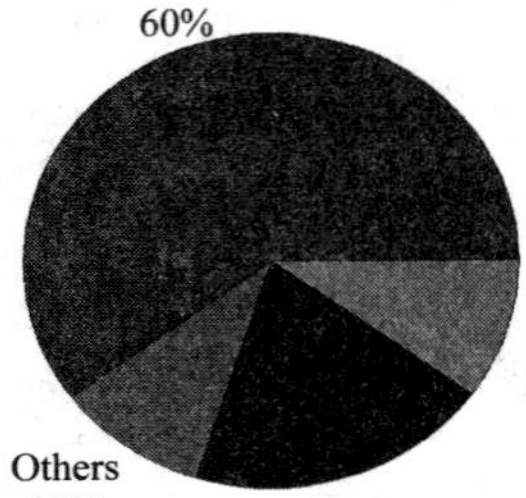

(a) 二维饼图

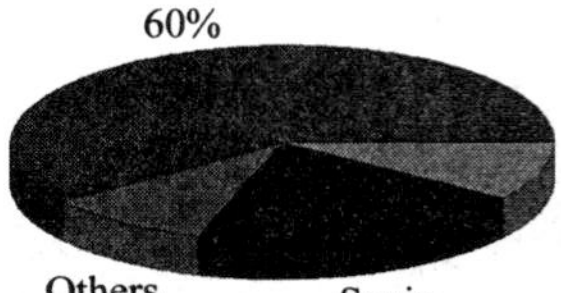

(b) 三维饼图

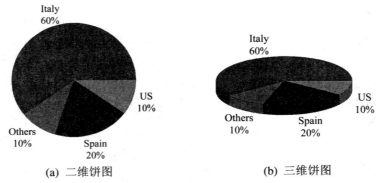

图 4-14 榛子产量在全球的分布

4.6 用 SAS 绘制柱形图

柱形图通常用于展现离散变量的频数分布，相邻柱之间有间隙，柱宽无意义。

【例 4-13】 抽样观测每头蒜的蒜瓣数(garlic)，其频数(frequency)样本如表 4-6 所示。试创建频数样本的 SAS 数据表 sasuser.suanban1。

表 4-6 蒜瓣数的频数分布表(数据表 sasuser.suanban1)

garlic	frequency
8	2
9	5
10	12
11	16
12	22
13	13
14	3
15	2

(1) 使用表 4-6 的数据创建 Excel 数据表 suanban1.xls。

(2) 将 Excel 数据表 suanban1.xls 导入 SAS，并创建 SAS 数据表 sasuser.suanban1，以备后面的 SAS 绘图程序调用。

【例 4-14】 抽样观测每头蒜的蒜瓣数(garlic)，其观测值样本如表 4-7 所示(表中未列出全部数据，可由表 4-6 推算)。试创建该样本的 SAS 数据表 sasuser.suanban2。

表 4-7 蒜瓣数的观察值表(数据表 sasuser.suanban2)

garlic
8
8
9
9
9
9
9
…

(1) 使用表 4-7 的数据创建 Excel 数据表 suanban2.xls。

(2) 将 Excel 数据表 suanban2.xls 导入 SAS，创建 SAS 数据表 sasuser.suanban2，以备后面的 SAS 绘图程序调用。

4.6.1 离散变量的频数分布图

离散变量的频数分布一般采用柱形图展现。

【例 4-15】 试编写 SAS 程序调用频数数据表 sasuser.suanban1 绘柱形图，展现蒜瓣数观测的频数分布。

(1) 采用 gchart 过程编写绘制柱形图的 SAS 程序如下：

```
goptions reset=all ftext=swiss htext=2.25;
pattern V=E;
axis1 label=(f='宋体'  '蒜瓣数');
axis2 label=(A=90 f='宋体'  '频数');
proc gchart data=sasuser.suanban1;
vbar garlic / freq=frequency maxis=axis1 raxis=axis2 width=10 noframe;
run;quit;
```

(2) 程序的输出结果如图 4-15 所示。

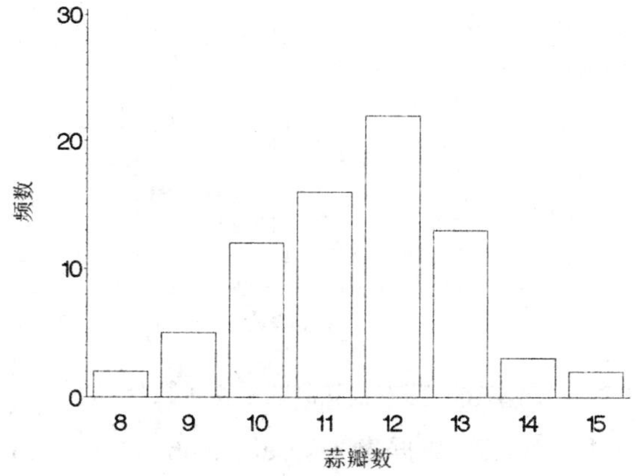

图 4-15　蒜瓣数观测的频数分布

【例 4-16】 试编写 SAS 程序调用观测值数据表 sasuser.suanban2 绘柱形图，展现蒜瓣数观测的频数分布。

(1) 采用 gchart 过程编写绘制柱形图的 SAS 程序如下：

```
goptions reset=all ftext=swiss htext=2.25;
pattern V=E;
axis1 label=(f='宋体'  '蒜瓣数');
axis2 label=(A=90 f='宋体'  '频数');
proc gchart data=sasuser.suanban2;
vbar garlic / midpoints=8 to 15 maxis=axis1 raxis=axis2 width=10 noframe;
run;quit;
```

(2) 程序的输出结果如图 4-15 所示。与【例 4-15】相同。

4.6.2 离散变量的累积频数分布图

【例 4-17】 试编写调用频数数据表 sasuser.suanban1 的 SAS 程序绘柱形图，展现蒜瓣数观测的累积频数分布。

(1) 采用 gchart 过程编写绘制柱形图的 SAS 程序如下：

```
goptions reset=all ftext=swiss htext=2.25;
pattern V=E;
axis1 label=(f='宋体'  '蒜瓣数');
axis2 label=(A=90 f='宋体'  '累积频数');
proc gchart data=sasuser.suanban1;
vbar garlic / freq=frequency type=cfreq maxis=axis1 raxis=axis2 width=10 noframe;
run;quit;
```

(2) 程序的输出结果如图 4-16 所示。

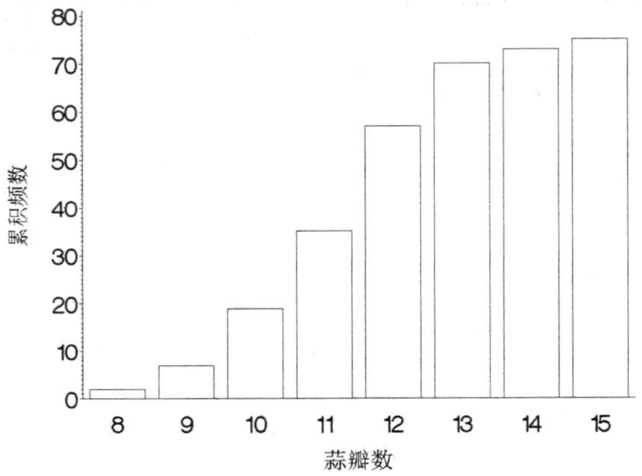

图 4-16　蒜瓣数观测的累积频数分布

【例 4-18】 试编写调用观测值数据表 sasuser.suanban2 的 SAS 程序绘柱形图，展现蒜瓣数观测的累积频数分布。

(1) 采用 gchart 过程编写绘制柱形图的 SAS 程序如下：

```
goptions reset=all ftext=swiss htext=2.25;
pattern V=E;
axis1 label=(f='宋体'  '蒜瓣数');
axis2 label=(A=90 f='宋体'  '累积频数');
proc gchart data=sasuser.suanban2;
vbar garlic / midpoints=8 to 15 type=cfreq maxis=axis1 raxis=axis2 width=10 noframe;
run;quit;
```

(2) 程序的输出结果如图 4-16 所示，与例 4-17 相同。

4.6.3　离散变量的百分率分布图

【例 4-19】 试编写调用频数数据表 sasuser.suanban1 的 SAS 程序绘柱形图，展现蒜瓣数观测的百分率分布。

(1) 采用 gchart 过程编写绘制柱形图的 SAS 程序如下：

```
goptions reset=all ftext=swiss htext=2.25;
pattern V=E;
axis1 label=(f='宋体'  '蒜瓣数');
axis2 label=(A=90 f='宋体'  '百分率');
proc gchart data=sasuser.suanban1;
vbar garlic / freq=frequency type=pct maxis=axis1 raxis=axis2 width=10 noframe;
run;quit;
```

(2) 程序的输出结果如图 4-17 所示。

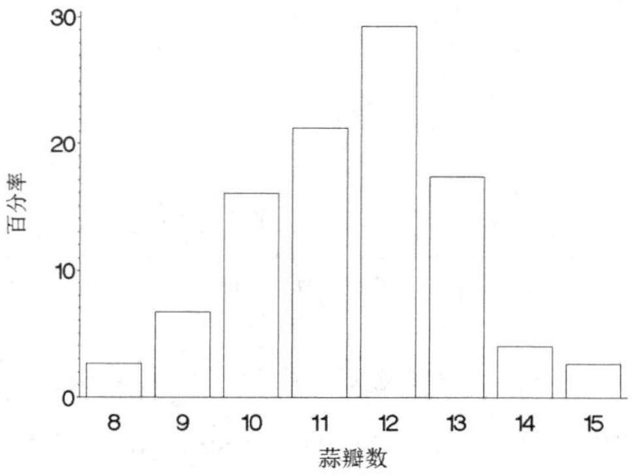

图 4-17　蒜瓣数观测的百分率分布

【例 4-20】 试编写调用观测值数据表 sasuser.suanban2 的 SAS 程序绘制柱形图，展现蒜瓣数观测的百分率分布。

(1) 采用 gchart 过程编写绘制柱形图的 SAS 程序如下：

```
goptions reset=all ftext=swiss htext=2.25;
pattern V=E;
axis1 label=(f='宋体'  '蒜瓣数');
axis2 label=(A=90 f='宋体'  '百分率');
proc gchart data=sasuser.suanban2;
vbar garlic / midpoints=8 to 15 type=pct maxis=axis1 raxis=axis2 width=10 noframe;
run;quit;
```

(2) 程序的输出结果如图 4-17 所示。与例 4-19 相同。

4.6.4　离散变量的累积百分率分布图

【例 4-21】 试编写调用频数数据表 sasuser.suanban1 的 SAS 程序绘制柱形图，展现蒜瓣数观测的累积百分率分布。

(1) 采用 gchart 过程编写绘制柱形图的 SAS 程序如下：

```
goptions reset=all ftext=swiss htext=2.25;
pattern V=E;
axis1 label=(f='宋体'  '蒜瓣数');
axis2 label=(A=90 f='宋体'  '累积百分率');
proc gchart data=sasuser.suanban1;
vbar garlic / freq=frequency type=cpct maxis=axis1 raxis=axis2 width=10 noframe;
run;quit;
```

(2) 程序的输出结果如图 4-18 所示。

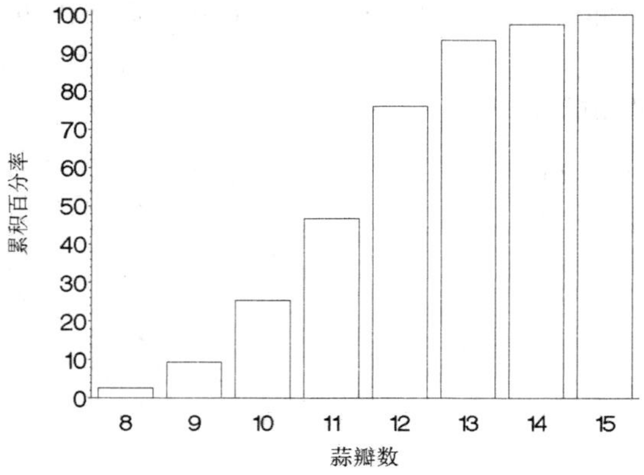

图 4-18 蒜瓣数观测的累积百分率分布

【例 4-22】 试编写调用观测值数据表 sasuser.suanban2 的 SAS 程序绘柱形图，展现蒜瓣数观测的累积百分率分布。

(1) 采用 gchart 过程编写绘制柱形图的 SAS 程序如下：

```
goptions reset=all ftext=swiss htext=2.25;
pattern V=E;
axis1 label=(f='宋体'  '蒜瓣数');
axis2 label=(A=90 f='宋体'  '累积百分率');
proc gchart data=sasuser.suanban2;
vbar garlic / midpoints=8 to 15 type=cpct maxis=axis1 raxis=axis2 width=10 noframe;
run;quit;
```

(2) 程序的输出结果如图 4-18 所示，与例 4-21 相同。

4.7 用 SAS 绘制直方图

直方图通常用于展示连续变量的频数和累积频数分布、百分率和累积百分率分布。

【例 4-23】 在来自某果园的 10 箱串枝红杏中各抽测 10 个果重(weight)数据，共 100 个数据，如表 4-8 所示。试用这些观测创建 SAS 数据表 sasuser.czh01。

表 4-8　串枝红杏果重的 100 个观测数据(单位：g)

组 1	组 2	组 3	组 4	组 5	组 6	组 7	组 8	组 9	组 10
51	53	65	55	55	53	54	55	57	56
55	60	58	58	49	59	59	57	52	59
64	61	61	61	55	68	62	62	54	56
57	62	72	59	65	58	68	61	58	65
63	59	59	70	61	73	64	63	55	61
51	63	54	51	58	59	55	50	58	61
60	58	60	59	66	63	60	60	58	63
56	60	58	48	52	49	51	59	57	56
55	57	46	57	58	60	55	73	64	64
49	59	57	55	55	57	58	69	65	62

(1) 将表 4-8 中的 100 个数据以表 4-9 所示的格式输入 Excel，输入时不用考虑表 4-8 数据的排列和顺序(一种记录而已)，输入完毕存盘为 Excel 数据表 czh01.xls。

(2) 将数据表 czh01.xls 导入 SAS，创建 SAS 数据表 sasuser.czh01，以备后面程序调用。

表 4-9　串枝红杏果重的观察值表(数据表 sasuser.czh01)

weight
51
53
65
55
55
53
…

【例 4-24】 利用 freq 过程或手工对 SAS 数据表 sasuser.czh01 做分组频数统计，结果如表 4-10 所示。试将表 4-10 创建为 SAS 数据表 sasuser.czh02，包括组下限(group_low)、组上限(group_up)、组中值(median)和组频数(frequency)。

表 4-10　串枝红杏果重的频数分布表(数据表 sasuser.czh02)

group_low	group_up	median	frequency
43.75	47.25	45.5	1
47.25	50.75	49.0	5
50.75	54.25	52.5	11
54.25	57.75	56.0	23
57.75	61.25	59.5	35
61.25	64.75	63.0	13
64.75	68.25	66.5	7
68.25	71.75	70.0	2
71.75	75.25	73.5	3

SAS 解决问题的过程如下：

(1) 对表 4-9 的数据进行频数统计：确定分组数 9、组距 3.5、第 1 组下限 43.75，然后确定所有组限，统计各个组包含的观测个数(组频数)并计算组中值，结果如表 4-10 所示。

(2) 将表 4-10 数据按本身格式创建为 Excel 数据表 czh02.xls。

(3) 将数据表 czh02.xls 导入 SAS，创建 SAS 数据表 sasuser.czh02，以备后面的 SAS 绘图程序调用。

4.7.1 连续变量的频数分布图

连续变量的频数分布采用直方图展现。

【例 4-25】 试编写调用观测数据表 sasuser.czh01 的 SAS 程序绘制直方图，以展现果重观测的频数分布。

SAS 解决问题的过程如下：

(1) 采用 gchart 过程编写绘制直方图的 SAS 程序如下：

```
goptions reset=all ftext=swiss htext=2.0;
pattern V=E;
axis1 label=(f='宋体'  '串枝红杏果重(g)');
axis2 label=(A=90 f='宋体'  '频数');
proc gchart data=sasuser.czh01;
vbar weight / width=10 space=0 axis=0 to 35 by 5 midpoints=45.5 to 73.5 by 3.5
maxis=axis1 raxis=axis2 noframe;
run;quit;
```

(2) 程序的输出结果如图 4-19 所示。

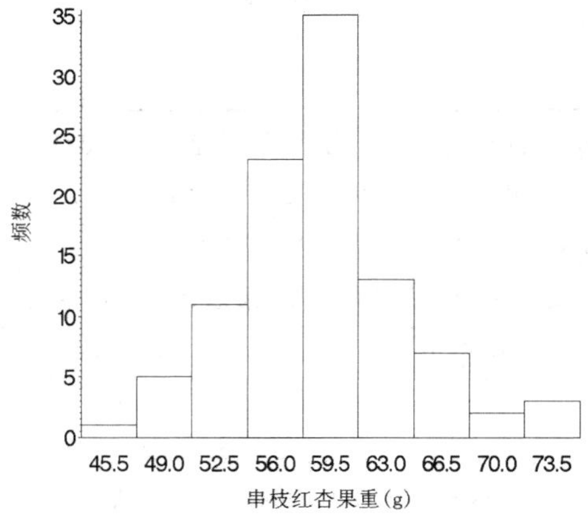

图 4-19 串枝红杏果重观测的频数分布

【例 4-26】 试编写调用频数统计数据表 sasuser.czh02 的 SAS 程序绘制直方图，以展现果重观测的频数分布。

(1) 采用 gchart 过程编写绘制直方图的 SAS 程序如下：

```
goptions reset=all ftext=swiss htext=2.0;
pattern V=E;
axis1 label=(f='宋体'  '串枝红杏果重(g)');
axis2 label=(A=90 f='宋体'  '频数');
```

```
proc gchart data=sasuser.czh02;
vbar median / width=10 space=0 freq=frequency axis=0 to 35 by 5
maxis=axis1 raxis=axis2 noframe;
run;quit;
```

(2) 程序的输出结果如图 4-19 所示，与例 4-25 相同。

4.7.2 连续变量的累积频数分布图

【例 4-27】 试编写调用观测值数据表 sasuser.czh01 的 SAS 程序绘制直方图，以展现果重观测的累积频数分布。

(1) 采用 gchart 过程编写绘制直方图的 SAS 程序如下：

```
goptions reset=all ftext=swiss htext=2.0;
pattern V=E;
axis1 label=(f='宋体'  '串枝红杏果重(g)');
axis2 label=(A=90 f='宋体'  '累积频数');
proc gchart data=sasuser.czh01;
vbar weight / width=10 space=0 type=cfreq midpoints=45.5 to 73.5 by 3.5
maxis=axis1 raxis=axis2 noframe;
run;quit;
```

(2) 程序的输出结果如图 4-20 所示。

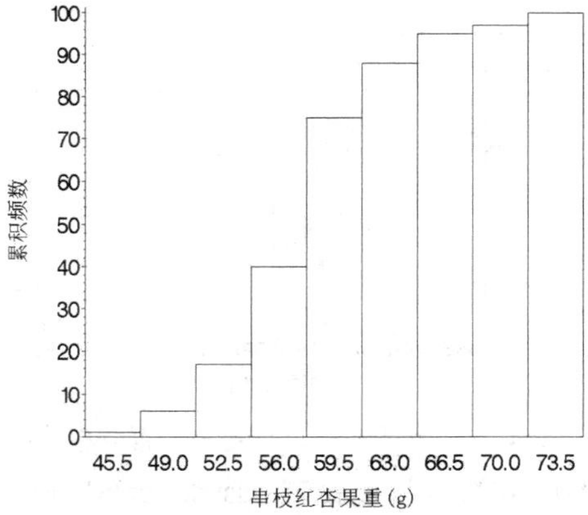

图 4-20 串枝红杏果重观测的累积频数分布

【例 4-28】 试编写调用频数统计数据表 sasuser.czh02 的 SAS 程序绘制直方图，以展现果重观测的累积频数分布。

(1) 采用 gchart 过程编写绘制直方图的 SAS 程序如下：

```
goptions reset=all ftext=swiss htext=2.0;
pattern V=E;
axis1 label=(f='宋体'  '串枝红杏果重(g)');
axis2 label=(A=90 f='宋体'  '累积频数');
proc gchart data=sasuser.czh02;
vbar median / width=10 space=0 type=cfreq freq=frequency
```

```
midpoints=45.5 to 73.5 by 3.5 maxis=axis1 raxis=axis2 noframe;
run;quit;
```

(2) 程序的输出结果如图 4-20 所示，与例 4-27 相同。

4.7.3 连续变量的百分率分布图

【例 4-29】 试编写调用观测值数据表 sasuser.czh01 的 SAS 程序绘制直方图，以展现果重观测的百分率分布。

(1) 采用 gchart 过程编写绘制直方图的 SAS 程序如下：

```
goptions reset=all ftext=swiss htext=2.0;
pattern V=E;
axis1 label=(f='宋体'  '串枝红杏果重(g)');
axis2 label=(A=90 f='宋体'  '百分率');
proc gchart data=sasuser.czh01;
vbar weight / width=10 space=0 type=pct axis=0 to 35 by 5
midpoints=45.5 to 73.5 by 3.5 maxis=axis1 raxis=axis2 noframe;
run;quit;
```

(2) 程序的输出结果如图 4-21 所示。

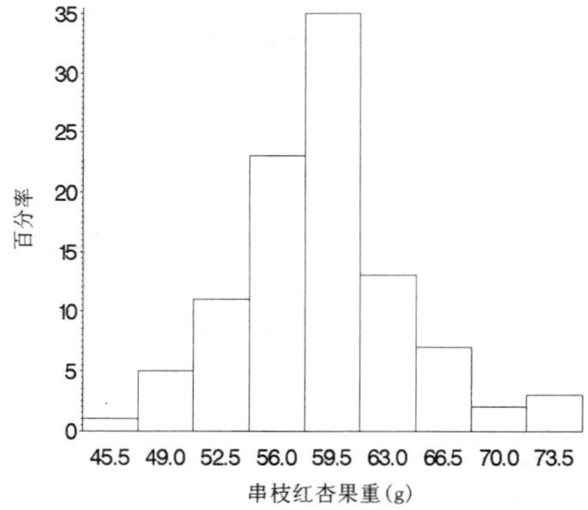

图 4-21 串枝红杏果重观测的百分率分布

【例 4-30】 试编写调用频数统计数据表 sasuser.czh02 的 SAS 程序绘制直方图，以展现果重观测的百分率分布。

(1) 采用 gchart 过程编写绘制直方图的 SAS 程序如下：

```
goptions reset=all ftext=swiss htext=2.0;
pattern V=E;
axis1 label=(f='宋体'  '串枝红杏果重(g)');
axis2 label=(A=90 f='宋体'  '百分率');
proc gchart data=sasuser.czh02;
vbar median / width=10 space=0 type=pct freq=frequency axis=0 to 35 by 5 midpoints=45.5 to 73.5
by 3.5 maxis=axis1 raxis=axis2 noframe;
run;quit;
```

(2) 程序的输出结果如图 4-21 所示与例 4-29 相同。

4.7.4 连续变量的累积百分率分布图

【例 4-31】 试编写调用观测值数据表 sasuser.czh01 的 SAS 程序绘制直方图，以展现果重观测的累积百分率分布。

(1) 采用 gchart 过程编写绘制直方图的 SAS 程序如下：

```
goptions reset=all ftext=swiss htext=2.0;
pattern V=E;
axis1 label=(f='宋体'  '串枝红杏果重(g)');
axis2 label=(A=90 f='宋体'  '累积百分率');
proc gchart data=sasuser.czh01;
vbar weight / width=10 space=0 type=cpct midpoints=45.5 to 73.5 by 3.5
maxis=axis1 raxis=axis2 noframe;
run;quit;
```

(2) 程序的输出结果如图 4-22 所示。

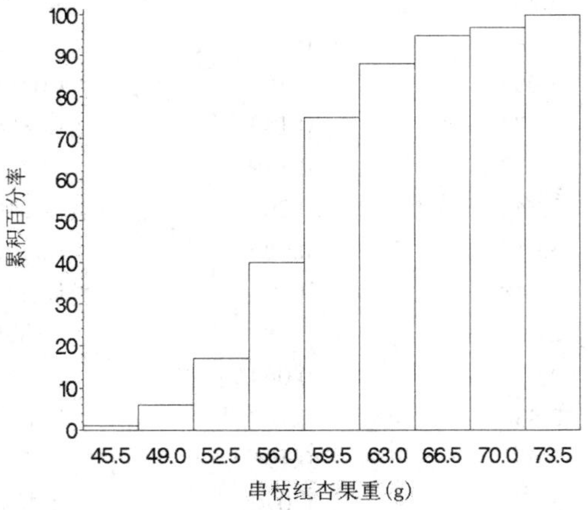

图 4-22 串枝红杏果重观测的累积百分率分布

【例 4-32】 试编写调用频数统计数据表 sasuser.czh02 的 SAS 程序绘制直方图，以展现果重观测的累积百分率分布。

(1) 采用 gchart 过程编写绘制直方图的 SAS 程序如下：

```
goptions reset=all ftext=swiss htext=2.0;
pattern V=E;
axis1 label=(f='宋体'  '串枝红杏果重(g)');
axis2 label=(A=90 f='宋体'  '累积百分率');
proc gchart data=sasuser.czh02;
vbar median / width=10 space=0 type=cpct freq=frequency
midpoints=45.5 to 73.5 by 3.5 maxis=axis1 raxis=axis2 noframe;
run;quit;
```

(2) 程序的输出结果如图 4-22 所示。与例 4-31 相同。

4.8 用 SAS 绘制误差图

柱形图或直方图附加误差条称做误差图。误差图通常用于展示变量重复抽样的观测值分布特征，一般以重复抽样观测的均值绘数据点，缺省以均值的 95%置信区间绘误差条。

【例 4-33】 在某榛园观测了 4 个榛树品种(Treats)的土壤氮含量(N)、土壤磷含量(P)、土壤钾含量(K)和叶片净光合速率(Pn)，如表 4-11 所示。试绘制误差图展现各个观测指标的品种动态(均值和置信区间)。

表 4-11 榛树土壤养分及光合速率测定结果(数据表 sasuser.errorbar)

Treats	N	P	K	Pn
T0	2.597	0.065	2.8486	7.06
T0	2.949	0.093	3.0316	8.495
T0	3.23	0.064	3.086	8.42
T0	3.425	0.087	3.3192	8.995
T0	3.203	0.053	3.6328	9.675
T1	2.8	0.221	3.5008	4.22
T1	3.052	0.161	1.6888	5.62
T1	2.474	0.143	1.8804	2.61
T1	0.772	0.189	1.6484	3.84
T1	3.346	0.204	1.4316	4.93
T2	3.052	0.085	1.5308	2.92
T2	2.848	0.11	1.3448	4.27
T2	2.457	0.085	1.1896	1.93
T2	2.913	0.064	1.5368	2.425
T2	2.835	0.187	1.2376	8.985
T3	3.052	0.196	1.1628	2.895
T3	2.473	0.072	1.484	2.04
T3	2.457	0.135	1.5008	2.72
T3	2.674	0.125	2.036	2.495
T3	2.492	0.064	1.9612	3.895
T4	2.296	0.141	1.6748	5.2
T4	2.793	0.189	1.7712	2.71
T4	2.8	0.196	1.0636	3.43
T4	2.59	0.066	1.3544	1.585
T4	2.744	0.146	1.466	2.15

(1) 使用表 4-11 的数据创建 Excel 数据表 errorbar.xls。

(2) 将 Excel 数据表 errorbar.xls 导入 SAS，创建 SAS 数据表 sasuser. errorbar，以备后面的 SAS 程序调用。

(3) 采用 gchart 过程编写绘制误差图的 SAS 程序如下：

```
goptions reset=all ftext=swiss htext=2.0;
pattern V=E;
```

```
axis1 label=(f='宋体'  '处理');
axis2 label=(A=90 f='宋体'  'N 含量(%)');
axis3 label=(A=90 f='宋体'  'P 含量(%)');
axis4 label=(A=90 f='宋体'  'K 含量(%)');
axis5 label=(A=90 f='宋体'  '光合速率 Pn');
proc gchart data=sasuser.errorbar;
vbar Treats / sumvar=N type=mean width=15 maxis=axis1 raxis=axis2
noframe errorbar=both coutline=black;
vbar Treats / sumvar=P type=mean width=15 maxis=axis1 raxis=axis3
noframe errorbar=both coutline=black;
vbar Treats / sumvar=K type=mean width=15 maxis=axis1 raxis=axis4
noframe errorbar=both coutline=black;
vbar Treats / sumvar=Pn type=mean width=15 maxis=axis1 raxis=axis5
noframe errorbar=both coutline=black;
run;quit;
```

(4) 程序的输出结果如图 4-23 所示。

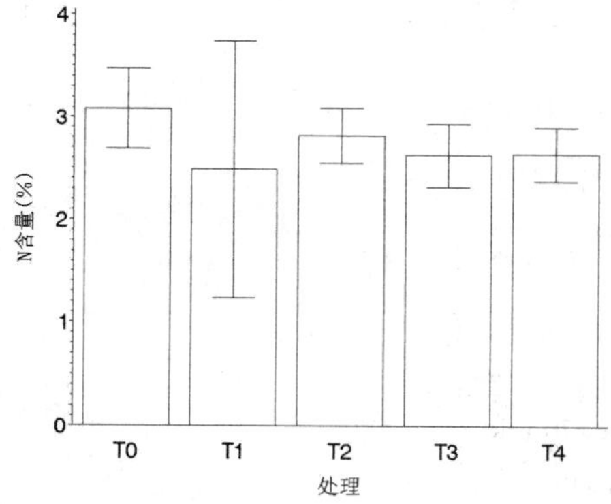

(a) 氮含量

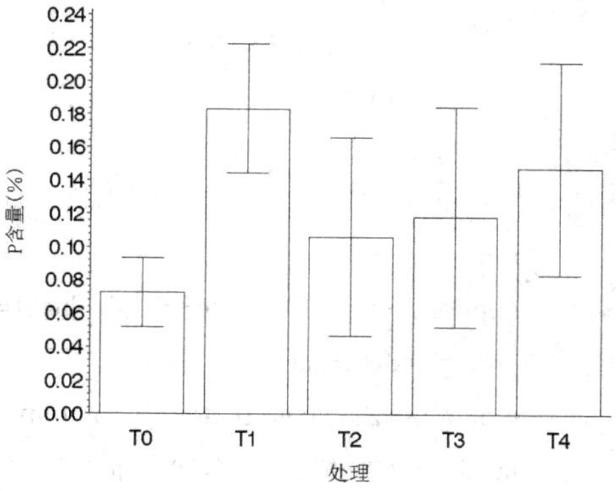

(b) P 含量

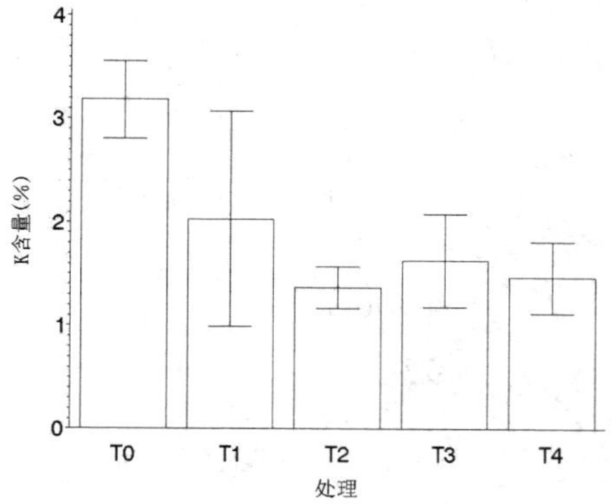

(c) K 含量

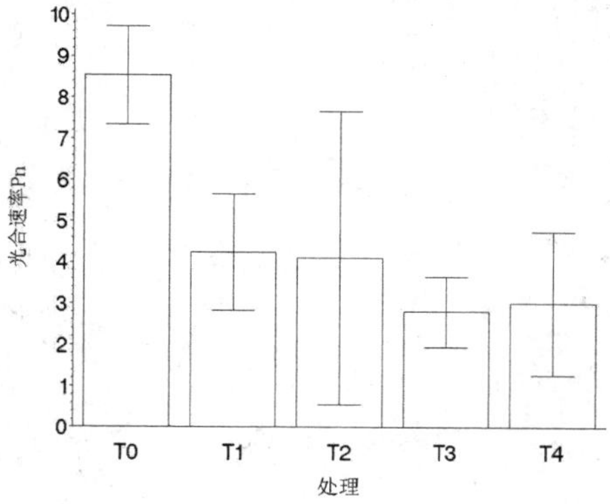

(d) 净光合速率

图 4-23　榛树土壤养分及光合速率的品种动态

4.9 用 SAS 绘制三维网格图

网格图(网状曲面图)可在三维空间坐标系中展现函数 $Z=f(X,Y)$的图形(连续变量的响应面)，即一个响应变量对两个自变量的回归曲面。

网格图的基本原理是，先在 XOY 平面划分网格(等间隔或不等间隔)，然后计算网格点上的 Z 值，以这些 Z 值和对应网格点的(X,Y)值为坐标绘制数据点，相邻数据点(同一格子上的 4 个点)用直线或曲线连成四边形，从而形成表达函数 $Z=f(X,Y)$的网格图。

【例 4-34】 一种“帽子”的表面可用如下方程表示：

$$Z=\sin\left(\sqrt{X^2+Y^2}\right)$$

试根据这个方程确定网格点并绘制“帽子”表面的网格图。

(1) 根据上述方程采用 g3d 过程编写绘制网格图的 SAS 程序如下：

```
data hat;
  do X = -5.0 to 5.0 by 0.25;
    do Y = -5.0 to 5.0 by 0.25;
      Z = sin(sqrt(X*X+Y*Y));
      output;
    end;
  end;
run;
goptions reset=all   ftext='宋体'   htext=2.0;
proc g3d data=hat;
plot Y*X=Z / caxis=B ctop=R cbottom=BL rotate=70 grid;
label X='水平纵向'   Y='水平横向'   Z='垂直方向';
run;quit;
```

(2) 程序的输出结果如图 4-24 所示。

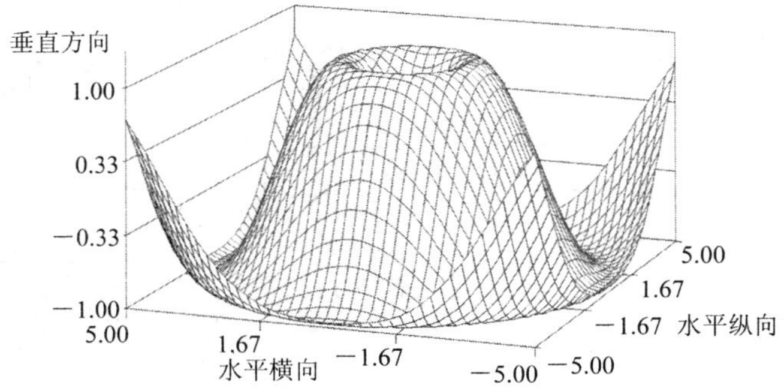

图 4-24 “帽子”函数的图形

【例 4-35】 试验分析获得如下回归方程：

$$Y = 9.8037 + 0.4253X_1 - 0.4088X_2 + 0.5504X_1X_2 - 3.3013X_1^2 - 3.2389X_2^2$$

试用这个回归方程绘制网格图(响应面)，以展现回归响应的特性。

(1) 根据回归方程采用 g3d 过程编写绘网格图的 SAS 程序如下：

```
data files01;
do X1=-1 to 1 by 0.05;do X2=-1 to 1 by 0.05;
Y=9.8037+0.4253*X1-0.4088*X2+0.5504*X1*X2-3.3013*X1*X1-3.2389*X2*X2;
output;
end;end;
goptions reset=all ftext=swiss htext=2.0 colors=(BL R B BL R B BL R B);
proc g3d data=files01;
plot X2*X1=Y / xticknum=5 yticknum=5 zticknum=7 caxis=B ctop=R cbottom=BL rotate=60 grid;
run;run; quit;
```

(2) 程序的输出结果如图 4-25 所示。

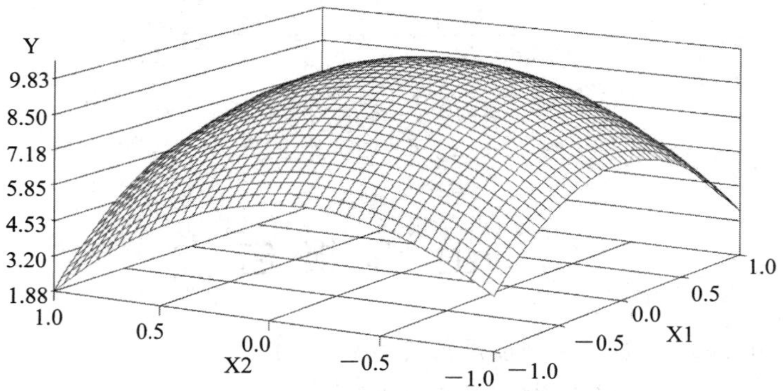

图 4-25　二元回归试验的响应面

4.10　用 SAS 绘制等值线图

【例 4-36】 试验分析获得如下回归方程：

$$Y = 9.8037 + 0.4253X_1 - 0.4088X_2 + 0.5504X_1X_2 - 3.3013X_1^2 - 3.2389X_2^2$$

试用这个回归方程绘制等值线图，以展现回归响应的变化速率特性。

(1) 根据回归方程采用 gcontour 过程编写绘等值线图的 SAS 程序如下：

```
data file01;
do X1=-1 to 1 by 0.05;do X2=-1 to 1 by 0.05;
Y=9.8037+0.4253*X1-0.4088*X2+0.5504*X1*X2-3.3013*X1*X1-3.2389*X2*X2;
output;
```

```
end;end;
goptions reset=all ftext=swiss htext=2.0 colors=(BL R B BL R B BL R B);
symbol height=1.75 width=2.5;
proc gcontour data=file01;
plot X2*X1=Y / levels=3.5 to 9.5 by 1.0 nolegend autolabel caxis=b grid;
run; quit;
```

(2) 程序的输出结果如图 4-26 所示。

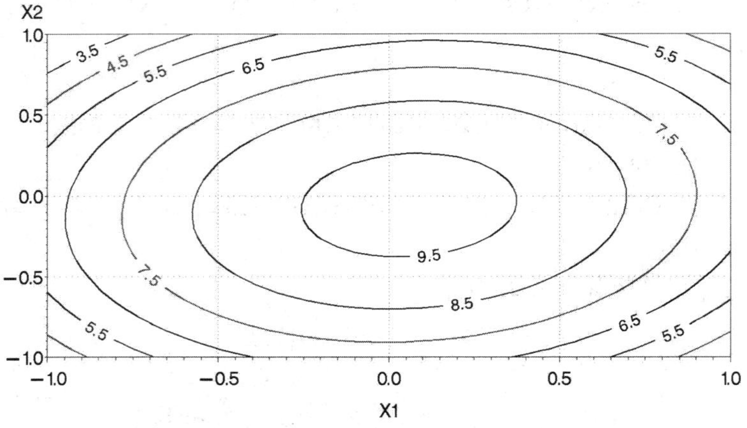

图 4-26　二元回归试验的响应等值线

上 机 报 告

(1) 采用 gplot 过程编写绘制散点图的 SAS 程序。
(2) 采用 gplot 过程编写绘制折线图的 SAS 程序。
(3) 采用 gplot 过程编写绘制盒须图的 SAS 程序。
(4) 采用 gplot 过程编写绘制拟合曲线图的 SAS 程序。
(5) 采用 gplot 过程编写绘制函数曲线图的 SAS 程序。
(6) 采用 gchart 过程编写绘制饼图的 SAS 程序。
(7) 采用 gchart 过程编写绘制柱形图的 SAS 程序。
(8) 采用 gchart 过程编写绘制直方图的 SAS 程序。
(9) 采用 gchart 过程编写绘制误差图的 SAS 程序。
(10) 采用 g3d 过程编写 SAS 程序绘制网格图。
(11) 采用 gcontour 过程编写绘制等值线图的 SAS 程序。

第 5 单元　SAS 统计推断

上机目的　理解统计推断的参数估计和假设检验两个基本问题。掌握用 SAS 概率函数计算事件概率、分位数和随机数的方法。针对单变量样本、配对样本、两独立样本、多变量相关样本，掌握用 SAS 进行参数估计和假设检验的方法。熟悉 SAS 编程的格式、过程、过程选项、语句和语句选项，理解 SAS 输出的内容及含义。

上机内容　① 利用 SAS 概率函数计算事件概率、分位数和随机数；② 利用 FREQ 过程进行单变量样本的频数统计和拟合优度检验；③ 利用 means 过程计算单变量样本的均值、方差、标准差、变异系数、极差、最大值、最小值、均值置信区间、偏度和峰度；④ 利用 univariate 过程和 capability 过程进行连续单变量样本的频数统计、绘直方图、均值检验、方差检验和拟合优度检验。⑤ 用 ttest 过程进行单变量样本、配对样本、两独立样本的均值差 t 检验；⑥ 利用 corr 过程计算多变量样本的相关阵并检验。

5.1　SAS 概率计算

分布函数、分位数、伪随机数等的数值计算，可借助 SAS 数据步(Data Step)程序和 SAS 概率函数实现。常用 SAS 概率函数如表 5-1 所示。

表 5-1　常用 SAS 概率函数

SAS 函数	参数的含义	功能描述
PROBNORM(x)	观测值 x，下同	计算变量小于 x 的标准正态概率
PROBCHI(x,df)	自由度 df	计算变量小于 x 的χ^2分布概率
PROBF(x,df1,df2)	自由度 df1,df2	计算变量小于 x 的 F 分布概率
PROBT(x,df)	自由度 df	计算变量小于 x 的 t 分布概率
PROBBNML(p,n,x)	概率 p，重复 n	计算变量小于等于 x 的二项分布概率
POISSON(lambda,x)	均值 lambda	计算变量小于等于 x 的泊松分布概率
CINV(p,df)	概率 p，自由度 df	计算概率 p 的χ^2分布下侧分位数
FINV(p,df1,df2)	概率 p，自由度 df1,df2	计算概率 p 的 F 分布下侧分位数
TINV(p,df)	概率 p，自由度 df	计算概率 p 的 t 分布下侧分位数
PROBIT(p)	概率 p	计算概率 p 的标准正态下侧分位数
UNIFORM(seed)	种子数 seed，下同	用乘同余法产生一个均匀分布随机数
RANUNI(seed)		用素数模法产生一个均匀分布随机数
NORMAL(seed)		用中心极限法产生一个标准正态随机数
RANNOR(seed)		用变换抽样法产生一个标准正态随机数
RANBIN(seed,n,p)	重复 n，概率 p	产生一个二项分布随机数
RANPOI(seed,lambda)	均值 lambda	产生一个泊松分布随机数
RANTBL(seed,p1,p2,…pn)	概率 p1,p2,…,pn	产生一个离散分布 p1,p2,…,pn 的随机数

5.1.1 贝努利分布

贝努利分布(Binomial Distribution)又称二项分布，通常描述 n 重贝努利试验中被关心事件发生的次数。n=1 时称做 0-1 分布。

【例 5-1】 某公司的产品合格率为 85%(p=0.85)。若随机抽检 9 件(n=9)产品，试计算抽到合格品的件数是 0～9 的概率(Px)。若进行 5 批随机抽检(每批 9 件)，试计算可能的合格件数序列(Num)。

(1) SAS 的数据步程序如下：

```
data aa;                    /*计算概率 Px*/
  do x=0 to 9 by 1;
    Px= PROBBNML(0.85,9,x)- PROBBNML(0.85,9,x-1);
    if x=0 then Px=PROBBNML(0.85,9,0);
  output;
  end;
run;
data bb;                    /*计算伪随机数 Num*/
  do j=1 to 5 by 1;
    Num= RANBIN(13579,9,0.85);
  output;
  end;
run;
data cc;
  set aa bb;
run;
proc print; run; quit;
```

(2) 程序的输出结果如下所示：

Obs	x	Px	j	Num
1	0	0.00000	.	.
2	1	0.00000	.	.
3	2	0.00004	.	.
4	3	0.00059	.	.
5	4	0.00499	.	.
6	5	0.002830	.	.
7	6	0.10692	.	.
8	7	0.25967	.	.
9	8	0.36786	.	.
10	9	0.23162	.	.
11	.	.	1	7
12	.	.	2	7

13	.	.	3	9
14	.	.	4	8
15	.	.	5	8

5.1.2 Poisson 分布

泊松分布(Poisson Distribution)通常描述单位间隔随机事件发生的次数。

【例 5-2】 某汽修厂通过多年观察发现，平均每天送修汽车数(lambda)为 5。试计算每天送修汽车数(x)为 0～9 的概率(Px)和连续 5 天的送修汽车数序列(Num)。

(1) SAS 的数据步程序如下：

```
data aa;                    /*计算概率 Px*/
  do x=0 to 9 by 1;
    Px= POISSON(5,x)- POISSON(5,x-1);
    if x=0 then Px= POISSON(5,0);
  output;
  end;
run;
data bb;                    /*计算伪随机数 Num*/
  do j=1 to 5 by 1;
    Num= RANPOI(13579,5);
  output;
  end;
run;
data cc;
  set aa bb;
run;
proc print; run; quit;
```

(2) 程序的输出结果如下所示：

Obs	x	Px	j	Num
1	0	0.00674	.	.
2	1	0.03369	.	.
3	2	0.08422	.	.
4	3	0.14037	.	.
5	4	0.17547	.	.
6	5	0.17547	.	.
7	6	0.14622	.	.
8	7	0.10444	.	.
9	8	0.06528	.	.
10	9	0.03627	.	.

```
11   .   .   1   5
12   .   .   2   7
13   .   .   3   3
14   .   .   4   4
15   .   .   5   5
```

5.1.3 正态分布

正态分布(Normal Distribution)用于研究正态总体抽样的统计量。

【例 5-3】 某果园的多年检测发现，某果品的平均果重(mu)为 50 g，标准差为 5 g。试计算果重分组的组中值(x)为 30、35、40、45、50、55、60、65 和 70 时的组概率(Px)，连续 5 次随机抽检的果重序列(Num)以及尾概率(alpha)为 0.025、0.05 时的标准正态上侧α分位数(zalpha)和一般正态上侧α分位数(xalpha)。

(1) SAS 的数据步程序如下：

```
data aa;                      /*计算组概率 Px*/
  do x=30 to 70 by 5;
    lowx=x-2.5;               /*计算组下限 lowx*/
    upx=x+2.5;                /*计算组上限 upx*/
    z1=(lowx-50)/5;           /*计算组下限标准化值*/
    z2=(upx-50)/5;            /*计算组上限标准化值*/
    Px= PROBNORM(z2)- PROBNORM(z1);
  output; end; drop z1 z2;
run;
data bb;                      /*计算伪随机数 Num*/
  do j=1 to 5 by 1;
    Num= 50+5*RANNOR(13579);     /*计算一般正态随机数*/
  output; end;
run;
data cc;
  do alpha=0.025 to 0.05 by 0.025;
    p=1-alpha;                /*计算分布函数值 p*/
    zalpha=PROBIT(p);         /*计算标准正态分位数*/
    xalpha=50+5*PROBIT(p);           /*计算一般正态分位数*/
  output; end; drop p;
run;
data dd;
  set aa bb cc;
run;
proc print; run; quit;
```

(2) 程序的输出结果如下所示：

Obs	x	lowx	upx	Px	Num	alpha	zalpha	xalpha
1	30	27.5	32.5	0.00023	.	.	.	.
2	35	32.5	37.5	0.00598	.	.	.	.
3	40	37.5	42.5	0.06060	.	.	.	.
4	45	42.5	47.5	0.24173	.	.	.	.
5	50	47.5	52.5	0.38292	.	.	.	.
6	55	52.5	57.5	0.24173	.	.	.	.
7	60	57.5	62.5	0.06060	.	.	.	.
8	65	62.5	67.5	0.00598	.	.	.	.
9	70	67.5	72.5	0.00023	.	.	.	.
10	.	.	.	.	52.5354	.	.	.
11	.	.	.	.	43.8250	.	.	.
12	.	.	.	.	52.6180	.	.	.
13	.	.	.	.	55.6860	.	.	.
14	.	.	.	.	58.0866	.	.	.
15	.	.	.	.	.	0.025	1.95996	59.7998
16	.	.	.	.	.	0.050	1.64485	58.2243

5.1.4　t 分布

t 分布(Student Distribution)用于研究正态总体抽样的统计量。

【例 5-4】 已知自由度 df=6 的 t 分布。试计算 t 统计量(t)取 1.439、1.942、2.445 时的尾概率 Pa 和尾概率(alpha)为 0.025、0.05、0.10 时的上侧α分位数(talpha)。

(1) SAS 的数据步程序如下：

```
data aa;                                /*计算概率 Pa*/
  do t=1.439 to 2.445 by 0.503;
    df=6;
    Pa=1- PROBT(t,df);
  output; end;
run;
data bb;
  do alpha=0.025 to 0.10 by 0.025;
    df=6;
    p=1-alpha;                          /*计算分布函数值 p*/
    talpha= TINV(p,df);                 /*计算α分位数*/
  output; end; drop p;
run;
```

```
data cc;
  set aa bb;
run;
proc print; run; quit;
```

(2) 程序的输出结果如下所示：

Obs	t	df	Pa	alpha	talpha
1	1.439	6	0.10010	.	.
2	1.942	6	0.05008	.	.
3	2.445	6	0.02507	.	.
4	.	6	.	0.025	2.44691
5	.	6	.	0.050	1.94318
6	.	6	.	0.075	1.65017
7	.	6	.	0.100	1.43976

5.1.5 χ^2 分布

χ^2 分布(Chi-Square Distribution)用于研究正态总体抽样的统计量。

【例 5-5】 已知自由度 df = 5 的 χ^2 分布。试计算 χ^2 统计量(x2)取 9.2363、11.0703、12.9043 时的尾概率 Pa 和尾概率(alpha)为 0.025、0.05、0.10 时的上侧α分位数(x2alpha)。

(1) SAS 的数据步程序如下：

```
data aa;  /*计算概率 Pa*/
  do x2=9.2363 to 12.9043 by 1.834;
    df=5;
    Pa=1- PROBCHI(x2,df);
  output; end;
run;
data bb;
  do alpha=0.025 to 0.10 by 0.025;
    df=5;
    p=1-alpha;  /*计算分布函数值 p*/
    x2alpha= CINV(p,df);  /*计算分位数*/
  output; end; drop p;
run;
data cc;
set aa bb;
run;
proc print; run; quit;
```

(2) 程序的输出结果如下所示：

Obs	x2	df	Pa	alpha	x2alpha
1	9.2363	5	0.10000	.	.
2	11.0703	5	0.05000	.	.
3	12.9043	5	0.02429	.	.
4	.	5	.	0.025	12.8325
5	.	5	.	0.050	11.0705
6	.	5	.	0.075	10.0083
7	.	5	.	0.100	9.2364

5.1.6　F 分布

F 分布(F Distribution)用于研究两独立正态总体抽样的统计量。

【例 5-6】已知自由度 df1=3 和 df2=5 的 F 分布。试计算 F 统计量(F)取 3.6194、5.4094、7.1994 时的尾概率 Pa 和尾概率(alpha)为 0.025、0.05、0.10 时的上侧α分位数(Falpha)。

(1) SAS 的数据步程序如下：

```
data aa;
  do F=3.6194 to 7.1994 by 1.79;
    df1=3; df2=5;
    Pa=1- PROBF(F,df1,df2);                /*计算尾概率 Pa*/
  output; end;
run;
data bb;
  do alpha=0.025 to 0.10 by 0.025;
    df1=3; df2=5;
    p=1-alpha;                             /*计算分布函数值 p*/
    Falpha= FINV(p,df1,df2);               /*计算分位数*/
  output; end; drop p;
run;
data cc;
set aa bb;
run;
proc print; run; quit;
```

(2) 程序的输出结果如下所示：

Obs	F	df1	df2	Pa	alpha	Falpha
1	3.6194	3	5	0.10000	.	.
2	5.4094	3	5	0.05000	.	.

3	7.1994	3	5	0.02903	.	.
4	.	3	5	.	0.025	7.76359
5	.	3	5	.	0.050	5.40945
6	.	3	5	.	0.075	4.30372
7	.	3	5	.	0.100	3.61948

5.1.7 均匀分布随机数

均匀分布(Uniform Distribution)随机数常用于设计随机(等概)抽样。

【例 5-7】 某学院拟从 500 名大四学生中随机挑选 15 人进行专业技能考察，试设计一个抽样方案。

(1) 500 名学生依次编号 1, 2, … , 500，用随机数(Num)表达抽样方案。

(2) SAS 的数据步程序如下：

```
data aa;
  do j=1 to 15 by 1;
    Num= 1+INT(499*RANUNI(135797));
  output;
  end; drop j;
run;
proc print; run; quit;
```

(3) 程序的输出结果如下所示：

Obs	Num
1	181
2	69
3	470
4	279
5	432
6	478
7	471
8	71
9	439
10	269
11	2
12	23
13	194
14	232
15	484

5.1.8　离散分布随机数

离散分布(Discrete Distribution)随机数常用于研究非常规分布的离散统计量。

【例 5-8】 已知统计量 X 发生 4 种状态 1、2、3 和 4 的概率分别为 0.05、0.45、0.45 和 0.1。试利用 SAS 程序产生遵从该离散分布的 15 个伪随机数(Num)。

(1) SAS 的数据步程序如下：

```
data aa;
  do j=1 to 15 by 1;
    Num= RANTBL(135797,0.05,0.45,0.45,0.05);
  output;
  end; drop j;
run;
proc print; run; quit;
```

(2) 程序的输出结果如下所示：

Obs	Num
1	2
2	2
3	3
4	3
5	3
6	4
7	3
8	2
9	3
10	3
11	1
12	1
13	2
14	2
15	4

5.2　单变量样本统计推断

在规定条件下仅重复观测一个随机变量，所获得的全部数据称做单变量样本。其中，若随机变量是离散型的则称做离散变量样本，若是连续型的则称做连续变量样本。

为研究随机变量观测值发生的概率规律，一般先由样本统计出它的频数分布，再根据其分布特征和专业知识假定变量遵从某种概率模型(拟合函数)，最后做该模型对样本的拟合优度检验(Goodness-of-Fit Tests)(又称分布拟合检验或适合性检验)。

5.2.1 0-1 分布比率 Z 检验

贝努利分布 B(1,p)又称做 0-1 分布，由于采用标准正态统计量检验参数 p，故称做比率(proportion) *Z* 检验。离散变量分布中的某个频率可视作一个比率，剩余比率组合成另一个比率，此时可视作 0-1 分布。因比率 × 100 就是百分率，故比率检验等价于百分率检验。

【例 5-9】 某汽修厂观测到送修汽车数 X = 4 有 10 次，而不等于 4 的有 51 次。试检验比率零假设 p = 0.17，并给出 0.95 置信区间。

(1) 创建如表 5-2 所示的 SAS 数据表 sasuser.carprop

表 5-2 SAS 数据表 sasuser.carprop

X	Frequency
等于 4	10
不等于 4	51

(2) 采用 freq 过程编写的 SAS 程序如下：

```
proc freq data=sasuser.carprop order=data;      /*order 指定针对第 1 个观测检验*/
table X / binomial(p=0.17);                     /* binomial 指定二项分布比率，假设 p=0.17*/
weight Frequency;
run;quit;
```

(3) 程序的输出结果如下所示：

X	Frequency	Percent	Cumulative Frequency	Cumulative Percent
等于 4	10	16.39	10	16.39
不等于 4	51	83.61	61	100.00

Binomial Proportion for X = 等于 4

Proportion	0.1639
ASE	0.0474
95% Lower Conf Limit	0.0710
95% Upper Conf Limit	0.2568
Exact Conf Limits	
95% Lower Conf Limit	0.0815
95% Upper Conf Limit	0.2809
Test of H0: Proportion =	0.17
ASE under H0	0.0481
Z	−0.1261
One-sided Pr < Z	0.4498
Two-sided Pr > |Z|	0.8996

---

(4) 结论：X = 4 的 0.95 频率置信区间为(0.0710, 0.2568)，比率等于 0.17 的显著性 P 值为 0.8996，因此比率等于 0.17 的假设被接受。

【例 5-10】 观测糯玉米与非糯玉米杂交，F_1 植株上的花粉粒性状(X)，频数统计如表 5-3 所示。试检验杂交 F_1 总体的糯性花粉粒比率零假设 p = 0.50，并给出 0.95 置信区间。

(1) 创建如表 5-3 所示的 SAS 数据表 sasuser.nhfprop01。

表 5-3　杂交 F_1 花粉粒性状的频数样本(sasuser.nhfprop01)

X	Frequency
糯性花粉粒	68
非糯性花粉粒	82

(2) 采用 freq 过程编写的 SAS 程序如下：

```
proc freq data=sasuser.nhfprop01 order=data;        /*order 指定检验第 1 个比率*/
  table X / binomial(p=0.50);
  weight Frequency;
run;quit;
```

(3) 程序的输出结果如下所示：

X	Frequency	Percent	Cumulative Frequency	Cumulative Percent
糯性花粉粒	68	45.33	68	45.33
非糯性花粉粒	82	54.67	150	100.00

Binomial Proportion for X = 糯性花粉粒

Proportion	0.4533
ASE	0.0406
95% Lower Conf Limit	0.3737
95% Upper Conf Limit	0.5330
Exact Conf Limits	
95% Lower Conf Limit	0.3720
95% Upper Conf Limit	0.5366
Test of H0: Proportion	= 0.5
ASE under H0	0.0408
Z	−1.1431
One-sided Pr < Z	0.1265
Two-sided Pr > |Z|	0.2530

Sample Size = 150

---

(4) 结论：糯性花粉粒比率的 0.95 频率置信区间为(0.3737, 0.5330)，比率等于 0.50 的显著性 P 值为 0.2530，比率等于 0.50 的假设被接受。

【例 5-11】 如果【例 5-10】中的样本是二值数据表，即观测的花粉粒性状(X)为糯性记作 0，非糯性记作 1，如表 5-4 所示。试检验杂交 F_1 总体的糯性花粉粒比率零假设 p=0.50，并给出 0.95 置信区间。

(1) 创建如表 5-4 所示的 SAS 数据表 sasuser.nhfprop02。注意，表 5-4 未列出全部数据，由表 5-3 推算可知表 5-4 中有 68 个 0 和 82 个 1。

表 5-4 杂交 F_1 花粉粒性状的二值观测样本(sasuser.nhfprop02)

X
0
1
1
⋮

(2) 采用 freq 过程编写的 SAS 程序如下：

```
proc sort data=sasuser.nhfprop02;
run;
proc freq data=sasuser.nhfprop02;
   table X / binomial(p=0.50);
run;quit;
```

(3) 程序的输出结果如下所示：

X	Frequency	Percent	Cumulative Frequency	Cumulative Percent
0	68	45.33	68	45.33
1	82	54.67	150	100.00

Binomial Proportion for X = 0

Proportion	0.4533
ASE	0.0406
95% Lower Conf Limit	0.3737
95% Upper Conf Limit	0.5330
Exact Conf Limits	
95% Lower Conf Limit	0.3720
95% Upper Conf Limit	0.5366
Test of H0: Proportion =	0.5
ASE under H0	0.0408
Z	−1.1431
One-sided Pr < Z	0.1265
Two-sided Pr > |Z|	0.2530

Sample Size = 150

---

(4) 结论：程序的输出结果与例 5-10 相同。

5.2.2　离散变量的频数分布及检验

若一个变量仅有 k 个有限表现型或仅取 k 个有限值，N 次试验中每个表现型出现的次数(频数)或该次数与 N 的比值(频率)，称做离散变量的频数分布或频率分布。

【例 5-12】 用红花亲本(RR)和白花亲本(rr)进行紫茉莉花杂交试验，观测多株 F_2 后代的花色(变量)有 3 种表现型，其中红花 196 株，粉红花 419 株，白花 218 株。试检验 F_2 后代的分离比例是否符合 1∶2∶1 的规律。

(1) 总频数 $N = 196 + 419 + 218 = 833$。由 1∶2∶1 的分离比例可知，第 2 表现型的期望频数为 $833 \times 2/4 = 416.5$，第 1 表现型和第 3 表现型的期望频数为 $833 \times 1/4 = 208.25$。同理，期望频率序列为 0.25、0.50 和 0.25，期望百分率序列为 25、50 和 25。

(2) 采用 SAS 的 freq 过程做拟合优度检验。语句 weight 指定 frequence 为因子变量 character 的权变量，语句 tables 指定 character 为因子变量，选项 expected 指定输出期望频数，选项 testf=(208.25 416.5 208.25)指定被检验的期望频数序列。另外两个 tables 语句完成上述的同样功能，选项 testp=(0.25 0.50 0.25)指定期望频率序列(和数必须等于 1)，选项 testp=(25 50 25)指定期望百分率序列(和数必须等于 100)。SAS 程序如下：

```
data fittest01;
   input character$ frequence@@;
   cards;
   红花      196
   粉红花    419
   白花      218
; run;
proc freq data=fittest01 order=data;
   weight frequence;
   tables character / expected testf=(208.25 416.5 208.25);
   tables character / expected testp=(0.25 0.50 0.25);
   tables character / expected testp=(25 50 25);
run; quit;
```

(3) 程序的输出结果如下所示：

---

character	Frequency	Test Frequency	Percent	Cumulative Frequency	Cumulative Percent
红花	196	208.25	23.53	196	23.53
粉红花	419	416.5	50.30	615	73.83
白花	218	208.25	26.17	833	100.00

Chi-Square Test for Specified Frequencies

Chi-Square	1.1921
DF	2
Pr > ChiSq	0.5510

Sample Size = 833

character	Frequency	Percent	Test Percent	Cumulative Frequency	Cumulative Percent
红花	196	23.53	25.00	196	23.53
粉红花	419	50.30	50.00	615	73.83
白花	218	26.17	25.00	833	100.00

Chi-Square Test for Specified Proportions

Chi-Square	1.1921
DF	2
Pr > ChiSq	0.5510

Sample Size = 833

character	Frequency	Percent	Test Percent	Cumulative Frequency	Cumulative Percent
红花	196	23.53	25.00	196	23.53
粉红花	419	50.30	50.00	615	73.83
白花	218	26.17	25.00	833	100.00

Chi-Square Test for Specified Proportions

Chi-Square	1.1921
DF	2
Pr > ChiSq	0.5510

Sample Size = 833

---

(4) 结论：紫茉莉花杂交 F_2 总体的花色分离比例符合 1∶2∶1 的规律，χ^2 检验的显著性 P 值达 0.5510。

【例 5-13】 用紫色甜质种子和白色粉质种子进行玉米杂交试验，观测到 F_2 后代的粒色(变量)有 4 种表现型：紫色粉质 921 粒，紫色甜质 312 粒，白色粉质 279 粒，白色甜质 104 粒。试检验 F_2 后代的分离比例是否符合 9∶3∶3∶1 的理论比例。

(1) 总频数 $N = 921 + 312 + 279 + 104 = 1616$。由 9∶3∶3∶1 的分离比例可知，第 1 表现型的期望频数为 $1616 \times 9/16 = 909$，第 2 表现型和第 3 表现型的期望频数为 $1616 \times 3/16 = 303$，第 4 表现型的期望频数为 $1616 \times 1/16 = 101$。同理，期望频率序列为 $9/16 = 0.5625$、$3/16 = 0.1875$、$3/16 = 0.1875$ 和 $1/16 = 0.0625$，期望百分率序列为 56.25、18.75、18.75 和 6.25。

(2) 采用 SAS 的 freq 过程做拟合优度检验。SAS 程序如下：

```
data fittest02;
   input character$ frequence@@;
   cards;
   紫色粉质    921
   紫色甜质    312
   白色粉质    279
   白色甜质    104
```

```
; run;
proc freq data=fittest02 order=data;
   weight frequence;
   tables character/ expected testf=(909 303 303 101);
   tables character/ expected testp=(0.5625 0.1875 0.1875 0.0625);
   tables character/ expected testp=(56.25 18.75 18.75 6.25);
run; quit;
```

(3) 程序的输出结果如下所示：

---

character	Frequency	Test Frequency	Percent	Cumulative Frequency	Cumulative Percent
紫色粉质	921	909	56.99	921	56.99
紫色甜质	312	303	19.31	1233	76.30
白色粉质	279	303	17.26	1512	93.56
白色甜质	104	101	6.44	1616	100.00

Chi-Square Test for Specified Frequencies

Chi-Square	2.4158
DF	3
Pr > ChiSq	0.4907

Sample Size = 1616

character	Frequency	Percent	Test Percent	Cumulative Frequency	Cumulative Percent
紫色粉质	921	56.99	56.25	921	56.99
紫色甜质	312	19.31	18.75	1233	76.30
白色粉质	279	17.26	18.75	1512	93.56
白色甜质	104	6.44	6.25	1616	100.00

Chi-Square Test for Specified Proportions

Chi-Square	2.4158
DF	3
Pr > ChiSq	0.4907

Sample Size = 1616

character	Frequency	Percent	Test Percent	Cumulative Frequency	Cumulative Percent
紫色粉质	921	56.99	56.25	921	56.99
紫色甜质	312	19.31	18.75	1233	76.30
白色粉质	279	17.26	18.75	1512	93.56
白色甜质	104	6.44	6.25	1616	100.00

Chi-Square Test for Specified Proportions

Chi-Square	2.4158
DF	3

Pr > ChiSq　　　0.4907

Sample Size = 1616

---

(4) 结论：玉米杂交 F_2 总体的粒色分离比例符合 9:3:3:1 的理论比例，χ^2 检验的显著性 P 值达 0.4907。

【例 5-14】 某汽修厂以天为单位(时间间隔)持续 61 天观测每天的送修汽车数，得送修汽车数(X)的观测值(样本)如下：

3，4，5，0，4，3，6，9，5，3，2，8，4，2，3，4，3，3，8，6，4，6，6，6，8，6，6，3，4，1，9，3，4，3，5，3，2，6，5，8，6，3，8，9，7，6，7，6，4，4，5，8，6，5，4，5，6，2，5，5，7

试做送修汽车数(X)的频数统计。

(1) 将送修汽车数样本数据输入 Excel 并创建数据表 car01.xls，格式如表 5-5 所示。

表 5-5　送修汽车数样本(Excel 数据表 car01.xls)

X
3
4
5
0
⋮

(2) 将 Excel 数据表 car01.xls 导入 SAS，创建 SAS 数据表 sasuser.car01，以备调用。

(3) 编写调用数据表 sasuser.car01 并分组统计频数的 SAS 程序如下：

```
proc sort data=sasuser.car01;
  by X;
run;
proc freq data=sasuser.car01;
  table X;
run; quit;
```

(4) 程序输出的频数统计结果如下所示：

X	Frequency	Percent	Cumulative Frequency	Cumulative Percent
0	1	1.64	1	1.64
1	1	1.64	2	3.28
2	4	6.56	6	9.84
3	11	18.03	17	27.87
4	10	16.39	27	44.26
5	9	14.75	36	59.02
6	13	21.31	49	80.33
7	3	4.92	52	85.25

8	6	9.84	58	95.08
9	3	4.92	61	100.00

【例 5-15】 送修汽车数的频数分布样本如例 5-14 所示，假设它符合 Poission 分布，试做样本的 Poission 分布拟合优度检验。

(1) 采用 means 过程编写计算样本统计量的 SAS 程序如下：

```
proc means data=sasuser.car01 N min max mean std;
  var X;
run; quit;
```

(2) 程序的输出结果如下所示：

N	Minimum	Maximum	Mean	Std Dev
61	0	9.0000000	4.9344262	2.0725898

(3) 根据上面的输出结果，Poission 拟合模型中取λ=4.9344262，样本容量取 61。计算期望概率 Px、期望频数 EN 和期望百分率 Percent 的 SAS 程序如下：

```
data car01;
  do X=0 to 9 by 1;
     Px=POISSON(4.9344262,X)- POISSON(4.9344262,X-1);
     if X=0 then Px= POISSON(4.9344262,0);
     if X=9 then Px= 1-POISSON(4.9344262,8);
     EN=61*Px;
     Percent=100*Px;
  output; end;
run;
proc print; run; quit;
```

(4) 程序的输出结果如下所示：

Obs	X	Px	EN	Percent
1	0	0.00719	0.4389	0.7195
2	1	0.03550	2.1656	3.5501
3	2	0.08759	5.3429	8.7589
4	3	0.14407	8.7881	14.4067
5	4	0.17772	10.8410	17.7722
6	5	0.17539	10.6989	17.5391
7	6	0.14424	8.7988	14.4243
8	7	0.10168	6.2024	10.1679
9	8	0.06272	3.8257	6.2716
10	9	0.06390	3.8977	6.3897

(5) 引用上面结果的期望频数 EN，采用 freq 过程编写执行χ^2拟合优度检验的 SAS 程序如下：

```
proc freq data=sasuser.car01;
table X / chisq testf = (0.4389 2.1656 5.3429 8.7881 10.8410 10.6989 8.7988 6.2024 3.8257 3.8977);
run; quit;
```

(6) 程序的输出结果如下所示：

X	Frequency	Test Frequency	Percent	Cumulative Frequency	Cumulative Percent
0	1	0.4389	1.64	1	1.64
1	1	2.1656	1.64	2	3.28
2	4	5.3429	6.56	6	9.84
3	11	8.7881	18.03	17	27.87
4	10	10.841	16.39	27	44.26
5	9	10.6989	14.75	36	59.02
6	13	8.7988	21.31	49	80.33
7	3	6.2024	4.92	52	85.25
8	6	3.8257	9.84	58	95.08
9	3	3.8977	4.92	61	100.00

Chi-Square Test

Chi-Square	7.6759
DF	9
Pr > ChiSq	0.5671

Sample Size = 61

5.2.3 连续变量的频数分布及检验

【例 5-16】 引用第 4 单元的 SAS 数据表 sasuser.czh01，试做串枝红杏果重的频数统计。

(1) 采用 means 过程编写计算样本的容量(N)、最小值(Minimum)、最大值(Maximum)和极差(Range)，并调用数据表 sasuser.czh01 的 SAS 程序如下：

```
proc means data=sasuser.czh01 N min max range;
  var weight;
run; quit;
```

(2) 程序的输出结果如下所示：

N	Minimum	Maximum	Range
100	46.0000000	73.0000000	27.0000000

(3) 利用上面结果规划一个合理的数值区间，将它分割为互斥的若干个组区间并统计各组包含的样本点个数(频数)。计算分组数 $k = 1 + 3.322*\lg(N) = 7.644$，取奇整数 $k = 9$，组距 $I = Range/(k - 1) = 27/8 = 3.375$，规范化取 $I = 3.5$，考虑规划的数值区间尽可能与样本的最小值和最大值所决定的区间对中，取第 1 组的组中值为 45.5，则第 9 组的组中值为 $45.5 + 3.5 \times 8 = 73.5$。确认规划的数值区间覆盖样本的全部观测。

(4) 编写调用数据表 sasuser.czh01 并分组统计频数的 SAS 程序如下：

```
proc format;
value fenzu  43.75-<47.25=45.5   47.25-<50.75=49   50.75-<54.25=52.5
             54.25-<57.75=56     57.75-61.25=59.5  61.25-<64.75=63
             64.75-<68.25=66.5   68.25-<71.75=70   71.75-75.25=73.5;
run;
proc sort data=sasuser.czh01;
  by weight;
run;
proc freq data=sasuser.czh01;
  format weight fenzu.;
  table weight;
run; quit;
```

(5) 程序输出的频数统计结果如下所示：

WEIGHT	Frequency	Percent	Cumulative Frequency	Cumulative Percent
45.5	1	1.00	1	1.00
49	5	5.00	6	6.00
52.5	11	11.00	17	17.00
56	23	23.00	40	40.00
59.5	35	35.00	75	75.00
63	13	13.00	88	88.00
66.5	7	7.00	95	95.00
70	2	2.00	97	97.00
73.5	3	3.00	100	100.00

【例 5-17】 引用第 4 单元的 SAS 数据表 sasuser.czh01，试对串枝红杏的果重样本做正态分布的拟合优度检验。

(1) 采用 capability 过程编写调用数据表 sasuser.czh01 的 SAS 程序，语句 histogram 指定 normal 选项，但不指定正态分布参数(程序会自动利用样本的数据进行估计)，否则程序将按照参数已知情况进行拟合优度检验。指定 midpoints 选项，将例 5-16 确定的组中值以格式 45.5 to 73.5 by 3.5 写入。

样本的正态拟合优度检验程序如下所示：

```
goptions reset=all ftext=swiss htext=2.25;
axis1 label=(f='宋体'  '果重(g)');
axis2 label=(A=90 f='宋体'  '频数');
proc capability data=sasuser.czh01;
   var weight;
   histogram / vscale=count normal(color=red) midpoints=45.5 to 73.5 by 3.5
      haxis=axis1 vaxis=axis2 noframe;
run; quit;
```

(2) 程序的输出结果如下所示：

Moments

N	100	Sum Weights	100
Mean	58.65	Sum Observations	5865
Std Deviation	5.32077119	Variance	28.3106061
Skewness	0.33762106	Kurtosis	0.50226549
Uncorrected SS	346785	Corrected SS	2802.75
Coeff Variation	9.07207364	Std Error Mean	0.53207712

Goodness-of-Fit Tests for Normal Distribution

Test	----Statistic-----		DF	------p Value------	
Kolmogorov-Smirnov	D	0.0837765		Pr > D	0.084
Cramer-von Mises	W-Sq	0.1084071		Pr > W-Sq	0.089
Anderson-Darling	A-Sq	0.6454494		Pr > A-Sq	0.092
Chi-Square	Chi-Sq	16.1876730	6	Pr > Chi-Sq	0.013

程序输出图形如图 5-1 所示。

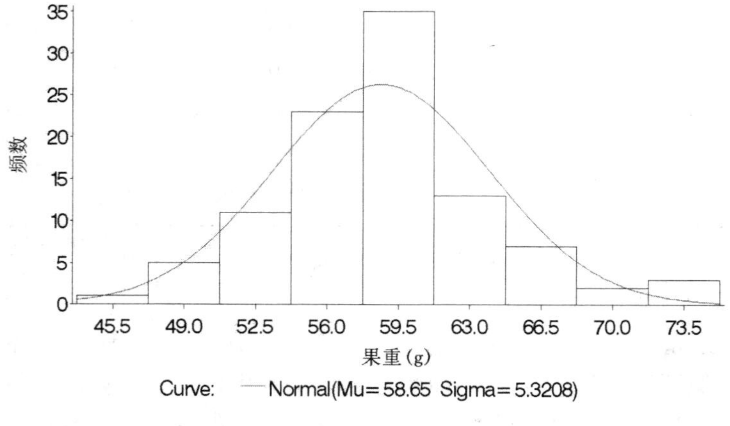

图 5-1 9 组串枝红杏果重的频数分布直方图和正态拟合曲线

【例 5-18】 引用第 4 单元的 SAS 数据表 sasuser.czh01，将分组数改为 k=7。试采用

univariate 过程的 SAS 程序对串枝红杏的果重样本做正态分布的拟合优度检验。

(1) 采用 univariate 过程编写调用数据表 sasuser.czh01 的 SAS 程序，过程选项 mu0=58.65 指定检验零假设 H_0：$\mu=58.65$，选项 normal 指定进行正态性检验。语句 histogram weight 指定输出变量 weight 的直方图，选项 normal 指定插入正态分布拟合曲线，选项 midpoints=46 to 73 by 4.5 指定组中值进行分组统计。

样本的正态拟合优度检验程序如下所示：

```
goptions reset=all ftext=swiss htext=2.25;
proc univariate data=sasuser.czh01 mu0=58.65;
  var weight;
  histogram weight / normal midpoints=46 to 73 by 4.5 noframe;
run;quit;
```

(2) 程序的输出结果如下所示：

Moments

N	100	Sum Weights	100
Mean	58.65	Sum Observations	5865
Std Deviation	5.32077119	Variance	28.3106061
Skewness	0.33762106	Kurtosis	0.50226549
Uncorrected SS	346785	Corrected SS	2802.75
Coeff Variation	9.07207364	Std Error Mean	0.53207712

Basic Statistical Measures

Location		Variability	
Mean	58.65000	Std Deviation	5.32077
Median	58.00000	Variance	28.31061
Mode	55.00000	Range	27.00000

Tests for Location: Mu0=58.65

Test	-Statistic-		-----p Value------	
Student's t	t	0	Pr > |t|	1.0000
Sign	M	−1	Pr >= |M|	0.9204
Signed Rank	S	−139	Pr >= |S|	0.6348

Parameters for Normal Distribution

Parameter	Symbol	Estimate
Mean	Mu	58.65
Std Dev	Sigma	5.320771

Goodness-of-Fit Tests for Normal Distribution

Test	---Statistic----		-----p Value-----	
Kolmogorov-Smirnov	D	0.08377651	Pr > D	0.084
Cramer-von Mises	W-Sq	0.10840710	Pr > W-Sq	0.089
Anderson-Darling	A-Sq	0.64544938	Pr > A-Sq	0.092

程序的输出图形如图 5-2 所示。

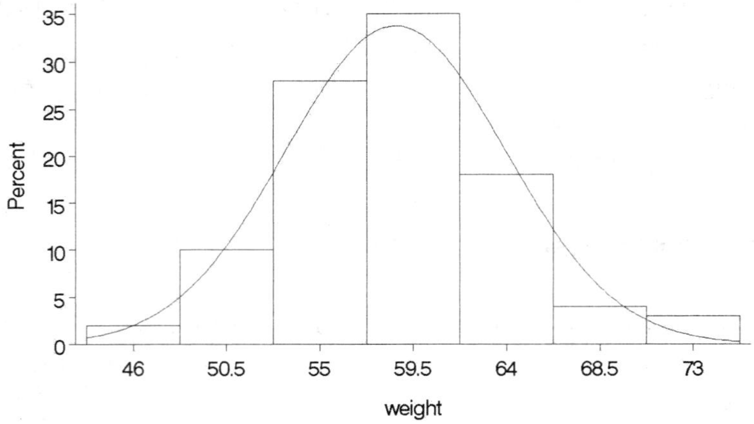

图 5-2　7 组串枝红杏果重的频数分布直方图和正态拟合曲线

5.2.4　基于观测的参数估计

利用样本计算均值、方差、变异系数、置信区间、偏度、峰度等统计量，当用于总体参数的估测时称做参数估计(Parameter Estimation)，而当用于样本数据的概括时则称做描述统计(Descriptive Statistics)，或称做简单统计(Simple Statistics)。

直接采用样本数据计算统计量，称做基于观测的参数估计。

【例 5-19】引用前面例 5-14 的 SAS 数据表 sasuser.car01 计算送修汽车数(X)样本的容量、最小值、最大值、极差、均值、方差、标准差、变异系数、标准误、0.95 置信区间、偏度和峰度。

(1) 采用 means 过程编写进行参数估计的 SAS 程序如下：

```
proc means data=sasuser.car01 N min max range mean var std cv stderr clm skew kurt;
  var X;
run; quit;
```

(2) 程序的输出结果如下所示：

N	Minimum	Maximum	Range	Mean	Variance	Std Dev
61	0	9.0000000	9.0000000	4.9344262	4.2956284	2.0725898

Coeff of Variation	Std Error	Lower 95% CL for Mean	Upper 95% CL for Mean	Skewness	Kurtosis
42.0026501	0.2653679	4.4036113	5.4652411	0.0904246	-0.4492060

【例 5-20】引用第 4 单元的 SAS 数据表 sasuser.czh01 计算串枝红杏果重样本的容量、最小值、最大值、极差、均值、方差、标准差、变异系数、标准误、0.95 置信区间、偏度和峰度。

(1) 采用 means 过程编写进行参数估计的 SAS 程序如下：

```
proc means data=sasuser.czh01 N min max range mean var std cv stderr clm skew kurt;
    var weight;
run; quit;
```

(2) 程序的输出结果如下所示：

```
-----------------------------------------------------------------------------------------
   N      Minimum      Maximum        Range         Mean      Variance      Std Dev
 100   46.0000000   73.0000000   27.0000000   58.6500000   28.3106061    5.3207712
     Coeff of                Lower 95%      Upper 95%
    Variation     Std Error  CL for Mean    CL for Mean     Skewness     Kurtosis
    9.0720736     0.5320771   57.5942436     59.7057564    0.3376211    0.5022655
-----------------------------------------------------------------------------------------
```

5.2.5 基于频数的参数估计

采用频数分布样本计算统计量，称做基于频数的参数估计。包括离散变量频数样本和连续变量频数样本。

【例 5-21】 送修汽车数的频数统计结果如表 5-6 所示。试计算样本的容量、最小值、最大值、极差、均值、方差、标准差、变异系数、标准误、0.95 置信区间、偏度和峰度。

表 5-6　送修汽车数的频数分布表(sasuser.carps)

X	Frequency	Percent	Cfrequency	Cpercent
0	1	1.64	1	1.64
1	1	1.64	2	3.28
2	4	6.56	6	9.84
3	11	18.03	17	27.87
4	10	16.39	27	44.26
5	9	14.75	36	59.02
6	13	21.31	49	80.33
7	3	4.92	52	85.25
8	6	9.84	58	95.08
9	3	4.92	61	100.00

(1) 用表 5-6 的数据创建 SAS 数据表 sasuser.carps。

(2) 采用 means 过程编写进行参数估计的 SAS 程序如下：

```
proc means data=sasuser.carps N min max range mean var std cv stderr clm skew kurt;
   var X;
   freq Frequency;
run; quit;
```

(3) 程序的输出结果如下所示：

N	Minimum	Maximum	Range	Mean	Variance	Std Dev
61	0	9.0000000	9.0000000	4.9344262	4.2956284	2.0725898

Coeff of Variation	Std Error	Lower 95% CL for Mean	Upper 95% CL for Mean	Skewness	Kurtosis
42.0026501	0.2653679	4.4036113	5.4652411	0.0904246	-0.4492060

对于离散变量而言，基于频数的参数估计和基于观测的参数估计结果相同。

【例 5-22】 串枝红杏果重的频数统计结果如表 5-7 所示。试计算样本的容量、最小值、最大值、极差、均值、方差、标准差、变异系数、标准误、0.95 置信区间、偏度和峰度。

表 5-7　串枝红杏果重的频数分布表(sasuser.czhps)

Weight	Frequency	Percent	Cfrequency	Cpercent
45.5	1	1.0	1	1.0
49.0	5	5.0	6	6.0
52.5	11	11.0	17	17.0
56.0	23	23.0	40	40.0
59.5	35	35.0	75	75.0
63.0	13	13.0	88	88.0
66.5	7	7.0	95	95.0
70.0	2	2.0	97	97.0
73.5	3	3.0	100	100.0

(1) 用表 5-7 的数据创建 SAS 数据表 sasuser.czhps。

(2) 采用 means 过程编写进行参数估计的 SAS 程序如下：

```
proc means data=sasuser.czhps N min max range mean var std cv stderr clm skew kurt;
  var Weight;
freq Frequency;
run; quit;
```

(3) 程序的输出结果如下所示：

N	Minimum	Maximum	Range	Mean	Variance	Std Dev
100	45.5000000	73.5000000	28.0000000	58.8350000	28.6315909	5.3508496

Coeff of Variation	Std Error	Lower 95% CL for Mean	Upper 95% CL for Mean	Skewness	Kurtosis
9.0946708	0.5350850	57.7732754	59.8967246	0.3968481	0.7757668

对于连续变量，基于频数的参数估计与基于观测的参数估计结果一般不同。

5.2.6　连续变量均值和方差的假设检验

下面 3 个例子均针对正态总体抽样的单变量样本。

【例 5-23】 引用第 4 单元的 SAS 数据表 sasuser.czh01。零假设均值 $\mu = 60$ 和方差 $\sigma^2 = 25$，试采用 univariate 过程的 SAS 程序对此假设进行检验。

(1) 采用 univariate 过程编写调用数据表 sasuser.czh01 的 SAS 程序，选项 alpha = 0.05 指定检验水平 $\alpha = 0.05$ 和置信水平 $1 - \alpha = 0.95$，选项 mu0 = 60 指定 t 检验的零假设 $H_0: \mu = 60$，选项 cibasic 指定求均值、标准差和方差的正态总体抽样的置信区间。SAS 程序如下：

```
proc univariate data=sasuser.czh01 alpha=0.05 mu0=60 cibasic;
  var weight;
run;quit;
```

(2) 程序的主要输出结果如下所示：

Basic Confidence Limits Assuming Normality

Parameter	Estimate	95% Confidence Limits	
Mean	58.65000	57.59424	59.70576
Std Deviation	5.32077	4.67167	6.18101
Variance	28.31061	21.82453	38.20486

Tests for Location: Mu0=60

Test	-Statistic-		-----p Value------	
Student's t	t	−2.53723	Pr > |t|	0.0127
Sign	M	−14.5	Pr >= |M|	0.0035
Signed Rank	S	−724	Pr >= |S|	0.0048

---

(3) 结论：0.05 水平上总体均值 $\mu = 60$ 的假设被拒绝，其显著性 P 值为 0.0127。在 0.05 水平上总体方差 $\sigma^2 = 25$ 的假设被接受，其 0.95 的置信区间为(21.82453，38.20486)。

【例 5-24】 引用第 4 单元的 SAS 数据表 sasuser.czh01。零假设均值 $\mu = 58$ 和方差 $\sigma^2 = 21$，试采用 capability 过程的 SAS 程序对此假设进行检验。

(1) 采用 capability 过程编写调用数据表 sasuser.czh01 的 SAS 程序，各个选项的意义与 univariate 过程相同。SAS 程序如下：

```
proc capability data=sasuser.czh01 alpha=0.05 mu0=58 cibasic;
  var weight;
run; quit;
```

(2) 程序的主要输出结果如下所示：

Basic Confidence Limits Assuming Normality

Parameter	Estimate	95% Confidence Limits	
Mean	58.65	57.59424	59.70576

Std Deviation	5.320771	4.671674	6.181008
Variance	28.31061	21.82453	38.20486

Tests for Location: Mu0=58

Test	-Statistic-		-----p Value------	
Student's t	t	1.221627	Pr > |t|	0.2247
Sign	M	4.5	Pr >= |M|	0.3966
Signed Rank	S	242	Pr >= |S|	0.3237

---

(3) 结论：在 0.05 水平上总体均值 $\mu = 58$ 的假设被接受，其显著性 P 值为 0.2247。在 0.05 水平上总体方差 $\sigma^2 = 21$ 的假设被拒绝，其 0.95 的置信区间为(21.82453，38.20486)。

【例 5-25】 引用第 4 单元的 SAS 数据表 sasuser.czh01。零假设均值 $\mu = 58$ 和方差 $\sigma^2 = 4.5^2$，试采用 ttest 过程的 SAS 程序对此假设进行检验。

(1) 采用 ttest 过程编写调用数据表 sasuser.czh01 的 SAS 程序，选项 H0 = 58 指定零假设为 H_0：$\mu = 58$。SAS 程序如下：

```
proc ttest data=sasuser.czh01 alpha=0.05 H0=58;
  var weight;
run; quit;
```

(2) 程序的主要输出结果如下所示：

Variable	N	Lower CL Mean	Mean	Upper CL Mean	Lower CL Std Dev	Std Dev	Upper CL Std Dev	Std Err
WEIGHT	100	57.594	58.65	59.706	4.6717	5.3208	6.181	0.5321

T-Tests

Variable	DF	t Value	Pr > |t|
WEIGHT	99	1.22	0.2247

---

(3) 结论：在 0.05 水平上总体均值$\mu = 58$ 的假设被接受，其显著性 P 值为 0.2247。在 0.05 水平上总体方差$\sigma^2 = 4.5^2$ 的假设被拒绝，其 0.95 的置信区间为(4.6717，6.181)。

5.3 配对样本均值差 t 检验

每个单元上均测定两个响应变量构成配对样本，它们的样本容量相同。

【例 5-26】 在黄瓜品选试验中，随机抽取 13 株(Cells)测定其干物质，测得叶干重(Ye)、根系干重(Gen)、茎干重(Jing)和果实干重(Guo)4 个性状的数据，如表 5-8 所示，用这些数据创建 SAS 数据表 sasuser.huanggua。试采用 ttest 过程的 SAS 程序检验下述假设：(a) 果干重与叶干重的均值差零假设 $\mu_1 - \mu_2 = -5$；(b) 果干重与根干重的均值差零假设 $\mu_1 - \mu_2 = 20$；(c) 果干重与茎干重的均值差零假设 $\mu_1 - \mu_2 = -10$。

表 5-8　黄瓜植株的干物质测定样本(sasuser.huanggua)

Cells	Ye	Gen	Jing	Guo
1	39.301	6.125	21.325	3.602
2	45.693	6.921	30.317	11.688
3	53.182	6.892	32.374	43.171
4	48.394	6.697	37.433	50.778
5	41.791	9.307	45.751	61.185
6	46.651	7.301	62.767	59.586
7	47.777	7.841	56.921	41.584
8	35.423	9.433	65.701	19.451
9	39.427	6.801	62.107	24.641
10	22.282	9.873	67.401	29.691
11	26.505	5.901	66.233	27.648
12	22.194	6.781	73.721	18.201
13	23.153	6.891	86.047	29.559

(1) 由于测定 4 个性状指标是在同一个植株上实施的，故两两性状组合的样本可视作配对样本，两个性状变量可能存在一定的相关性。

(2) 采用 ttest 过程编写调用数据表 sasuser.huanggua 的 SAS 程序，选项 H0 = −5、H0 = 20 和 H0 = −10 指定 3 个配对样本的均值差零假设。SAS 程序如下：

```
proc ttest data=sasuser.huanggua H0=-5;
  paired Guo*Ye;
proc ttest data=sasuser.huanggua H0=20;
  paired Guo*Gen;
proc ttest data=sasuser.huanggua H0=-10;
  paired Guo*Jing;
run;quit;
```

(3) 程序的主要输出结果如下所示：

```
                    T-Tests
Difference      DF     t Value     Pr > |t|
Guo - Ye        12       -0.10       0.9221
Difference      DF     t Value     Pr > |t|
Guo - Gen       12        1.01       0.3322
Difference      DF     t Value     Pr > |t|
Guo - Jing      12       -1.71       0.1131
```

---

(4) 结论：在 0.05 水平上 3 个均值差假设均被接受，其显著性 P 值分别为 0.9221、0.3322 和 0.1131。

(5) 若配对样本的 3 个均值差假设均相同，例如均为 H_0：$\mu_1 - \mu_2 = 10$，则程序可简化为：

```
proc ttest data=sasuser.huanggua H0=10;
   paired Guo*(Ye Gen Jing);
run;quit;
```

(6) 程序的主要输出结果如下所示：

T-Tests

Difference	DF	t Value	Pr > |t|
Guo - Ye	12	−3.35	0.0058
Guo - Gen	12	3.06	0.0098
Guo - Jing	12	−4.53	0.0007

---

(7) 结论：在 0.05 水平上 3 个配对样本的均值差假设均被拒绝，其显著性 P 值分别为 0.0058、0.0098 和 0.0007。

5.4 两独立样本均值差 t 检验

独立测取的两个响应变量样本，称做两独立样本。它们的样本容量可以不同。

【例 5-27】分别抽检了两个地区(Diqu)的土壤重金属含量，即汞含量(Hg)、镉含量(Cd)、铅含量(Pb)、砷含量(As)、铬含量(Cr)和铜含量(Cu) 6 个指标，第 1 个地区抽检了 6 个样品，第 2 个地区抽检了 9 个样品。将这些数据创建为 SAS 数据表 sasuser.turang，如表 5-9 所示。试检验两个地区铬相差 −20 和铜相差 −10 的假设。

表 5-9 土壤重金属含量检测样本(sasuser.turang)

Diqu	Hg	Cd	Pb	As	Cr	Cu
D1	0.071	0.081	15.91	9.59	54.51	17.7
D1	0.063	0.027	15.92	10.67	65.71	15.3
D1	0.081	0.035	10.21	11.75	81.31	25.9
D1	0.061	0.049	17.81	13.59	65.71	14.5
D1	0.086	0.009	25.41	16.65	61.31	16.1
D1	0.073	0.048	27.31	7.71	39.01	14.2
D2	0.023	0.039	23.65	12.15	82.16	18.6
D2	0.025	0.042	21.38	10.23	85.23	19.2
D2	0.027	0.043	20.38	9.18	72.11	26.1
D2	0.027	0.038	39.15	11.01	92.65	27.8
D2	0.021	0.044	24.65	14.92	106.01	30.2
D2	0.027	0.039	23.16	12.53	86.51	19.5
D2	0.043	0.046	39.15	14.31	92.65	19.6
D2	0.027	0.041	39.15	11.29	82.65	30.2
D2	0.027	0.033	10.15	9.98	76.22	25.5

(1) 由于测定的土壤重金属含量是在两个地区分别进行的，故某个土壤重金属含量的两个地区的数据构成两独立样本。

(2) 采用 ttest 过程编写调用数据表 sasuser.turang 的 SAS 程序，选项 H0 = −20 和 H0 = −10 分别指定两个均值差零假设。SAS 程序如下：

```
proc ttest data=sasuser.turang H0=-20;
   class Diqu;
   var Cr;
proc ttest data=sasuser.turang H0=-10;
   class Diqu;
   var Cu;
run;quit;
```

(3) 程序的主要输出结果如下所示：

T-Tests

Variable	Method	Variances	DF	t Value	Pr > |t|
Cr	Pooled	Equal	13	−0.81	0.4344
Cr	Satterthwaite	Unequal	8.38	−0.75	0.4726

Equality of Variances

Variable	Method	Num DF	Den DF	F Value	Pr > F
Cr	Folded F	5	8	1.96	0.3808

Variable	Method	Variances	DF	t Value	Pr > |t|
Cu	Pooled	Equal	13	1.30	0.2178
Cu	Satterthwaite	Unequal	11.6	1.32	0.2112

Equality of Variances

Variable	Method	Num DF	Den DF	F Value	Pr > F
Cu	Folded F	8	5	1.22	0.8616

(4) 结论：0.05 水平上铬含量和铜含量的均值差假设均被接受，其显著性 P 值分别为 0.4344 和 0.2178。

5.5　多变量样本相关系数检验

每个单元上均测取多个响应变量构成多变量相关样本，它们的样本容量相同。

【例 5-28】 引用表 5-9，每个地区的 6 个重金属含量样本属于多变量相关样本。试按地区分别检验两两变量的相关系数。

(1) 采用 corr 过程编写调用数据表 sasuser.turang 的 SAS 程序，计算相关系数并检验相关系数为 0 的假设。SAS 程序如下：

```
proc corr data=sasuser.turang;
```

```
    by Diqu;
    var Hg Cd Pb As Cr Cu;
run;quit;
```

(2) 程序的主要输出结果如下所示：

-- Diqu=D1 --

Pearson Correlation Coefficients, N = 6

Prob > |r| under H0: Rho=0

	Hg	Cd	Pb	As	Cr	Cu
Hg	1.00000	−0.41790	0.20148	0.36654	0.11169	0.49125
Hg		0.4096	0.7019	0.4748	0.8332	0.3224
Cd	−0.41790	1.00000	−0.23383	−0.62977	−0.33641	0.02470
Cd	0.4096		0.6556	0.1802	0.5144	0.9630
Pb	0.20148	−0.23383	1.00000	0.05445	−0.79508	−0.71055
Pb	0.7019	0.6556		0.9184	0.0587	0.1135
As	0.36654	−0.62977	0.05445	1.00000	0.49023	0.04010
As	0.4748	0.1802	0.9184		0.3236	0.9399
Cr	0.11169	−0.33641	−0.79508	0.49023	1.00000	0.70391
Cr	0.8332	0.5144	0.0587	0.3236		0.1185
Cu	0.49125	−0.02470	−0.71055	0.04010	0.70391	1.00000
Cu	0.3224	0.9630	0.1135	0.9399	0.1185	

-- Diqu=D2 --

Pearson Correlation Coefficients, N = 9

Prob > |r| under H0: Rho=0

	Hg	Cd	Pb	As	Cr	Cu
Hg	1.00000	0.36436	0.46049	0.24233	0.00454	−0.31619
Hg		0.3350	0.2123	0.5298	0.9908	0.4071
Cd	0.36436	1.00000	0.46711	0.49563	0.42386	−0.04867
Cd	0.3350		0.2049	0.1748	0.2556	0.9011
Pb	0.46049	0.46711	1.00000	0.37893	0.42329	0.19318
Pb	0.2123	0.2049		0.3146	0.2563	0.6185
As	0.24233	0.49563	0.37893	1.00000	0.83574	−0.04874
As	0.5298	0.1748	0.3146		0.0050	0.9009
Cr	0.00454	0.42386	0.42329	0.83574	1.00000	0.19828
Cr	0.9908	0.2556	0.2563	0.0050		0.6091
Cu	−0.31619	−0.04867	0.19318	−0.04874	0.19828	1.00000
Cu	0.4071	0.9011	0.6185	0.9009	0.6091	

上 机 报 告

(1) 利用 SAS 程序计算二项分布的事件概率、分位数和随机数。

(2) 利用 SAS 程序计算泊松分布的事件概率、分位数和随机数。
(3) 利用 SAS 程序计算正态分布的事件概率、分位数和随机数。
(4) 利用 SAS 程序计算χ^2分布的事件概率和分位数。
(5) 利用 SAS 程序计算 t 分布的事件概率和分位数。
(6) 利用 SAS 程序计算 F 分布的事件概率和分位数。
(7) 利用 SAS 程序产生一组离散分布随机数。
(8) 利用 SAS 程序设计一个均匀分布抽样方案。
(9) 利用 SAS 程序做 0-1 分布比率 Z 检验。
(10) 利用 SAS 程序做离散单变量样本拟合优度检验。
(11) 利用 SAS 程序做连续单变量样本拟合优度检验。
(12) 利用 SAS 程序做离散单变量样本参数估计及检验。
(13) 利用 SAS 程序做连续单变量样本参数估计及检验。
(14) 利用 SAS 程序做配对样本均值差 t 检验。
(15) 利用 SAS 程序做两独立样本均值差 t 检验。
(16) 利用 SAS 程序做多变量样本相关系数检验。

第 6 单元　单因子试验统计分析

上机目的　掌握 SAS 的方差分析、均值多重比较、协方差分析和方差齐性检验，熟悉方差分析和协方差分析的建模方法，能有效处理各种设计的单因子试验样本。熟悉 SAS 编程格式、过程和过程选项、语句和语句选项，理解程序输出的内容和特点。

上机内容　① 利用 anova 过程处理随机设计、随机区组设计和拉丁方设计的平衡数据样本；② 利用 glm 过程处理随机设计和随机区组设计的非平衡数据样本；③ 利用 glm 过程处理有缺失数据或缺失单元的非平衡数据样本。

6.1　单因子试验数据处理方法

单因子 A 设定若干个水平，记作 $A1$、$A2$、…，水平 $A1$ 设 n_1 个重复，水平 $A2$ 设 n_2 个重复，以此类推。一个水平的重复试验可视作对一个总体的随机抽样，故单因子试验获得多总体样本，其样本的数据模式如图 6-1 所示。

A1	y_{11}	y_{21}	$\cdots$	$y_{n_1 1}$
A2	y_{12}	y_{22}	$\cdots$	$y_{n_2 2}$
$\vdots$	$\vdots$	$\vdots$	$\cdots$	$\vdots$

图 6-1　单因子试验及其响应的数据模式

若单因子每个水平的重复相同，则称做平衡数据样本，否则称做不平衡数据样本。

若一个平衡数据样本有缺失数据，则该样本变为不平衡数据样本。无论哪一种样本有缺失单元，均是不平衡数据样本。

单因子试验的数据处理主要采用方差分析和均值多重比较，含协变量时采用协方差分析，有多个响应时可采用多元方差分析，它们的功能均是估计和检验因子的效应。

方差分析和均值多重比较均要求方差齐性(多个总体的方差相同，或称同质性)，不满足该要求的样本需通过数据变换或检验方法矫正。

6.2　平衡随机设计的试验分析

平衡随机设计的试验，其特点是试验单元具有较强的一致性，参见第 2 单元。

6.2.1　无协变量平衡随机设计的试验分析

【例 6-1】 某小麦新品系(variety)试验选非处理因素均匀一致的地块实施，对 4 个新品系作处理，重复 6 次，处理在单元上随机分配，测定各个处理的产量(yield)，结果如表 6-1

所示。试做该试验的方差分析和均值多重比较。

表 6-1　小麦新品系产量试验的样本(sasuser.wheat01)

variety	yield
V04-1	12
V04-1	10
V04-1	14
V04-1	16
V04-1	12
V04-1	18
V04-2	8
V04-2	10
V04-2	12
V04-2	14
V04-2	12
V04-2	16
V04-3	14
V04-3	16
V04-3	13
V04-3	16
V04-3	10
V04-3	15
V04-4	16
V04-4	18
V04-4	20
V04-4	16
V04-4	14
V04-4	16

(1) 由试验样本创建 SAS 数据表 sasuser.wheat01，如表 6-1 所示。

(2) 平衡数据应首选效率较高的 anova 过程进行处理，程序中的语句 model 指定效应模型中的响应变量 yield 和因子变量 variety，且因子变量必须先由语句 class 指定，means 语句指定均值多重比较的因子变量，选项 duncan 指定使用邓肯新复极差法。SAS 程序如下：

```
proc anova data=sasuser.wheat01;
   class variety;
   model yield = variety;
   means variety / hovtest=bartlett hovtest=levene hovtest=bf duncan;
   means variety / duncan alpha=0.01;
run; quit;
```

(3) 程序输出的方差齐性检验结果如下所示：

Levene's Test for Homogeneity of yield Variance

Source	DF	Sum of Squares	Mean Square	F Value	Pr > F
variety	3	56.7407	18.9136	0.46	0.7132
Error	20	822.1	41.1037		

Brown and Forsythe's Test for Homogeneity of yield Variance

Source	DF	Sum of Sum of Squares	Mean Mean Square	F Value	Pr > F
variety	3	3.3333	1.1111	0.42	0.7438
Error	20	53.5000	2.6750		

Bartlett's Test for Homogeneity of yield Variance

Source	DF	Chi-Square	Pr > ChiSq
variety	3	0.7812	0.8540

---

(4) 程序输出的方差分析结果整理后如表 6-2 所示。

表 6-2　小麦 4 品系种植试验方差分析表

方差来源	平方和	自由度	均方	F 值	Pr > F
品系	67.1667	3	22.3889	3.43	0.0369
误差	130.6667	20	6.5333		
总和	197.8333	23		R-Square = 0.339511	

(5) 程序输出的均值多重比较结果整理后如表 6-3 所示。

表 6-3　小麦 4 品系种植试验邓肯氏新复极差测验

品系	均值	观测个数	显著性	
			0.05	0.01
V04-4	16.667	6	a	A
V04-3	14.000	6	ab	AB
V04-1	13.667	6	ab	AB
V04-2	12.000	6	b	B

(6) 结论：品系间的产量差异显著，显著性 P 值达 0.0369。产量从大到小排序依次为 V04-4、V04-3、V04-1 和 V04-2，在 0.01 或 0.05 水平上 V04-4 与 V04-2 差异显著，其余不显著。决定系数仅为 0.339511，即方差分析模型仅能解释产量变异的 33.95%，其可能的原因是没有做到试验单元一致和数据测定可靠。

6.2.2　含协变量平衡随机设计的试验分析

【例 6-2】 选 24 株同龄苹果树和 3 种肥料(A)进行肥效试验，每种肥料施 8 颗树，随机分配。第一年记录下不施肥各株的产量(X)，第二年记录下施肥后各株的产量(Y)和苹果树干周(Zhou)，结果如表 6-4 所示。不考虑干周的影响，试做苹果树施肥试验的(含施肥前树体产果能力(X))一个协变量的协方差分析。

表 6-4　苹果树施肥试验样本(SAS 数据表 sasuser.apple01)

A	Y	X	Zhou
A1	54	47	31
A1	66	58	36
A1	63	53	30
A1	51	46	26
A1	56	49	30
A1	66	56	34
A1	61	54	32
A1	50	44	23
A2	54	52	22
A2	53	53	24
A2	67	64	31
A2	62	58	30
A2	62	59	33
A2	63	61	28
A2	64	63	29
A2	69	66	35
A3	52	44	24
A3	58	48	26
A3	54	46	23
A3	61	50	28
A3	70	59	36
A3	64	57	28
A3	69	58	33
A3	66	53	30

(1) 利用试验样本的数据创建 SAS 数据表 sasuser.apple01，如表 6-4 所示。

(2) 由于难于选取统计学性质一致的生物学试验单元，客观上存在施肥前树体产果能力(X)差异，故应扣除因子 X 对产量响应的影响，宜做以 X 为协变量的协方差分析。

(3) 采用 SAS 的 glm 过程实现协方差分析，语句 model 指定协方差分析模型，其中 Y 是响应变量，A 是因子变量(分类变量)，X 是协变量，选项 solution 指定对因子变量每个水平的效应进行估计和检验，语句 class 未指定的变量默认为协变量，语句 lsmeans 指定对因子变量 A 的效应进行最小二乘估计，选项 stderr 指定输出均值标准误和 t 检验结果，选项 pdiff 指定输出两两均值差的 t 检验结果。SAS 程序如下：

```
proc glm data=sasuser.apple01;
   class A;
   model Y = A X / solution;
   lsmeans A / stderr pdiff;
```

```
    means A / duncan alpha=0.05;
    means A / duncan alpha=0.01;
run; quit;
```

(4) 程序输出的方差分析表和模型决定系数如下所示：

Source	DF	Sum of Squares	Mean Square	F Value	Pr > F
Model	3	842.7945369	280.9315123	115.06	<.0001
Error	20	48.8304631	2.4415232		
Corrected Total	23	891.6250000			

R-Square	Coeff Var	Root MSE	Y Mean
0.945234	2.577381	1.562537	60.62500

---

(5) 程序输出因子效应的检验和估计结果如下所示：

Source	DF	Type III SS	Mean Square	F Value	Pr > F
A	2	222.8406382	111.4203191	45.64	<.0001
X	1	782.0445369	782.0445369	320.31	<.0001

Parameter		Estimate	Standard Error	t Value	Pr > |t|
Intercept		2.013485587 B	3.38316481	0.60	0.5584
A	A1	−2.223452734 B	0.78391372	−2.84	0.0102
A	A2	−8.780547902 B	0.92253935	−9.52	<.0001
A	A3	0.000000000 B	.	.	.
X		1.151547266	0.06434228	17.90	<.0001

A	Y LSMEAN	Standard Error	Pr > |t|	LSMEAN Number
A1	62.0695475	0.5897494	<.0001	1
A2	55.5124523	0.6531899	<.0001	2
A3	64.2930002	0.5704207	<.0001	3

Least Squares Means for effect A，Pr > |t| for H0: LSMean(i)=LSMean(j)

i/j	1	2	3
1		<.0001	0.0102
2	<.0001		<.0001
3	0.0102	<.0001	

---

(6) 程序输出的均值多重比较结果如下所示：

Duncan's Multiple Range Test for Y

Alpha 0.05

Duncan Grouping	Mean	N	A
A	61.7500	8	A3

A	61.7500	8	A2
B	58.3750	8	A1

Alpha　0.01

Duncan Grouping	Mean	N	A
A	61.7500	8	A3
A	61.7500	8	A2
B	58.3750	8	A1

---

(7) 结论：施肥(A)和苹果树基础生产力(X)的效应均极显著，显著性 P 值均达 < 0.0001。肥料 A1、A2 和 A3 的效应均极显著，显著性 P 值均小于 0.0001。A3、A2 与 A1 的效应差异均显著(α=0.01)，而 A2 与 A3 的效应差异不显著(α=0.01)。模型决定系数 R^2=0.945234，说明协方差分析可解释的效应约 95%来自因子 A 和 X，分析结果可靠。

【例 6-3】 考虑苹果树干周(Zhou)所表征的生长势可能对果树产量也有影响，试利用表 6-4 数据做含施肥前树体产果能力(X)和干周(Zhou)两个协变量的协方差分析。

(1) 采用 glm 过程编写的两个协变量的 SAS 程序如下：

```
proc glm data=sasuser.apple01;
   class A;
   model Y = A X Zhou / solution;
   lsmeans A / stderr pdiff;
   means A / duncan alpha=0.05;
   means A / duncan alpha=0.01;
run; quit;
```

(2) 程序输出的方差分析表和模型决定系数如下所示：

Source	DF	Sum of Squares	Mean Square	F Value	Pr > F
Model	4	852.6384179	213.1596045	103.88	<.0001
Error	19	38.9865821	2.0519254		
Corrected Total	23	891.6250000			

R-Square	Coeff Var	Root MSE	Y Mean
0.956275	2.362811	1.432454	60.62500

---

(3) 程序输出的因子效应的检验和估计结果如下所示：

Source	DF	Type III SS	Mean Square	F Value	Pr > F
A	2	117.1246900	58.5623450	28.54	<.0001
X	1	115.5711843	115.5711843	56.32	<.0001
Zhou	1	9.8438810	9.8438810	4.80	0.0412

Standard

Parameter		Estimate	Error	t Value	Pr > |t|
Intercept		4.787221718 B	3.35008768	1.43	0.1692
A	A1	−3.034248687 B	0.80838822	−3.75	0.0013
A	A2	−7.157786696 B	1.12435982	−6.37	<.0001
A	A3	0.000000000 B	.	.	.
X		0.917128840	0.12220426	7.50	<.0001
Zhou		0.329358587	0.15037187	2.19	0.0412

		Standard		LSMEAN
A	Y LSMEAN	Error	Pr > |t|	Number
A1	60.9880964	0.7321822	<.0001	1
A2	56.8645584	0.8600321	<.0001	2
A3	64.0223451	0.5373341	<.0001	3

Least Squares Means for effect A Pr > |t| for H0: LSMean(i)=LSMean(j)

i/j	1	2	3
1		0.0090	0.0013
2	0.0090		<.0001
3	0.0013	<.0001	

---

(4) 程序输出的均值多重比较结果如下所示：

Duncan's Multiple Range Test for Y

Alpha 0.05

Duncan Grouping	Mean	N	A
A	61.7500	8	A3
A	61.7500	8	A2
B	58.3750	8	A1

Alpha 0.01

Duncan Grouping	Mean	N	A
A	61.7500	8	A3
A	61.7500	8	A2
B	58.3750	8	A1

---

(5) 结论：苹果树基础生产力(X)和干周(Zhou)对施肥后苹果树产量(Y)的效应均显著，显著性 P 值分别为小于 0.0001 和小于 0.0412，两个协变量的影响均需考虑。其它略。

6.3 不平衡随机设计的试验分析

不平衡(重复数不同)随机设计的样本和有单元缺失或数据缺失的样本，均属于不平衡数据的范畴。

不平衡数据样本只能采用 glm 过程的 SAS 程序处理，anova 仅适用于平衡数据样本，无论哪种样本 glm 过程均能处理。

【例 6-4】 选 5 个玉米品种(variety)进行盆栽试验，重复不同，控制盆栽非处理因素均匀一致，品种和盆按随机规则分配，测定玉米穗长(length)数据，结果如表 6-5 所示。试就品种对玉米穗长的效应做方差分析和均值多重比较。

表 6-5　玉米品种盆栽试验的穗长观测样本(数据表 sasuser.yumi)

variety	length
B1	21.5
B1	19.5
B1	20.0
B1	22.0
B1	18.0
B1	20.0
B2	16.0
B2	18.5
B2	17.0
B2	15.5
B2	20.0
B2	16.0
B3	19.0
B3	17.5
B3	20.0
B3	18.0
B3	17.0
B4	21.0
B4	18.5
B4	19.0
B4	20.0
B5	15.5
B5	18.0
B5	17.0
B5	16.0

(1) 利用样本数据创建 SAS 数据表 sasuser.yumi，如表 6-5 所示。

(2) 采用 glm 过程编写的 SAS 程序如下：

```
proc glm data=sasuser.yumi;
  class variety;
  model length = variety;
```

```
    means variety / duncan;
    means variety / duncan alpha=0.01;
  run; quit;
```

(3) 程序的主要输出结果整理后如表 6-6 和表 6-7 所示。

表 6-6　玉米盆栽试验方差分析表

方差来源	平方和	自由度	均方	F	Pr > F
品种	46.4983	4	11.6246	5.99	0.0025
误差	38.8417	20	1.9421	R^2 = 0.54486	
总和	85.3400	24			

表 6-7　玉米盆栽试验邓肯氏新复极差测验

品种	均值	观测个数	显著性	
			0.05	0.01
B1	20.1667	6	a	A
B4	19.6250	4	a	AB
B3	18.3000	5	ab	ABC
B2	17.1667	6	b	BC
B5	16.6250	4	b	C

(4) 结论：品种间的穗长差异显著，显著性 P 值达 0.0025，需进一步进行均值多重比较。穗长从大到小的排序依次为 B1、B4、B3、B2 和 B5，0.01 水平上 B1 显著高于 B2、B5；B4 显著高于 B5。0.05 水平上 B1、B4 显著高于 B2、B5。决定系数 R^2=0.54486 稍小，需进一步分析原因。

6.4　完全随机区组设计的试验分析

【例 6-5】 小麦品种适用性试验，供试品种(variety)A、B、C、D、E、F、G、H 共 8 个，其中 A 是对照。试验采用完全随机区组(blocks)设计，设 3 个区组，测定的每个小区产量(output，kg)结果如表 6-8 所示。试选出最适宜本地种植的品种。

表 6-8　小麦品种适用性试验样本(数据表 sasuser.wheatbk01)

blocks	variety	output
1	A	10.9
1	B	10.8
1	C	11.1
1	D	9.1
1	E	15.8
1	F	10.1
1	G	10.0
1	H	9.3

续表

blocks	variety	output
2	A	9.1
2	B	11.3
2	C	12.5
2	D	10.7
2	E	16.9
2	F	11.6
2	G	11.5
2	H	10.4
3	A	11.2
3	B	12.0
3	C	13.5
3	D	11.1
3	E	17.8
3	F	12.8
3	G	12.1
3	H	11.4

(1) 分区组的单因子试验，区组被视作一个特殊因子。在田间试验中，它一般是不同的地块，与其它因子的互作可忽略，故方差分析建模不考虑与区组有关的互作。因样本是按区组和品种两向分组的平衡数据，故拟采用 anova 过程进行方差分析。

(2) 利用样本数据创建 SAS 数据表 sasuser.wheatbk01，如表 6-8 所示。

(3) 采用 anova 过程编写的 SAS 程序如下：

```
proc anova data=sasuser.wheatbk01;
   class blocks variety;
   model output = blocks variety;
   means variety / duncan;
   means variety / duncan alpha=0.01;
run; quit;
```

(4) 程序的主要输出结果整理后如表 6-9 和表 6-10 所示。

表 6-9　小麦品种适用性试验方差分析表

方差来源	平方和	自由度	均方	F 值	Pr > F
模型	111.3825	9	12.3758	34.96	< .0001
区组	13.7108	2	6.8554	19.37	< .0001
品种	97.6717	7	13.9531	39.42	< .0001
误差	4.9558	14	0.3540	$R^2 = 0.9574$	
总和	116.3383	23			

表 6-10 均值多重比较表(Duncan's Multiple Range Test for output)

品种	均值	观测个数	显著性	
			0.05	0.01
E	16.8333	3	a	A
C	12.3667	3	b	B
F	11.5000	3	cb	CB
B	11.3667	3	cbd	CB
G	11.2000	3	cd	CB
A	10.4000	3	cd	C
H	10.3667	3	cd	C
D	10.3000	3	d	C

(5) 结论：模型效应、品种效应和区组效应的显著性 P 值均小于 0.0001，决定系数达 0.9574，可解释的模型效应达 95.74%的较高水平，说明采用区组设计已显著降低了试验误差，试验分析结果可靠。产量从大到小的排序为 E、C、F、B、G、A、H 和 D，其中品种 E 的产量在 0.05 和 0.01 水平上均显著高于其它品种，最适合本地种植。

6.5 最优不完全随机区组设计的试验分析

【例 6-6】 小麦品种适用性试验，8 个供试品种(variety)为 A、B、C、D、E、F、G 和 H，其中 A 是对照。由于试验地资源的限制，第 1 区组可安排 8 个处理，第 2 区组至多安排 5 个处理，第 3 区组至多安排 6 个处理。根据现状拟每区组安排 5 个处理，试验采用最优不完全随机区组设计，小区产量的测定结果如表 6-11 所示。试选出最适宜本地种植的品种。

表 6-11 小麦品种适用性最优不完全区组试验样本(数据表 sasuser.wheatbk02)

blocks	variety	output
1	F	10.1
1	E	15.8
1	H	9.3
1	G	10.0
1	D	9.1
2	A	9.1
2	D	10.7
2	C	12.5
2	B	11.3
2	H	10.4
3	B	12.0
3	A	11.2
3	E	17.8
3	C	13.5
3	G	12.1

(1) 利用样本数据创建 SAS 数据表 sasuser.wheatbk02，如表 6-11 所示。

(2) 最优不完全随机区组设计的试验观测属于不平衡数据样本，只能采用 glm 过程处理。SAS 程序如下：

```
proc glm data=sasuser.wheatbk02;
   class blocks variety;
   model output = blocks variety;
   means variety / duncan;
   means variety / duncan alpha=0.01;
run; quit;
```

(3) 程序的主要输出结果如下所示：

Source	DF	Sum of Squares	Mean Square	F Value	Pr>F
Model	9	85.22725000	9.46969444	64.97	0.0001
Error	5	0.72875000	0.14575000		
Corrected Total	14	85.95600000			

R-Square	Coeff Var	Root MSE	output Mean
0.991522	3.274204	0.381772	11.66000

Source	DF	Type III SS	Mean Square	F Value	Pr > F
blocks	2	8.31125000	4.15562500	28.51	0.0018
variety	7	64.55125000	9.22160714	63.27	0.0001

Duncan's Multiple Range Test for output，Alpha 0.05

Duncan Grouping		Mean	N	variety
	A	16.8000	2	E
	B	13.0000	2	C
	C	11.6500	2	B
D	C	11.0500	2	G
D	E	10.1500	2	A
D	E	10.1000	1	F
	E	9.9000	2	D
	E	9.8500	2	H

Duncan's Multiple Range Test for output，Alpha 0.01

Duncan Grouping		Mean	N	variety
	A	16.8000	2	E
	B	13.0000	2	C
C	B	11.6500	2	B
C	D	11.0500	2	G
C	D	10.1500	2	A
C	D	10.1000	1	F
	D	9.9000	2	D
	D	9.8500	2	H

---

(4) 结论：模型效应和品种效应的显著性 P 值均小于 0.0001，区组效应的显著性 P 值达 0.0018，决定系数达 0.9915，可解释的模型效应达 99.15%的极高水平，说明采用区组设计已显著降低了试验误差，试验分析结果可靠。产量排序和差异显著性虽与例 6-5 多不相同，但均确认 E 为适合本地种植的最佳品种。

6.6 拉丁方设计的试验分析

拉丁方设计的试验，主要是为消除小区在两个正交方向上的不一致性所造成的试验误差，故方差分析建模将行区组和列区组均作为因子考虑，但不考虑两种区组的互作。其缺点是重复较多，不适合做水平数较多的试验方案。

【例 6-7】 选择 A、B、C、D、E 五个水稻品种作比较试验，其中 E 为对照。由于试验田纵横方向上的试验单元不一致性均较大，故采用 5×5 拉丁方设计，其田间排列和产量观测如表 6-12 所示。试选出较优的水稻品种。

表 6-12 水稻品比试验 5×5 拉丁方设计的田间排列和产量观测

行区组号	列区组号				
	1	2	3	4	5
1	D(37)	A(38)	C(38)	B(44)	E(38)
2	B(48)	E(40)	D(36)	C(32)	A(35)
3	C(27)	B(32)	A(32)	E(30)	D(26)
4	E(28)	D(37)	B(43)	A(38)	C(41)
5	A(34)	C(30)	E(27)	D(30)	B(41)

(1) 利用试验样本创建 SAS 数据表 sasuser.ricelattice，如表 6-13 所示。其中 r1～r5 分别为行区组代号，c1～c5 分别为列区组代号。

表 6-13 5×5 拉丁方设计水稻品比试验样本(数据表 sasuser.ricelattice)

rowblocks	colblocks	variety	output
r1	c1	D	37
r1	c2	A	38
r1	c3	C	38
r1	c4	B	44
r1	c5	E	38
r2	c1	B	48
r2	c2	E	40
r2	c3	D	36
r2	c4	C	32
r2	c5	A	35

续表

rowblocks	colblocks	variety	output
r3	c1	C	27
r3	c2	B	32
r3	c3	A	32
r3	c4	E	30
r3	c5	D	26
r4	c1	E	28
r4	c2	D	37
r4	c3	B	43
r4	c4	A	38
r4	c5	C	41
r5	c1	A	34
r5	c2	C	30
r5	c3	E	27
r5	c4	D	30
r5	c5	B	41

(2) 采用 glm 过程做方差分析，语句 model 指定 rowblocks、colblocks 和 variety 三因子主效应模型。SAS 程序如下：

```
proc glm data=sasuser.ricelattice;
   class rowblocks colblocks variety;
   model output=rowblocks colblocks variety;
   means variety / duncan;
   means variety / duncan alpha=0.01;
run; quit;
```

(3) 程序的主要输出结果整理后如表 6-14 和 6-15 所示。

表 6-14　水稻品比试验方差分析表

方差来源	平方和	自由度	均方	F	Pr > F
模型	626.72	12	52.227	3.33	0.0236
行区组	348.64	4	87.16	5.55	0.0091
列区组	6.64	4	1.66	0.11	0.9783
品种	271.44	4	67.86	4.32	0.0215
误差	188.32	12	15.693	$R^2 = 0.7689$	
总和	815.04	24			

表 6-15　均值多重比较(Duncan's Multiple Range Test for output)

品种	均值	观测个数	显著性	
			0.05	0.01
B	41.600	5	a	A
A	35.400	5	b	AB
C	33.600	5	b	B
D	33.200	5	b	B
E	32.600	5	b	B

(4) 结论：供试水稻品种的显著性 P 值达 0.0215，产量从大到小排序为 B、A、C、D、E(对照)，品种 B 的产量在 0.05 水平上均显著高于其它品种和对照 E，其余品种与对照 E 的差异不显著。行区组效应 0.0091 水平上显著，列区组效应不显著，说明试验地土壤在垂直于行的方向上存在显著差异。模型决定系数达 0.7689，说明方差分析结论可靠。因此，本地以种植水稻品种 B 较适宜。

上 机 报 告

(1) 利用 anova 过程做随机设计平衡数据的试验分析。
(2) 利用 glm 过程做随机设计不平衡数据的试验分析。
(3) 利用 glm 过程做随机设计含协变量的试验分析。
(4) 利用 anova 过程做随机区组设计平衡数据的试验分析。
(5) 利用 glm 过程做随机区组设计不平衡数据的试验分析。
(6) 利用 glm 过程做拉丁方设计的试验分析。

第 7 单元　多因子试验统计分析

上机目的　掌握将各种设计的试验样本创建为 SAS 数据表的方法。掌握 SAS 试验分析的 4 种基本方法，即方差分析、均值多重比较、协方差分析和多元方差分析。掌握其中与各种设计试验相匹配的效应模型的创建方法。熟悉 SAS 编程格式、过程和过程选项、语句和语句选项，理解程序输出的内容和特点。

上机内容　① 利用 anova 过程做随机设计、随机区组设计、裂区设计和巢式设计的平衡数据的试验分析。② 利用 glm 过程做随机设计、随机区组设计、裂区设计和最优设计(随机或随机区组)的平衡或不平衡数据的试验分析。③ 利用 nested 过程或 glm 过程做巢式设计的试验分析。④ 自行制作有缺失数据或缺失单元的样本，用 glm 过程分析。

7.1　多因子试验数据处理方法

因子 A 设 a 个水平(A_i，$i = 1,2,\ldots,a$)，因子 B 设 b 个水平(B_j，$j = 1,2,\ldots,b$)，以此类推。以两因子试验为例，其水平组合共构成 $a \times b$ 个组，每组有 n_{ij} 个观测值，每组观测值被视作正态总体抽样的一个样本，所有总体的方差要求相等但均值可以不同。两因子试验的数据模式如图 7-1 所示。

	B_1	B_2		B_b
A_1	A_1B_1	A_1B_2	…	A_1B_b
A_2	A_2B_1	A_2B_2	…	A_2B_b
⋮	⋮	⋮		⋮
A_a	A_aB_1	A_aB_2	…	A_aB_b

图 7-1　两因子试验及其响应的数据模式

若在多因子试验中，每个处理(水平组合)的重复数相同，则称做平衡数据样本，否则称做不平衡数据样本。若一个平衡数据样本有缺失数据，则该样本变为不平衡数据样本。无论哪一种样本有缺失单元，均是不平衡数据样本。

多因子试验的数据处理主要采用方差分析和均值多重比较，含协变量时采用协方差分析，有多个响应时可采用多元方差分析，它们的功能均是估计和检验因子的效应。

方差分析和均值多重比较均要求方差齐性(多个总体的方差相同，或称同质性)，不满足该要求的样本需通过数据变换或检验方法矫正。方差齐性检验是必要的。

7.2　列联表分析

一个变量有若干个表现型，两变量的表现型形成多个组合，这些组合在试验中出现的次数构成两变量交叉频数分布样本(或百分数样本)，可用 2 × 2 或 $r \times c$ 列联表表示。利用列联表检验行变量与列变量的相互独立性称做列联表分析(Crosstabulation Analysis)或独立性检验。一般而言，一个变量是处理，另一个变量是响应。

【例 7-1】 种植一批种子灭菌处理的小麦和另一批不灭菌处理的小麦，观察它们在生长期患散黑穗病的株数(Count)，如表 7-1 所示。试检验种子处理(Treats)是否影响小麦的患病状态(Status)。

表 7-1　小麦散黑穗病观测的 2 × 2 列联表

Treats	患散黑穗病/株数	未患散黑穗病/株数
灭菌	26	50
不灭菌	184	200

(1) 将表 7-1 所示的 2 × 2 列联表创建为 SAS 数据表 sasuser.table22，如表 7-2 所示。

表 7-2　小麦散黑穗病观测的 SAS 数据表 sasuser.table22

Treats	Status	Count
yes	yes	26
yes	no	50
no	yes	184
no	no	200

(2) 采用 freq 过程做列联表分析。语句 weight 指定列联表的单元频数变量 Count，语句 tables 指定 Treats*Status(行 × 列)列联表，选项 chisq nopercent expected nocol norow 分别指定 χ^2 拟合优度检验、不输出单元百分数、输出单元期望频数、不输出单元列百分数和单元行百分数。SAS 程序如下：

```
proc freq data=sasuser.table22;
  weight Count;
  tables Treats*Status /chisq nopercent expected nocol norow;
run; quit;
```

(3) 程序的主要输出结果如下所示：

Treats	Status		
Frequency Expected	no	yes	Total
no	200	184	384
	208.7	175.3	
yes	50	26	76
	41.304	34.696	
Total	250	210	460

Statistics for Table of Treats by Status

Statistic	DF	Value	Prob
Chi-Square	1	4.8037	0.0284
Likelihood Ratio Chi-Square	1	4.8944	0.0269
Continuity Adj. Chi-Square	1	4.2671	0.0389

```
Mantel-Haenszel Chi-Square          1       4.7932      0.0286
Phi Coefficient                            -0.1022
Contingency Coefficient                     0.1017
Cramer's V                                 -0.1022

                     Sample Size = 460
```

---

(4) 结论：种子处理对小麦的患病状态有显著影响，χ^2 检验显著性 P 值达 0.0284。

【例 7-2】 研究某小麦品种在不同地域(location)种植的抗寒性(anti-cold)，在观测了 1418 株的抗寒性程度后，将其分为极强(Strongest)、强(Strong)、弱(Infirm)3 个级别，它们的频数(frequence)观测结果如表 7-3 所示。试分析小麦品种的抗寒性与地域是否有关。

表 7-3　小麦品种抗寒性的观测样本(3 × 3 列联表)

产地	抗寒性(株数)			合计
	极强	强	弱	
河北	190	241	107	538
山东	37	213	239	489
山西	79	157	155	391
合计	306	611	501	1418

(1) 将表 7-3 所示的 3 × 3 列联表创建为 SAS 数据表 sasuser.table33，如表 7-4 所示。

表 7-4　小麦品种抗寒性的 SAS 数据表 sasuser.table33

location	anti_cold	frequence
Hebei	Strongest	190
Hebei	Strong	241
Hebei	infirm	107
Shandong	Strongest	37
Shandong	Strong	213
Shandong	infirm	239
Shanxi	Strongest	79
Shanxi	Strong	157
Shanxi	infirm	155

(2) 可用 freq 过程实现地域和抗寒性是否独立的检验。SAS 列联表分析程序如下：

```
proc freq data=sasuser.table33;
  weight frequence;
  tables location*anti_cold / chisq nopercent expected nocol norow;
run; quit;
```

(3) 程序的主要输出结果如下所示：

```
              location                           anti_cold
      Frequency Expected              infirm    strong    strongest    Total
```

hebei	107	241	190	538
	190.08	231.82	116.1	
shandong	239	213	37	489
	172.77	210.7	105.52	
shanxi	155	157	79	391
	138.15	168.48	84.377	
Total	501	611	306	1418

Statistics for Table of location by anti_cold

Statistic	DF	Value	Prob
Chi-Square	4	156.8111	<.0001
Likelihood Ratio Chi-Square	4	168.2325	<.0001
Mantel-Haenszel Chi-Square	1	63.8395	<.0001
Phi Coefficient		0.3325	
Contingency Coefficient		0.3156	
Cramer's V		0.2351	

Sample Size = 1418

---

(4) 结论：不同地域种植小麦的抗寒性有显著差异，χ^2 检验显著性 P 值小于 0.0001。

7.3 随机设计的试验分析

7.3.1 平衡完全随机设计的试验分析

【例 7-3】某玉米种植试验，种植密度(Density) 4 个水平，玉米品种(Variety) 3 个水平，共 12 个处理。所有试验单元的非处理因素均匀一致，玉米成熟后测定其产量(Yield)获得的数据如表 7-5 所示。试分析种植密度和品种对玉米产量的影响。

表 7-5 玉米种植试验的产量观测样本(数据表 sasuser.yumi02)

Density	Variety	Yield
A1	B1	505
A1	B2	490
A1	B3	445
A2	B1	545
A2	B2	515
A2	B3	515
A3	B1	590
A3	B2	535
A3	B3	510
A4	B1	530
A4	B2	505
A4	B3	495

(1) 将表 7-5 所示样本创建为 SAS 数据表 sasuser.yumi02。

(2) 因试验无重复，SAS 建模时不能考虑互作 Density*Variety。样本为平衡数据，采用 anova 过程编写的 SAS 程序如下：

```
proc anova data=sasuser.yumi02;
  class Density Variety;
  model Yield = Density Variety;
  means Density Variety / duncan;
  means Density Variety / duncan alpha=0.01;
run; quit;
```

(3) 程序的主要输出结果整理后如表 7-6～表 7-8 所示。

表 7-6　玉米种植试验方差分析表

方差来源	平方和	自由度	均方	F	Pr > F
种植密度	6750.00	3	2250.00	11.13	0.0073
品种	5337.50	2	2668.75	13.21	0.0063
残差	1212.50	6	202.0833	R^2 = 0.9088	
总和	13300.00	11			

表 7-7　种植密度均值多重比较(Duncan's Multiple Range Test)

种植密度	均值	观测个数	显著性	
			0.05	0.01
A3	545.00	3	a	A
A2	525.00	3	ab	A
A4	510.00	3	b	AB
A1	480.00	3	c	B

表 7-8　品种均值多重比较(Duncan's Multiple Range Test)

品种	均值	观测个数	显著性	
			0.05	0.01
B1	542.50	4	a	A
B2	511.25	4	b	AB
B3	491.25	4	b	B

(4) 结论：种植密度效应和品种效应均显著，显著性 P 值分别达 0.0073 和 0.0063。种植密度效应从大到小排序为 A3、A2、A4 和 A1，在 0.05 水平上 A3 显著高于 A4 和 A1，A2 显著高于 A1。品种效应从大到小排序为 B1、B2 和 B3，在 0.05 水平上 B1 显著高于 B2 和 B3。决定系数达 0.9088，说明结论较可靠。其余从略。

7.3.2　含协变量平衡完全随机设计的试验分析

【例 7-4】 为研究鲜花品种(Flower)和环境湿度(Humid)对鲜花销售量(Sell)的影响，实施一个平衡完全随机设计的鲜花种植试验。其中，花种选 LP 和 WB 两水平，湿度选 low

和 high 两水平，每个处理重复 6 次。由于试验地资源的限制，未能选到面积一致的小区，故试验中同时记录了小区的大小(Size)，样本数据如表 7-9 所示。试分析影响鲜花销售量的因素。

表 7-9　鲜花种植试验的观测样本(数据表 sasuser.flower01)

Runs	Humid	Flower	Treats	Size	Sell
1	Low	LP	T1	15	98
2	Low	LP	T1	4	60
3	Low	LP	T1	7	77
4	Low	LP	T1	9	70
5	Low	LP	T1	14	95
6	Low	LP	T1	5	64
7	High	LP	T2	10	71
8	High	LP	T2	12	83
9	High	LP	T2	14	86
10	High	LP	T2	13	82
11	High	LP	T2	2	46
12	High	LP	T2	3	55
13	Low	WB	T3	4	65
14	Low	WB	T3	5	60
15	Low	WB	T3	8	75
16	Low	WB	T3	7	65
17	Low	WB	T3	13	87
18	Low	WB	T3	11	78
19	High	WB	T4	11	76
20	High	WB	T4	10	68
21	High	WB	T4	2	43
22	High	WB	T4	3	51
23	High	WB	T4	7	62
24	High	WB	T4	9	70

(1) 将表 7-9 所示样本创建为 SAS 数据表 sasuser.flower01。

(2) 考虑到小区大小和两因子互作可能对试验结果产生影响，SAS 程序的建模语句需包括协变量 Size 和互作 Flower*Humid。采用 glm 过程编写的 SAS 程序如下：

```
proc glm data=sasuser.flower01;             /*因子效应分析*/
  class Flower Humid;
  model Sell = Flower Humid Flower*Humid Size;
  means Flower Humid / duncan;
  means Flower Humid / duncan alpha=0.01;
proc glm data=sasuser.flower01;             /*处理效应分析*/
  class Treats;
  model Sell = Treats Size / solution;
```

```
    means Treats / duncan;
    means Treats / duncan alpha=0.01;
run; quit;
```

(3) 程序输出的因子效应分析结果整理后如表 7-10～表 7-12 所示。

表 7-10　鲜花种植试验的方差分析表

方差来源	平方和	自由度	均方	F	Pr > F
模型	4447.8884	4	1111.9721	89.12	< 0.0001
鲜花品种	315.3750	1	315.3750	25.28	< .0001
环境湿度	425.0417	1	425.0417	34.07	< .0001
互作	15.0417	1	15.041667	1.21	0.2859
小区大小	3692.4301	1	3692.4301	295.93	< .0001
误差	237.0699	19	12.4774	$R^2 = 0.9494$	
总和	4684.9583	23			

表 7-11　鲜花品种的均值多重比较(Duncan's Multiple Range Test)

鲜花品种	均值	观测个数	显著性	
			0.05	0.01
LP	73.917	12	a	A
WB	66.667	12	b	B

表 7-12　环境湿度的均值多重比较(Duncan's Multiple Range Test)

环境湿度	均值	观测个数	显著性	
			0.05	0.01
Low	74.500	12	a	A
High	66.083	12	b	B

(4) 由因子效应分析的结论可知：模型决定系数达 0.9494，显著性 P 值小于 0.0001，说明协方差分析有效。在 0.01 水平上花种 LP 的鲜花销售量显著高于 WB，两者的差异显著性 P 值小于 0.0001。在 0.01 水平上湿度 Low 的鲜花销售量显著高于湿度 High 的鲜花销售，两者的差异显著性 P 值小于 0.0001。参照 F 值可见，影响销售量的主要因子是环境湿度，鲜花品种次之，花种与湿度互作的显著性 P 值达 0.2859，互作不显著。

(5) 在因子效应的检验显著时，可以进一步确定最佳处理。程序输出的处理效应分析结果整理后如表 7-13 和表 7-14 所示。

表 7-13　鲜花种植试验的方差分析表

方差来源	平方和	自由度	均方	F	Pr > F
模型	4447.8884	4	1111.9721	89.12	< .0001
试验处理	755.4583	3	251.8194	20.18	< .0001
小区大小	3692.4301	1	3692.4301	295.93	< .0001
误差	237.0699	19	12.4774	$R^2 = 0.9494$	
总和	4684.9583	23			

表 7-14　试验处理的均值多重比较(Duncan's Multiple Range Test)

试验处理	均值	观测个数	显著性	
			0.05	0.01
T1	77.333	6	a	A
T3	71.667	6	b	BA
T2	70.500	6	b	B
T4	61.667	6	c	C

(6) 处理效应分析的结论：模型决定系数达 0.9494，显著性 P 值小于 0.0001，说明协方差分析有效。按鲜花销售量从大到小排序处理依次为 T1、T3、T2 和 T4，它们的差异显著性 P 值小于 0.0001，而在 0.05 水平上 T1 的鲜花销售量显著高于其余处理，T3 和 T2 无显著差异。小区大小影响极其显著，可通过回归分析观察其规律。综上，最佳处理确定为 T1，其次为 T3 或 T2。

7.3.3　最优完全随机设计的试验分析

【例 7-5】 为研究鲜花品种(Flower)和环境湿度(Humid)对鲜花销售量(Sell)的影响，选 LP 和 WB 两个鲜花品种以及 low 和 high 两个环境湿度水平，由于选不到大小一样的小区，故记录小区的大小(Size)以备考察。原计划每个处理重复 6 次，实施一个平衡完全随机设计的试验需 24 个小区，但资源所限只选出 15 个小区可用，故实施了一个以考察主效应和互作效应为目标的、最优完全随机设计的 15 小区试验方案，获得的样本数据如表 7-15 所示。试确定影响鲜花销售量的主要因子和最佳处理。

表 7-15　鲜花种植受限试验的观测样本(数据表 sasuser.flower02)

Runs	Humid	Flower	Treats	Size	Sell
1	low	WB	3	8	75
2	low	WB	3	7	65
3	low	WB	3	13	87
4	low	WB	3	11	78
5	low	LP	1	15	98
6	low	LP	1	4	60
7	low	LP	1	7	77
8	low	LP	1	9	80
9	high	WB	4	3	47
10	high	WB	4	7	62
11	high	WB	4	9	70
12	high	LP	2	14	86
13	high	LP	2	13	82
14	high	LP	2	2	46
15	high	LP	2	3	55

(1) 将表 7-15 所示样本创建为 SAS 数据表 sasuser.flower02。

(2) 考虑到小区大小和两因子互作可能对试验结果产生影响，SAS 程序的建模语句需包括协变量 Size 和互作 Flower*Humid。采用 glm 过程编写的 SAS 程序如下：

```
proc glm data=sasuser.flower02;    /*因子效应分析*/
   class Flower Humid;
   model Sell = Flower Humid Flower*Humid Size;
   means Flower Humid / duncan;
   means Flower Humid / duncan alpha=0.01;
proc glm data=sasuser.flower02;  /*处理效应分析*/
   class Treats;
   model Sell = Treats Size / solution;
   means Treats / duncan;
   means Treats / duncan alpha=0.01;
run; quit;
```

(3) 程序输出的因子效应分析结果整理后如表 7-16～表 7-18 所示。

表 7-16　鲜花种植受限试验的方差分析表

方差来源	平方和	自由度	均方	F	Pr > F
模型	3122.7928	4	780.6982	91.20	< .0001
鲜花品种	55.5429	1	55.5429	6.49	0.0290
环境湿度	712.0879	1	712.0879	83.18	< .0001
互作	23.8526	1	23.8526	2.79	0.1260
小区大小	2331.3095	1	2331.3095	272.33	< .0001
误差	85.6072	10	8.5607	$R^2 = 0.9733$	
总和	3208.4000	14			

表 7-17　鲜花品种的均值多重比较(Duncan's Multiple Range Test)

鲜花品种	均值	观测个数	显著性	
			0.05	0.01
LP	73.000	8	a	A
WB	69.143	7	b	A

表 7-18　环境湿度的均值多重比较(Duncan's Multiple Range Test)

环境湿度	均值	观测个数	显著性	
			0.05	0.01
Low	77.500	8	a	A
High	64.000	7	b	B

(4) 由因子效应分析的结论可知：模型决定系数达 0.9733，显著性 P 值小于 0.0001，说明协方差分析有效。花种 LP 与 WB 的差异显著性 P 值为 0.0290，在 0.01 水平上不显著。湿度 Low 与 High 的差异显著性 P 值小于 0.0001，在 0.01 水平上 Low 的销售量显著高于 High 的销售。综上确认影响销售量的主要因子是环境湿度，互作的 P 值为 0.1260 也不显著。

(5) 在因子效应的检验显著时，可以进一步确定最佳处理。程序输出的处理效应分析结果整理后如表 7-19 和表 7-20 所示。

表 7-19　鲜花种植受限试验的方差分析表

方差来源	平方和	自由度	均方	F	Pr > F
模型	3122.7928	4	780.6982	91.20	< .0001
试验处理	791.4833	3	263.8278	30.82	< .0001
小区大小	2331.3095	1	2331.3095	272.33	< .0001
误差	85.6072	10	8.5607	$R^2 = 0.9733$	
总和	3208.4000	14			

表 7-20　试验处理的均值多重比较(Duncan's Multiple Range Test)

试验处理	均值	观测个数	显著性	
			0.05	0.01
T1	78.750	4	a	A
T3	76.250	4	a	A
T2	67.250	4	b	B
T4	59.667	3	c	C

(6) 由处理效应分析的结论可知：模型决定系数达 0.9733，显著性 P 值小于 0.0001，说明协方差分析有效。处理按销售量从大到小排序依次为 T1、T3、T2 和 T4，差异显著性 P 值小于 0.0001，在 0.05 水平上 T1 和 T3 的鲜花销售量均显著高于其余处理。小区大小对销售量存在极显著的影响，可由 glm 的回归估计观察其规律。综上，最佳处理确认为 T1 和 T3。

7.3.4　最优平衡不完全随机设计的试验分析

【例 7-6】 某制酒精工艺试验，原料(A)设 3 个水平，温度(B)设 3 个水平，共 9 个处理，由于试验条件的限制，只能实施 7 个处理，做能考察主效应和互作效应的最优不完全随机设计的试验，所选的每个处理取 4 次重复，试验的非处理因素保持稳定一致。测得各个处理的酒精产量(Output)如表 7-21 所示。试选出可实现高产的处理，并对影响产量的因子进行排序。

表 7-21　制酒精工艺试验的观测样本(数据表 sasuser.alcohol)

Runs	A	B	Treats	Output
1	A1	B1	T1	41
2	A1	B1	T1	49
3	A1	B1	T1	23
4	A1	B2	T2	25
5	A1	B2	T2	24
6	A1	B2	T2	16
7	A2	B1	T4	47
8	A2	B1	T4	59
9	A2	B1	T4	40

续表

Runs	A	B	Treats	Output
10	A2	B2	T5	43
11	A2	B2	T5	38
12	A2	B2	T5	33
13	A2	B3	T6	22
14	A2	B3	T6	18
15	A2	B3	T6	14
16	A3	B1	T7	48
17	A3	B1	T7	53
18	A3	B1	T7	59
19	A3	B3	T9	30
20	A3	B3	T9	33
21	A3	B3	T9	26

(1) 将表 7-21 所示样本创建为 SAS 数据表 sasuser.alcohol。

(2) 根据试验目的采用 glm 过程实现因子效应分析、处理效应分析以及均值多重比较。建模语句 model 指定主效应 A、B 和互作效应 A*B。SAS 程序如下：

```
proc glm data=sasuser.alcohol;
   class A B;
   model Output = A B A*B;
   means A B / duncan;
   means A B / duncan alpha=0.01;
proc glm data=sasuser.alcohol;
   class Treats;
   model Output = Treats;
   means Treats / duncan;
   means Treats / duncan alpha=0.01;
run; quit;
```

(3) 程序输出的因子效应分析结果整理后如表 7-22～表 7-24 所示。

表 7-22　制酒精工艺试验的因子效应方差分析表

方差来源	平方和	自由度	均方	F	Pr > F
模型	3100.9524	6	516.8254	9.58	0.0003
原料(A)	422.5635	2	211.2817	3.92	0.0446
温度(B)	2601.5000	2	1300.7500	24.11	< .0001
互作(AB)	76.8889	2	38.4444	0.71	0.5073
误差	755.3333	14	53.9524	$R^2 = 0.8041$	
总和	3856.2857	20			

表 7-23 原料(A)的均值多重比较(Duncan's Multiple Range Test)

原料(A)	均值	观测个数	显著性	
			0.05	0.01
A3	41.500	6	a	A
A2	34.889	9	ba	A
A1	29.667	6	b	A

表 7-24 温度(B)的均值多重比较(Duncan's Multiple Range Test)

温度(B)	均值	观测个数	显著性	
			0.05	0.01
B1	46.556	9	a	A
B2	29.833	6	b	B
B3	23.833	6	b	B

(4) 由因子效应的分析结论可知：模型效应的显著性 P 值达 0.0003，决定系数达 0.8041，方差分析结果可靠。在 0.01 水平上温度效应 B1 显著高于其余两个效应，且 B2 和 B3 差异不显著，按产量从大到小排序依次为 B1、B2 和 B3，其差异显著性 P 值小于 0.0001。在 0.01 水平上原料效应的差异不显著。确认影响产量的主要因子是温度。

(5) 程序输出的处理效应分析结果整理后如表 7-25 和表 7-26 所示。

表 7-25 制酒精工艺试验的处理效应方差分析表

方差来源	平方和	自由度	均方	F	Pr > F
模型	3100.9524	6	516.8254	9.58	0.0003
处理	3100.9524	6	516.8254	9.58	0.0003
误差	755.3333	14	53.9524	$R^2 = 0.8041$	
总和	3856.2857	20			

表 7-26 试验处理的均值多重比较(Duncan's Multiple Range Test)

试验处理 (Treats)	均值	观测个数	显著性	
			0.05	0.01
T7	53.333	3	a	A
T4	48.667	3	ba	BA
T5	38.000	3	bc	BAC
T1	37.667	3	bc	BAC
T9	29.667	3	dc	BDC
T2	21.667	3	d	DC
T6	18.000	3	d	D

(6) 由处理效应的分析结论可知：模型效应的显著性 P 值达 0.0003，决定系数达 0.8041，方差分析结果可靠。处理效应按产量从大到小排序依次为 T7、T4、T5、T1、T9、T2 和 T6，在 0.01 水平上处理 T7 和 T4 均显著高于 T9、T2 和 T6，处理的差异显著性 P 值达 0.0003。

确认最佳处理为 T7，次之 T4。

7.4　随机区组设计的试验分析

7.4.1　单响应完全随机区组设计的试验分析

【例 7-7】为确定适于本地种植的玉米品种(A)和施肥措施(B)，选定 4 个玉米品种 A1、A2、A3 和 A4 以及两种施肥措施 B1 和 B2，共 8 个处理(Treats)，安排 3 个区组(Blocks)，实施一个完全随机区组设计的试验，小区测产结果如表 7-27 所示。试确定影响玉米产量的主要因素和最佳处理。

表 7-27　玉米种植试验的观测样本(数据表 sasuser.yumi03)

Runs	Blocks	A	B	Treats	Output
1	1	A1	B1	T1	12.0
2	1	A1	B2	T2	11.0
3	1	A2	B1	T3	19.0
4	1	A2	B2	T4	20.0
5	1	A3	B1	T5	19.0
6	1	A3	B2	T6	10.0
7	1	A4	B1	T7	17.0
8	1	A4	B2	T8	11.0
9	2	A1	B1	T1	13.0
10	2	A1	B2	T2	10.0
11	2	A2	B1	T3	16.0
12	2	A2	B2	T4	19.0
13	2	A3	B1	T5	18.0
14	2	A3	B2	T6	8.0
15	2	A4	B1	T7	16.0
16	2	A4	B2	T8	9.0
17	3	A1	B1	T1	13.0
18	3	A1	B2	T2	13.0
19	3	A2	B1	T3	12.0
20	3	A2	B2	T4	17.0
21	3	A3	B1	T5	16.0
22	3	A3	B2	T6	7.0
23	3	A4	B1	T7	15.0
24	3	A4	B2	T8	8.0

(1) 将表 7-27 所示样本创建为 SAS 数据表 sasuser.yumi03。

(2) 田间试验的区组一般是不同的地块，地块的水、肥、气、热等环境条件可能存在差异，区组与品种因子及施肥因子也可能存在互作，故语句 model 指定的因子效应模型可考虑包括主效应和两因子互作，注意多数情况下区组与其它因子的互作可以不考虑。SAS 程序如下：

```
proc glm data=sasuser.yumi03;
   class Blocks A B;
   model Output = Blocks A B Blocks*A Blocks*B A*B;
   means A B / duncan;
   means A B / duncan alpha=0.01;
proc glm data=sasuser.yumi03;
   class Blocks Treats;
   model Output = Blocks Treats;
   means Treats / duncan;
   means Treats / duncan alpha=0.01;
run; quit;
```

(3) 程序输出的因子效应分析结果整理后如表 7-28～表 7-30 所示。

表 7-28 玉米种植试验的因子效应方差分析表

方差来源	平方和	自由度	均方	F	Pr > F
模型	358.2917	17	21.0760	27.10	0.0003
区组	20.3333	2	10.1667	13.07	0.0065
品种	98.7917	3	32.9306	42.34	0.0002
施肥	77.0417	1	77.0417	99.05	< .0001
区组 × 品种	23.3333	6	3.8889	5.00	0.0355
区组 × 施肥	2.3333	2	1.1667	1.50	0.2963
品种 × 施肥	136.4583	3	45.4861	58.48	< .0001
误差	4.6667	6	0.7778	$R^2 = 0.9871$	
总和	362.9583	23			

表 7-29 玉米品种的均值多重比较(Duncan's Multiple Range Test)

玉米品种	均值	观测个数	显著性	
			0.05	0.01
A2	17.1667	6	a	A
A3	13.0000	6	b	B
A4	12.6667	6	b	B
A1	12.0000	6	b	B

表 7-30 施肥措施的均值多重比较(Duncan's Multiple Range Test)

施肥措施	均值	观测个数	显著性	
			0.05	0.01
B1	15.5000	12	a	A
B2	11.9167	12	b	B

(4) 由因子效应分析结论可知：模型决定系数达 0.9871，效应显著性 P 值达 0.0003，说明方差分析结果有效。供试品种、施肥措施及两因子互作的产量效应均极其显著，显著性 P 值分别为 0.0002、< 0.0001 和 < 0.0001，可继续做均值多重比较。品种按产量从大到小排序依次为 A2、A3、A4 和 A1，在 0.01 水平上品种 A2 的产量显著高于其它品种。在 0.01 水平上施肥措施 B1 的产量显著高于 B2。综上，影响产量的主要因子是施肥措施，品种次之，最佳品种为 A2，最佳施肥措施为 B1。

(5) 程序输出的处理效应分析结果整理后如表 7-31 和表 7-32 所示。

表 7-31　玉米种植试验的处理效应方差分析表

方差来源	平方和	自由度	均方	F	Pr > F
模型	332.6250	9	36.9583	17.06	< .0001
区组	20.3333	2	10.1667	4.69	0.0276
处理	312.2917	7	44.6131	20.59	< .0001
误差	30.3333	14	2.1667	$R^2 = 0.9164$	
总和	362.9583	23			

表 7-32　处理的均值多重比较(Duncan's Multiple Range Test)

处理	均值	观测个数	显著性	
			0.05	0.01
T4	18.667	3	a	A
T5	17.667	3	ba	A
T7	16.000	3	ba	BA
T3	15.667	3	b	BA
T1	12.667	3	c	BC
T2	11.333	3	dc	DC
T8	9.333	3	de	DC
T6	8.333	3	e	D

(6) 由处理效应分析结论可知：模型决定系数达 0.9164，显著性 P 值小于 0.0001，说明方差分析结果有效。处理按产量从大到小排序依次为 T4、T5、T7、T3、T1、T2、T8 和 T6，在 0.01 水平上处理 T4、T5 的产量显著高于排序在最后的 4 个处理，差异显著性 P 值小于 0.0001。综上，最佳处理确定为 T4(A2B2)，T5(A3B1)次之。

7.4.2　多响应完全随机区组设计的试验分析

【例 7-8】 为确定机械化精播玉米的技术规范，选取两种机型的播种机(Drill)，低、高两种作业速度(Speed)以及小、大两种特征的玉米种子(Seed)，实施一个完全随机区组设计的试验，测定了漏播指数(M)、合格指数(A)和重播指数(D)三个播种质量指标，所获样本如表 7-33 所示。试确定影响播种质量的主要因子和最佳处理。

表 7-33 精密播种试验的观测样本(sasuser.jingbo01)

Blocks	Drill	Speed	Seed	Treats	M	A	D
K1	A1	B1	C1	T1	24.15	74.08	1.77
K1	A1	B1	C2	T2	2.49	93.03	4.48
K1	A1	B2	C1	T3	32.03	66.8	1.17
K1	A1	B2	C2	T4	7.35	87.64	5.01
K1	A2	B1	C1	T5	3.65	74.38	21.97
K1	A2	B1	C2	T6	1.27	78.42	20.31
K1	A2	B2	C1	T7	9.67	66.39	23.94
K1	A2	B2	C2	T8	5.24	74.47	20.29
K2	A1	B1	C1	T1	31.53	67.8	0.67
K2	A1	B1	C2	T2	3.15	75.38	21.47
K2	A1	B2	C1	T3	23.65	75.08	1.27
K2	A1	B2	C2	T4	6.85	88.64	4.51
K2	A2	B1	C1	T5	1.99	94.03	3.98
K2	A2	B1	C2	T6	0.77	79.42	19.81
K2	A2	B2	C1	T7	9.17	67.39	23.44
K2	A2	B2	C2	T8	4.84	75.47	19.79
K3	A1	B1	C1	T1	28.82	69.19	1.99
K3	A1	B1	C2	T2	4.91	89.43	5.66
K3	A1	B2	C1	T3	32.53	65.8	1.67
K3	A1	B2	C2	T4	7.85	86.64	5.51
K3	A2	B1	C1	T5	10.17	65.39	24.44
K3	A2	B1	C2	T6	5.74	73.47	20.79
K3	A2	B2	C1	T7	4.15	73.38	22.47
K3	A2	B2	C2	T8	1.77	77.42	20.81

(1) 将表 7-33 所示样本创建为 SAS 数据表 sasuser.jingbo01。

(2) 拟采用 glm 过程进行数据处理。考虑播种机作业特点，在 model 语句建模时不需考虑 Blocks 与其余因子的互作。由于有 3 个响应变量，用语句 manova 指定多元方差分析，用语句项 H=Drill Speed Seed Drill*Seed 指定检验 4 个拟考察的效应，若想检验全部效应，则用语句项 H=_ALL_设定。用多个响应变量评价播种质量较困难，需考虑响应变量的综合。SAS 程序如下：

```
proc glm data=sasuser.jingbo01;
   class Blocks Drill Speed Seed;
   model M A D=Blocks Drill Speed Seed Drill*Speed Drill*Seed Speed*Seed;
   manova H=Drill Speed Seed Drill*Seed;      /*manova H=_ALL_*/;
   means Drill Speed Seed / duncan;
   means Drill Speed Seed / duncan alpha=0.01;
proc glm data=sasuser.jingbo01;
   class Treats;
   model M A D=Treats;
```

```
    manova H=_ALL_;
    means Treats / duncan;
    means Treats / duncan alpha=0.01;
run; quit;
```

(3) 程序输出的因子效应和处理效应的方差分析结果整理后如表 7-34～表 7-39 所示。

(4) 由方差分析结论可知：漏播指数(M)因子效应模型的决定系数达 0.9451，显著性 P 值小于 0.0001，方差分析有效。影响漏播指数的主要因子依次为种子特征、机型和它们的互作，显著性 P 值均小于 0.0001，其余不显著。这表明两台机器对种子的适应性存在较大差异。如表 7-34 所示。

表 7-34　精播玉米试验因子效应漏播指数(M)方差分析表

方差来源	自由度	平方和	均方	F	Pr > F
区组	2	13.0308	6.5154	0.65	0.5384
机型	1	898.9056	898.9056	89.05	< .0001
速度	1	29.1722	29.1722	2.89	0.1098
种子	1	1057.0883	1057.0883	104.72	< .0001
机型 × 速度	1	0.6534	0.6534	0.06	0.8026
机型 × 种子	1	609.4368	609.4368	60.37	< .0001
速度 × 种子	1	0.9126	0.9126	0.09	0.7678
模型	8	2609.1996	326.1500	32.31	< .0001
误差	15	151.4172	10.0945	$R^2 = 0.9451$	
总和	23	2760.6168			

合格指数(A)因子效应模型的决定系数达 0.6107，显著性 P 值为 0.0342，方差分析慎用。影响合格指数的主要因子依次为种子特征和它与机型的互作，其显著性 P 值为 0.0029 和 0.0243，机型和速度对合格指数无显著影响。如表 7-35 所示。

表 7-35　精播玉米试验因子效应合格指数(A)方差分析表

方差来源	自由度	平方和	均方	F	Pr > F
区组	2	32.4900	16.2450	0.34	0.7143
机型	1	66.2673	66.2673	1.40	0.2545
速度	1	34.8004	34.8004	0.74	0.4040
种子	1	597.2033	597.2033	12.65	0.0029
机型 × 速度	1	43.4166	43.4166	0.92	0.3527
机型 × 种子	1	296.1038	296.1038	6.27	0.0243
速度 × 种子	1	40.4561	40.4561	0.86	0.3692
模型	8	1110.7374	138.8422	2.94	0.0342
误差	15	707.9976	47.1998	$R^2 = 0.6107$	
总和	23	1818.7350			

重播指数(D)因子效应模型的决定系数达 0.7974，显著性 P 值为 0.0005，方差分析有效。影响重播指数的主要因子是机型，其显著性 P 值小于 0.0001，其余不显著。这表明重播大

小与两台机器的结构原理有关。如表 7-36 所示。

表 7-36 精播玉米试验因子效应重播指数(D)方差分析表

方差来源	自由度	平方和	均方	F	Pr > F
区组	2	4.4133	2.2067	0.08	0.9261
机型	1	1454.8608	1454.8608	50.84	< .0001
速度	1	0.2688	0.2688	0.01	0.9241
种子	1	65.5382	65.5382	2.29	0.1510
机型 × 速度	1	55.0248	55.0248	1.92	0.1858
机型 × 种子	1	55.6322	55.6322	1.94	0.1835
速度 × 种子	1	53.2228	53.2228	1.86	0.1927
模型	8	1688.9609	211.1201	7.38	0.0005
误差	15	429.2305	28.6154	$R^2 = 0.7974$	
总和	23	2118.1914	23		

漏播指数(M)处理效应模型的决定系数达 0.9422，显著性 P 值小于 0.0001，方差分析有效。试验处理对漏播指数有极其显著的影响，显著性 P 值小于 0.0001。如表 7-37 所示。

表 7-37 精播玉米试验处理效应漏播指数(M)方差分析表

方差来源	自由度	平方和	均方	F	Pr > F
试验处理	7	2601.1193	371.5885	37.28	< .0001
模型	7	2601.1193	371.5885	37.28	< .0001
误差	16	159.4975	9.9686	$R^2 = 0.9422$	
总和	23	2760.6168	23		

合格指数(A)处理效应模型的决定系数达 0.5975，显著性 P 值为 0.0204，方差分析慎用。试验处理对合格指数影响较小，显著性 P 值为 0.0204。这表明两台机器实现单粒播的性能差异较小。如表 7-38 所示。

表 7-38 精播玉米试验处理效应合格指数(A)方差分析表

方差来源	自由度	平方和	均方	F	Pr > F
试验处理	7	1086.6727	155.2390	3.39	0.0204
模型	7	1086.6727	155.2390	3.39	0.0204
误差	16	732.0623	45.7539	$R^2 = 0.5975$	
总和	23	1818.7350	23		

重播指数(D)处理效应模型的决定系数达 0.7955，显著性 P 值为 0.0002，方差分析有效。试验处理对重播指数有极显著的影响，显著性 P 值为 0.0002。如表 7-39 所示。

表 7-39 精播玉米试验处理效应重播指数(D)方差分析表

方差来源	自由度	平方和	均方	F	Pr > F
试验处理	7	1684.9796	240.7114	8.89	0.0002
模型	7	1684.9796	240.7114	8.89	0.0002
误差	16	433.2118	27.0757	$R^2 = 0.7955$	
总和	23	2118.1914	23		

(5) 程序输出的多元方差分析结果整理后如表 7-40 和表 7-41 所示。

多元方差分析，是将多个响应变量的交叉乘积和矩阵(SSCP Matrix)分解为与指定效应(由语句项 H=Drill Speed Seed Drill*Seed 指定)有关的因子效应矩阵(Factor SSCP Matrix)和误差效应矩阵(Error SSCP Matrix)，然后利用矩阵行列式值构造统计量检验效应的显著性。可利用特征向量(Characteristic Vectors)将多个响应变量综合为 1 个或几个少于响应变量个数的主分量(Principal Components)去评价总效应，而选取的主分量个数一般根据特征根(Characteristic Roots)的累积贡献率大于 85%来确定。

(6) 多元方差分析结论如下：机型多元效应矩阵的第 1 特征根贡献率达 100%，可用第 1 主分量表达试验的综合效应或综合响应。第 1 主分量中各个原响应变量的系数就是第 1 特征根的特征向量，该向量由绝对值相近的 3 个负数组成，说明所选主分量是 3 个原响应变量的均衡结果，且随原响应变量的增大而减小，如表 7-40 所示。机型因子对主分量有极显著影响，显著性 P 值小于 0.0001，如表 7-41 所示。

表 7-40　播种机机型(Drill)效应的多元方差特征根和特征向量

特征根	百分率	M	A	D
12.7768078	100.00	−2.2778280	−2.3500781	−2.3857419
0.0000000	0.00	−0.0838075	−0.0398148	−0.0743737
0.0000000	0.00	12.5373380	12.5348992	12.5301080

表 7-41　机型(Drill)效应的多元方差分析表(S = 1，M = 0.5，N = 5.5)

统计量	统计量值	F 值	NumDF	DenDF	Pr > F
Wilks 根统计量	0.07259	55.37	3	13	< .0001
Pillai 迹统计量	0.92741	55.37	3	13	< .0001
Hotelling 迹统计量	12.77681	55.37	3	13	< .0001
Roy 最大根统计量	12.77681	55.37	3	13	< .0001

作业速度多元效应矩阵的第 1 特征根贡献率达 100%，可用第 1 主分量表达试验的综合效应。第 1 主分量的特征向量由值相近的 3 个正数组成，说明所选主分量是 3 个原响应变量的均衡结果，且随原响应变量的增大而增大，如表 7-42 所示。速度因子对主分量无显著影响，显著性 P 值为 0.4048，说明两种机器均有提高作业速度的潜力，如表 7-43 所示。

表 7-42　作业速度(Speed)效应的多元方差特征根和特征向量

特征根	百分率	M	A	D
0.24158971	100.00	5.3424058	5.2705475	5.2624803
0.00000000	0.00	0.0088723	0.0041953	−0.0446919
0.00000000	0.00	11.5688802	11.6133312	11.6191740

表 7-43　作业速度(Speed)效应的多元方差分析表

统计量	统计量值	F 值	NumDF	DenDF	Pr > F
Wilks 根统计量	0.80542	1.05	3	13	0.4048
Pillai 迹统计量	0.19458	1.05	3	13	0.4048
Hotelling 迹统计量	0.24159	1.05	3	13	0.4048
Roy 最大根统计量	0.24159	1.05	3	13	0.4048

种子特征多元效应矩阵的第 1 特征根贡献率达 100%，可用第 1 主分量表达试验的综合效应。第 1 主分量的特征向量由绝对值相近的 3 个负数组成，说明主分量是 3 个原响应变量的均衡结果，且随原响应变量的增大而减小，如表 7-44 所示。种子特征因子对主分量有极显著影响，显著性 P 值小于 0.0001，说明两种机器的种子适应性有较大差异，如表 7-45 所示。

表 7-44　种子特征(Seed)效应的多元方差特征根和特征向量

特征根	百分率	M	A	D
8.55414720	100.00	−2.6493978	−2.7329230	−2.7518613
0.00000000	0.00	0.0060891	0.0175595	−0.0285515
0.00000000	0.00	12.4643901	12.4570853	12.4550129

表 7-45　种子特征(Seed)效应的多元方差分析表

统计量	统计量值	F 值	NumDF	DenDF	Pr > F
Wilks 根统计量	0.10467	37.07	3	13	< .0001
Pillai 迹统计量	0.89533	37.07	3	13	< .0001
Hotelling 迹统计量	8.55414	37.07	3	13	< .0001
Roy 最大根统计量	8.55415	37.07	3	13	< .0001

机型×种子多元效应矩阵的第 1 特征根贡献率达 100%，可用第 1 主分量表达试验的综合效应。第 1 主分量的特征向量由 3 个负数组成，其中 D 系数绝对值最大(−0.1392114)，其次是 A(−0.1189771)，说明该主分量主要代表重播指数(D)和合格指数(A)的综合结果，且随原响应变量的增大而减小，如表 7-46 所示。机型×种子因子对主分量有极显著影响，显著性 P 值小于 0.0001，说明该互作效应主要影响重播与合格的情况，如表 7-47 所示。

表 7-46　机型×种子(Drill×Seed)互作效应的多元方差特征根和特征向量

特征根	百分率	M	A	D
4.81778414	100.00	−0.0360813	−0.1189771	−0.1392144
0.00000000	0.00	12.7428040	12.7527919	12.7546349
0.00000000	0.00	0.0033160	0.0170970	−0.0284686

表 7-47　机型×种子(Drill×Seed)互作效应的多元方差分析表

统计量	统计量值	F 值	NumDF	DenDF	Pr > F
Wilks 根统计量	0.17189	20.88	3	13	< .0001
Pillai 迹统计量	0.82811	20.88	3	13	< .0001
Hotelling 迹统计量	4.81778	20.88	3	13	< .0001
Roy 最大根统计量	4.81778	20.88	3	13	< .0001

试验处理多元效应矩阵的第 1 特征根贡献率达 93.95%，可用第 1 主分量表达试验的综合效应。第 1 主分量的特征向量由绝对值相近的 3 个负数组成，说明该主分量反映 3 个原响应变量的均衡结果，且随原响应变量的增大而减小，如表 7-48 所示。试验处理因子对主分量有极显著的影响，显著性 P 值小于 0.0001，如表 7-49 所示。

表 7-48　试验处理(Treats)效应的多元方差特征根和特征向量

特征根	百分率	M	A	D
24.5083838	93.95	−1.6832129	−1.7606493	−1.7897290
1.2071378	4.63	−2.1226951	−2.0942494	−2.1339308
0.3699803	1.42	12.0021337	12.0040123	11.9956325

表 7-49　试验处理(Treats)效应的多元方差分析表(S=3，M=1.5，N=6)

统计量	统计量值	F 值	NumDF	DenDF	Pr > F
Wilks 根统计量	0.01297	6.87	21	40.751	< .0001
Pillai 迹统计量	1.77778	3.32	21	48	0.0003
Hotelling 迹统计量	26.08550	16.31	21	23.29	< .0001
Roy 最大根统计量	24.50838	56.02	7	16	< .0001

(7) 程序输出的均值多重比较结果整理后如表 7-50～表 7-53 所示。

(8) 由均值多重比较的结论可知：机型漏播效应从大到小的均值排序为 A1 和 A2，在 0.01 水平上差异显著。机型重播效应从大到小的均值排序为 A1 和 A2，在 0.01 水平上差异不显著。机型重播效应从大到小的均值排序为 A2 和 A1，在 0.01 水平上差异显著。如表 7-50 所示。

表 7-50　机型(Drill)的均值多重比较(Duncan's Multiple Range Test)

响应	机型	均值	观测个数	显著性	
				0.05	0.01
M	A1	17.109	12	a	A
	A2	4.869	12	b	B
A	A1	78.293	12	a	A
	A2	74.969	12	b	A
D	A2	20.170	12	a	A
	A1	4.598	12	b	B

作业速度漏播效应从大到小的均值排序为 B2 和 B1，在 0.05 水平上差异不显著。作业速度重播效应从大到小的均值排序为 B1 和 B2，在 0.05 水平上差异不显著。作业速度重播效应从大到小的均值排序为 B2 和 B1，在 0.05 水平上差异不显著。如表 7-51 所示。

表 7-51　作业速度(Speed)的均值多重比较(Duncan's Multiple Range Test)

响应	作业速度	均值	观测个数	显著性	
				0.05	0.01
M	B2	12.092	12	a	A
	B1	9.887	12	a	A
A	B1	77.835	12	a	A
	B2	75.427	12	a	A
D	B2	12.490	12	a	A
	B1	12.278	12	a	A

种子特征漏播效应从大到小的均值排序为 C1 和 C2，在 0.01 水平上差异显著。种子特征重播效应从大到小的均值排序为 C2 和 C1，在 0.01 水平上差异显著。种子特征重播效应从大到小的均值排序为 C2 和 C1，在 0.05 水平上差异不显著。如表 7-52 所示。

表 7-52 种子特征(Seed)的均值多重比较(Duncan's Multiple Range Test)

响应	种子特征	均值	观测个数	显著性	
				0.05	0.01
M	C1	17.626	12	a	A
	C2	4.353	12	b	B
A	C2	81.619	12	a	A
	C1	71.643	12	b	B
D	C2	14.037	12	a	A
	C1	10.732	12	a	A

试验处理的漏播效应从大到小的均值排序为 T3、T1、T7、T4、T5、T8、T2 和 T6，在 0.01 水平上 T3 和 T1 的漏播指数显著高于其余的处理，说明多数处理的漏播均较小，机器 A2、速度 B1、种子 C2 的组合最佳(漏播少为好)。试验处理的合格效应从大到小的均值排序为 T4、T2、T5、T6、T8、T1、T3 和 T7，在 0.01 水平上仅有 T4 显著高于 T3 和 T7，说明试验处理整体上对合格指数的影响较弱，机器 A1、速度 B2、种子 C2 的组合最佳(合格指数大为好)。试验处理重播效应从大到小的均值排序为 T7、T6、T8、T5、T2、T4、T1 和 T3，在 0.01 水平上相近的 3 个处理 T7、T6 和 T8 的重播效应较高(重播多少均可接受)。如表 7-53 所示。

表 7-53 试验处理(Treats)的均值多重比较(Duncan's Multiple Range Test)

响应	试验处理	均值	观测个数	显著性	
				0.05	0.01
M	T3	29.403	3	a	A
	T1	28.167	3	a	A
	T7	7.663	3	b	B
	T4	7.350	3	b	B
	T5	5.270	3	b	B
	T8	3.950	3	b	B
	T2	3.517	3	b	B
	T6	2.593	3	b	B
A	T4	87.640	3	a	A
	T2	85.947	3	a	BA
	T5	77.933	3	ba	BA
	T6	77.103	3	ba	BA
	T8	75.787	3	ba	BA
	T1	70.357	3	b	BA
	T3	69.227	3	b	B
	T7	69.053	3	b	B

续表

响应	试验处理	均值	观测个数	显著性	
				0.05	0.01
D	T7	23.283	3	A	A
	T6	20.303	3	A	A
	T8	20.297	3	A	A
	T5	16.797	3	BA	BA
	T2	10.537	3	BC	BAC
	T4	5.010	3	C	BC
	T1	1.477	3	C	C
	T3	1.370	3	C	C

综上，漏播少、合格多、重播较多的最佳处理确认为 T2，即机器 A1、速度 B1、种子 C2 的组合。

(9) 结论：影响播种机作业性能的主要因子是播种机的类型和种子的尺寸特征，机械化精播玉米的最佳技术规范发生在第 1 型播种机选较低作业速度播较大种子的组合。

7.4.3 最优不完全随机区组设计的试验分析

【例 7-9】为确定适于本地种植的玉米品种(A)和施肥措施(B)，选定 4 个玉米品种 A1、A2、A3 和 A4 以及两种施肥措施 B1 和 B2，共 8 个处理(Treats)，安排 3 个区组(Blocks)，共需 24 个小区，因资源所限每个区组最多可安排 6 个小区，计划不能实施。因此，不考虑与区组有关的互作，以考察效应 Blocks、A、B、A*B 为目标，实施一个最优不完全随机区组设计的试验，结果如表 7-54 所示。试确定影响产量的主要因子和最佳处理。

表 7-54　玉米种植试验的观测样本(数据表 sasuser.yumi04)

Runs	Blocks	A	B	Treats	Output
1	1	A1	B1	T1	12.0
2	1	A2	B1	T3	19.0
3	1	A3	B1	T5	19.0
4	1	A4	B1	T7	17.0
5	1	A4	B2	T8	11.0
6	2	A1	B1	T1	13.0
7	2	A1	B2	T2	10.0
8	2	A2	B1	T3	16.0
9	2	A2	B2	T4	19.0
10	2	A3	B1	T5	18.0
11	2	A3	B2	T6	8.0
12	3	A1	B2	T2	13.0
13	3	A2	B2	T4	17.0
14	3	A3	B2	T6	7.0
15	3	A4	B1	T7	15.0
16	3	A4	B2	T8	8.0

(1) 将表 7-54 所示样本创建为 SAS 数据表 sasuser.yumi04。

(2) 拟采用 glm 过程进行数据处理。根据试验设计的初衷，建模语句 model 指定的因子效应为 Blocks、A、B 和 A*B。SAS 程序如下：

```
proc glm data=sasuser.yumi04;
   class Blocks A B;
   model Output=Blocks A B A*B;
   means A B / duncan;
   means A B / duncan alpha=0.01;
proc glm data=sasuser.yumi04;
   class Treats;
   model Output=Treats;
   means Treats / duncan;
   means Treats / duncan alpha=0.01;
run; quit;
```

(3) 程序输出的方差分析结果和均值多重比较结果整理后如表 7-55～表 7-59 所示。

(4) 由因子效应的分析结果可知：因子效应模型的决定系数达 0.9540，显著性 P 值为 0.0023，方差分析有效。对产量影响显著的因子依次为施肥措施、品种施肥互作和品种，其显著性 P 值分别为 0.0024、0.0039 和 0.0044，如表 7-55 所示。因子效应显著有必要进行均值多重比较，品种按产量从大到小排序依次为 A2、A3、A4 和 A1，0.01 水平上品种 A2 的产量显著高于其余品种，如表 7-56 所示。在 0.01 水平上施肥措施 B1 的产量显著高于 B2，如表 7-57 所示。

表 7-55　玉米种植试验因子效应方差分析表

方差来源	自由度	平方和	均方	F 值	Pr > F
Blocks	2	32.5500	16.2750	7.99	0.0203
A	3	82.8500	27.6167	13.57	0.0044
B	1	51.2129	51.2129	25.16	0.0024
A*B	3	86.9228	28.9743	14.23	0.0039
模型	9	253.5357	28.1706	13.84	0.0023
误差	6	12.2143	2.0357	$R^2 = 0.9540$	
总和	15	265.7500			

表 7-56　品种的均值多重比较(Duncan's Multiple Range Test)

A	均值	观测个数	显著性	
			0.05	0.01
A2	17.750	4	a	A
A3	13.000	4	b	B
A4	12.750	4	b	B
A1	12.000	4	b	B

表 7-57　施肥措施的均值多重比较(Duncan's Multiple Range Test)

B	均值	观测个数	显著性	
			0.05	0.01
B1	16.125	8	a	A
B2	16.125	8	b	B

(5) 处理效应的分析结果：处理效应模型的决定系数达 0.9285，显著性 P 值为 0.0005，方差分析有效。试验处理对产量影响显著，其显著性 P 值为 0.0005，如表 7-58 所示。处理效应显著有必要进行均值多重比较，试验处理按产量从大到小排序依次为 T5、T4、T3、T7、T1、T2、T8 和 T6，在 0.01 水平上处理 T5 的产量显著高于最后 4 个处理，而与 T4、T3 和 T7 差异不显著，如表 7-59 所示。

表 7-58　玉米种植试验处理效应方差分析表

方差来源	自由度	平方和	均方	F	Pr > F
Treats	7	246.7500	35.2500	14.84	0.0005
模型	7	246.7500	35.2500	14.84	0.0005
误差	8	19.0000	2.3750	$R^2 = 0.9285$	
总和	15	265.7500			

表 7-59　试验处理的均值多重比较(Duncan's Multiple Range Test)

Treats	均值	观测个数	显著性	
			0.05	0.01
T5	18.500	2	A	A
T4	18.000	2	A	BA
T3	17.500	2	A	BA
T7	16.000	2	BA	BAC
T1	12.500	2	BC	BDC
T2	11.500	2	C	DC
T8	9.500	2	DC	D
T6	7.500	2	D	D

(6) 结论：确认影响产量的主要因子为施肥措施、品种施肥互作和品种，由于与品种 A2 组合的处理 T4 和 T3 均获得较高产量，故确定最佳品种为 A2，最佳处理为 T3 和 T4。

7.5　裂区设计的试验分析

【例 7-10】 为考察中耕技术规范对小麦产量的影响，中耕次数(A)取 3 个水平 A1、A2 和 A3，中耕追肥量(B)取 4 个水平 B1、B2、B3 和 B4，按裂区设计实施试验。试验地设 3 个区组，每个区组设 3 个主区，安排 A 的 3 个水平，每个主区设 4 个副区，安排 B 的 4 个水平，测定副区的小麦产量，结果记录如表 7-60 所示。试确定影响产量的主要因子(显著因子排序)和最佳处理。

表 7-60 裂区设计小麦中耕试验的产量观测记录

主区 A (中耕次数)	副区 B (中耕追肥量)	小区产量(kg/33m²)		
		区组 I	区组 II	区组III
A_1	B_1	29	28	32
	B_2	37	32	31
	B_3	18	14	17
	B_4	17	16	15
A_2	B_1	28	29	25
	B_2	31	28	29
	B_3	13	13	10
	B_4	13	12	12
A_3	B_1	30	27	26
	B_2	31	28	31
	B_3	15	14	11
	B_4	16	15	13

(1) 表 7-60 所示样本为记录格式，需按 SAS 的格式要求对其重新整理。由 Excel 整理样本数据并创建为 SAS 数据表 sasuser.wheatsplit，如表 7-61 所示。

表 7-61 裂区设计小麦中耕试验的数据样本(数据表 sasuser.wheatsplit)

Blocks	A	B	Treats	Output
1	A1	B1	T1	29
1	A1	B2	T2	37
1	A1	B3	T3	18
1	A1	B4	T4	17
1	A2	B1	T5	28
1	A2	B2	T6	31
1	A2	B3	T7	13
1	A2	B4	T8	13
1	A3	B1	T9	30
1	A3	B2	T10	31
1	A3	B3	T11	15
1	A3	B4	T12	16
2	A1	B1	T1	28
2	A1	B2	T2	32
2	A1	B3	T3	14
2	A1	B4	T4	16
2	A2	B1	T5	29
2	A2	B2	T6	28
2	A2	B3	T7	13

续表

Blocks	A	B	Treats	Output
2	A2	B4	T8	12
2	A3	B1	T9	27
2	A3	B2	T10	28
2	A3	B3	T11	14
2	A3	B4	T12	15
3	A1	B1	T1	32
3	A1	B2	T2	31
3	A1	B3	T3	17
3	A1	B4	T4	15
3	A2	B1	T5	25
3	A2	B2	T6	29
3	A2	B3	T7	10
3	A2	B4	T8	12
3	A3	B1	T9	26
3	A3	B2	T10	31
3	A3	B3	T11	11
3	A3	B4	T12	13

(2) 拟采用 glm 过程处理样本数据。语句 model 指定与裂区设计试验匹配的因子效应模型 Output=Blocks A Blocks*A B A*B，其中语句项 Blocks*A 不能缺少。语句 means 的选项 e=Blocks*A 指定主区均值多重比较的误差项为 Blocks*A，无此选项则缺省使用因子效应模型的误差项。SAS 程序如下：

```
proc glm data=sasuser.wheatsplit;
  class Blocks A B;
  model Output = Blocks A Blocks*A B A*B;
  test h= Blocks A e=Blocks*A;
  means A / duncan e=Blocks*A;
  means A / duncan e=Blocks*A alpha=0.01;
  means B /duncan;
  means B /duncan alpha=0.01;
proc glm data=sasuser.wheatsplit;
  class Blocks Treats;
  model Output = Blocks Treats;
  means Treats / duncan;
  means Treats / duncan alpha=0.01;
run; quit;
```

(3) 程序输出的因子效应方差分析、处理效应方差分析和均值多重比较的结果整理后如表 7-62～表 7-66 所示。

(4) 由因子效应的分析结论可知：因子效应模型的决定系数达 0.9804，显著性 P 值小于 0.0001，方差分析有效。影响小麦产量的显著因子依次为中耕施肥量(B)和中耕次数(A)，其显著性 P 值分别为小于 0.0001 和小于 0.0105，如表 7-62 所示。因子效应显著再进行均值多重比较，中耕次数按产量从大到小排序依次为 A1、A3 和 A2，在 0.05 水平上 A1 的产量显著高于其余水平，如表 7-63 所示。中耕追肥量按产量从大到小排序依次为 B2、B1、B4 和 B3，在 0.01 水平上 B2 的产量显著高于其余水平，如表 7-64 所示。

表 7-62　裂区设计小麦中耕试验的因子效应方差分析表

方差来源	自由度	平方和	均方	F 值	Pr > F
Blocks	2	32.6667	16.3333	7.13	0.0480
A	2	80.1667	40.0833	17.49	0.0105
Blocks*A	4	9.1667	2.2917	0.89	0.4880
B	3	2179.6667	726.5556	283.28	< .0001
A*B	6	7.1667	1.1944	0.47	0.8246
模型	17	2308.8333	135.8137	52.95	< .0001
误差	18	46.1667	2.5648	$R^2 = 0.9804$	
总和	35	2355.0000			

表 7-63　中耕次数的均值多重比较(Duncan's Multiple Range Test)

中耕次数	均值	观测个数	显著性	
			0.05	0.01
A1	23.8333	12	a	A
A3	21.4167	12	b	BA
A2	20.2500	12	b	B

表 7-64　中耕追肥量的均值多重比较(Duncan's Multiple Range Test)

中耕追肥量	均值	观测个数	显著性	
			0.05	0.01
B2	30.8889	9	a	A
B1	28.2222	9	b	B
B4	14.3333	9	c	C
B3	13.8889	9	c	C

(5) 由处理效应的分析结论可知：处理效应模型的决定系数达 0.9765，显著性 P 值小于 0.0001，方差分析有效。试验处理(Treats)对产量影响极显著，显著性 P 值小于 0.0001，如表 7-65 所示。处理效应显著再进行均值多重比较，试验处理按产量从大到小排序依次为 T2、T10、T1、T6、T9、T5、T3、T4、T12、T11、T8 和 T7，在 0.05 水平上处理 T2 的产量显著高于其余处理，在 0.01 水平上 T2 与 T10 及 T1 的差异不显著，如表 7-66 所示。

表 7-65　裂区设计小麦中耕试验的处理效应方差分析表

方差来源	自由度	平方和	均方	F 值	Pr > F
Blocks	2	32.6667	16.3333	6.49	0.0061
Treats	11	2267.0000	206.0909	81.94	< .0001
模型	13	2299.6667	176.8974	70.33	< .0001
误差	22	55.3333	2.5152	$R^2 = 0.9765$	
总和	35	2355.0000			

表 7-66　试验处理的均值多重比较(Duncan's Multiple Range Test)

试验处理	均值	观测个数	显著性	
			0.05	0.01
T2	33.333	3	A	A
T10	30.000	3	B	BA
T1	29.667	3	B	BA
T6	29.333	3	B	B
T9	27.667	3	B	B
T5	27.333	3	B	B
T3	16.333	3	C	C
T4	16.000	3	DC	DC
T12	14.667	3	DCE	DCE
T11	13.333	3	DE	DCE
T8	12.333	3	E	DE
T7	12.000	3	E	E

(6) 结论：综上，影响小麦产量的显著因子排序依次是中耕追肥量和中耕次数，中耕追肥量的 P 值小于 0.0001 远比中耕次数的 P 值 0.0105 小，可见中耕追肥量是增产的关键因子。前 3 个最高产量的试验处理包括 T2 和 T1，说明中耕次数 A1 配套施肥量 B2 或 B1 为本地区较适宜的中耕方式。

7.6　巢式设计的试验分析

巢式设计是一种因子顺序嵌套的设计，常见于植物性状、病虫害等的抽样观测。巢式设计不做均值多重比较，而且各因素效应检验的误差项也不同。

读者可以用一棵树从根(一级因子)开始的逐级分叉比喻巢式设计的因子层次关系，因子顺序嵌套，底层因子的效应包含高层因子的效应，最后一级因子的重复试验被视为从正态总体中独立抽样。SAS 专门为巢式设计试验分析提供了 nested 过程，注意最后一级因子的试验观测至少 2 个重复。

【例 7-11】 随机选取某作物 3 颗植株(Plant)，每株内又随机选取 2 片叶子(Leaf)，用取样器从每片叶子上截取同样面积的两个样品(重复)，检测样品的湿重(Weight)，结果如表 7-67 所示。试分析不同植株、同株不同叶片间湿重的差异显著性。

表 7-67 巢式设计植株叶片湿重检测的样本(数据表 sasuser.leaf)

Plant	Leaf	Weight
A1	B1	12.1
A1	B1	12.1
A1	B2	12.8
A1	B2	12.8
A2	B1	14.4
A2	B1	14.4
A2	B2	14.7
A2	B2	14.5
A3	B1	23.1
A3	B1	23.4
A3	B2	28.1
A3	B2	28.8

(1) 创建 SAS 数据表 sasuser.leaf。

(2) 采用 nested 过程处理数据。变量 Plant、Leaf 在 class 语句中的顺序需符合因子的顺序嵌套关系。数据表 sasuser.leaf 需按因子在 class 语句中的顺序进行排序，如表 7-67 所示，否则需先用 sort 过程处理该数据表。SAS 程序如下：

```
proc nested data=sasuser.leaf;
   class Plant Leaf;
   var Weight;
run; quit;
```

(3) 程序的输出结果整理后如表 7-68 所示。

表 7-68 植物叶片湿重检测的因子效应方差分析表

方差来源	平方和	自由度	方差分量	百分比	均方	F 值	Pr > F
Plant	416.780	2	49.8000	91.5091	208.390	22.68	0.0155
Leaf	27.570	3	4.5692	8.3960	9.1900	177.87	< 0.0001
误差	0.310	6	0.0517	0.0949	0.0517		
总和	444.660	11	54.4208	100.0000	40.4236		

(4) 由方差分析结论可知：植株间和叶片间的湿重差异均显著，显著性 P 值分别为 0.0155 和小于 0.0001。由于存在非处理因素在不同植株和不同叶片上的本质差异，如编号相同的叶片可能属于不同的植株等，不宜做均值多重比较。

(5) 处理巢式设计的试验样本首选采用 nested 过程处理，若拟用 anova 过程或 glm 过程，则可采用如下所示的 SAS 程序：

```
proc anova data=sasuser.leaf;
   class Plant Leaf;
   model Weight=Plant Leaf(Plant);
   test h=Plant e=Leaf(Plant);
run; quit;
```

由于是巢式设计的试验数据，语句 test 中的语句项 h=Plant 指定被检验的因子效应，语句项 e=Leaf(Plant)指定用 Leaf(Plant)作检验的误差项。

(6) 程序的输出结果如下所示：(试与 nested 过程的程序输出结果比较)

The ANOVA Procedure

Source	DF	Anova SS	Mean Square	F Value	Pr > F
Plant	2	416.7800000	208.3900000	4033.35	<.0001
Leaf(Plant)	3	27.5700000	9.1900000	177.87	<.0001

Tests of Hypotheses Using the Anova MS for leaf(plant) as an Error Term

Source	DF	Anova SS	Mean Square	F Value	Pr > F
Plant	2	416.7800000	208.3900000	22.68	0.0155

【例 7-12】 按巢式设计抽样检测胡萝卜的钙含量，随机选 2 个种植区(Blocks)，每个种植区随机选 2 个新鲜萝卜(Plant)，每个胡萝卜又随机选 3 片叶子(Leaf)，每片叶子上随机截取 2 个 100mg 的样品，用微量化学方法确定样品的钙含量(Ca)，测定结果如表 7-69 所示。试分析种植区、胡萝卜、胡萝卜叶钙含量的差异显著性。

表 7-69　巢式设计胡萝卜钙含量的检测结果(数据表 sasuser.carrot)

Blocks	Plant	Leaf	Ca
B1	C1	L1	3.28
B1	C1	L1	3.09
B1	C1	L2	3.52
B1	C1	L2	3.48
B1	C1	L3	2.88
B1	C1	L3	2.80
B1	C2	L1	2.46
B1	C2	L1	2.44
B1	C2	L2	1.87
B1	C2	L2	1.92
B1	C2	L3	2.19
B1	C2	L3	2.19
B2	C1	L1	2.77
B2	C1	L1	2.66
B2	C1	L2	3.74
B2	C1	L2	3.44
B2	C1	L3	2.55
B2	C1	L3	2.55
B2	C2	L1	3.78
B2	C2	L1	3.87
B2	C2	L2	4.07
B2	C2	L2	4.12
B2	C2	L3	3.31
B2	C2	L3	3.31

(1) 创建 SAS 数据表 sasuser.carrot。

(2) 采用 nested 过程处理样本。注意变量 Blocks、Plant、Leaf 在 class 语句中的顺序。注意数据表 sasuser.carrot 需已按 Blocks、Plant、Leaf 三个因子变量排过序。SAS 程序如下：

```
proc nested data=sasuser.carrot;
   class Blocks Plant Leaf;
var Ca;
run; quit;
```

(3) 程序的输出结果整理后如表 7-70 所示。

表 7-70　胡萝卜钙含量样本的方差分析表

方差来源	平方和	自由度	方差分量	百分比	均方	F 值	Pr > F
Blocks	2.7001	1	0.0225	4.1630	2.7001	1.11	0.4024
Plant	4.8602	2	0.3502	64.8038	2.4301	7.39	0.0152
Leaf	2.6302	8	0.1611	29.8019	0.3288	49.41	< 0.0001
误差	0.0799	12	0.0067	1.2313	0.0067		
总和	10.2704	23	0.5404	100.00	0.4465		

(4) 由方差分析结论可知：不同种植区胡萝卜钙含量差异不显著，显著性 P 值为 0.4024。不同胡萝卜钙含量差异极显著，显著性 P 值为 0.0152。不同胡萝卜叶钙含量差异极显著，显著性 P 值小于 0.0001。由方差分量占总方差的百分比可见，不同胡萝卜钙含量变异占总变异的 64.80%，不同叶钙含量变异占总变异的 29.80%，总计达 94.60%，分析结论有效。

上 机 报 告

(1) 利用 anova 过程做平衡随机设计的试验分析。
(2) 利用 glm 过程做不平衡随机设计的试验分析。
(3) 利用 glm 过程做随机设计的协方差分析。
(4) 利用 glm 过程做最优随机设计的试验分析。
(5) 利用 anova 过程做平衡随机区组设计的试验分析。
(6) 利用 glm 过程做随机区组设计的协方差分析。
(7) 利用 glm 过程做随机区组设计的多元方差分析。
(8) 利用 glm 过程做最优随机区组设计的试验分析。
(9) 利用 glm 过程做裂区设计的试验分析。
(10) 利用 nested 过程做巢式设计的试验分析。
(11) 利用 glm 过程做巢式设计的试验分析。

第 8 单元　回归试验统计分析

上机目的　掌握根据数据样本的试验设计背景进行正确回归分析的 SAS 方法，注意各种回归方法的适用条件和应用场合。熟悉 SAS 的程序结构，理解过程、过程选项、语句、语句选项等概念，熟悉 SAS 的回归建模方法。学以致用能解决实际问题。

上机内容　① 利用 reg 过程做一元线性回归。② 利用 glm 过程做一元多项式回归。③ 利用 glm 过程或 reg 过程做可线性化一元非线性回归。④ 利用 nlin 过程做一元非线性回归。⑤ 利用 reg 过程做多元线性回归。⑥ 利用 glm 过程或 reg 过程做可线性化多元非线性回归。⑦ 利用 nlin 过程做多元非线性回归。⑧ 利用 rsreg 过程做响应面设计的试验分析。

8.1　导　　言

响应变量与自变量之间的关系称做相关关系，响应变量的部分值由回归模型(拟合模型或回归方程)和随机误差(包括其它未考虑因素)两部分决定。回归分析，就是对回归模型进行估计和检验。多元二次多项式回归的处理，除了回归分析外还包括典型分析(回归模型驻点分析)、岭脊分析(搜寻最佳处理)和简单统计分析等内容。

从因果关系出发，表征原因的变量称做自变量或因子，表征结果的变量称做响应变量或响应。回归模型是自变量的函数。

回归试验可分为两个基本型，即随机型自变量试验和确定型自变量试验。

随机型自变量试验，指在不干扰自然进程条件下，在 N 个随机抽取的试验单元上观测自变量及响应变量的值，可理解为对变量的被动观测。自变量与响应变量均是随机变量。

确定型自变量试验，指人工选定并控制自变量的值所进行的试验，试验处理(自变量的水平组合)由试验设计确定。在实施每个试验处理时测定其相应的响应变量值。

按照响应变量的数目可将回归分析分成单响应型和多响应型；按照自变量的个数可分为一元回归和多元回归；按照回归模型中自变量的幂次可分为线性回归和非线性回归；按照自变量的统计性质可分为随机型自变量回归和确定型自变量回归。

8.2　一 元 回 归

回归模型里只有一个自变量的回归分析称做一元回归，包括一元线性回归和一元非线性回归。线性回归和可线性化非线性回归可利用 reg 过程或 glm 过程完成，非线性回归可利用 nlin 过程完成。因为只有一个自变量，故不存在自变量独立或自变量相关。

8.2.1 一元线性回归

【例 8-1】 观测葡萄糖液浓度(Y，mg / L)在光电比色计上的消光度(X)，获得的数据样本如表 8-1 所示。试做葡萄糖液浓度对消光度的回归分析。若某样品的消光度为 0.6，试估算该样品的葡萄糖液浓度。

表 8-1 葡萄糖液浓度光电比色试验数据样本(数据表 sasuser.dextrose)

Y	X
0	0.00
5	0.11
10	0.23
15	0.34
20	0.46
25	0.57
30	0.71

(1) 将表 8-1 所示样本创建为 SAS 数据表 sasuser.dextrose。

(2) 一元线性回归优先采用 reg 过程，语句 model y = x 指定回归模型，表达式等号的左面为响应变量名，右面为自变量名，缺省包括截距项(常数项)，即指定的回归模型为 $y = a + bx$。SAS 程序如下：

```
proc reg data=sasuser.dextrose;
  model Y = X;
run; quit;
```

(3) 程序的输出结果整理后如表 8-2 和表 8-3 所示。

表 8-2 一元线性回归的方差分析表

方差来源	平方和	自由度	均方	F 值	Pr > F
模型	699.3759	1	699.3759	5603.33	< 0.0001
误差	0.6241	5	0.1248	$R^2 = 0.9991$	
总和	700.0000	6			

表 8-3 一元线性回归的参数估计及其 t 测验

变量	参数估计	自由度	标准误	t 值	Pr > |t|
回归截距	0.25706	1	0.23795	1.08	0.3293
回归系数	42.64487	1	0.56970	74.86	< 0.0001

(4) 结论：回归模型的 P 值小于 0.0001 说明极显著，决定系数达 0.9991 说明该回归模型具有极高的拟合精度，可用于作响应预测。一元回归的回归系数检验与模型相同。回归方程为如下：

$$y = 0.25706 + 42.64487x$$

$x = 0.6$ 时的回归预测如下：

$$y = 0.25706 + 42.64487 \times 0.6 = 25.84398$$

8.2.2　一元多项式回归

【例 8-2】 为考察水稻品种 IR72 的籽粒平均粒重 Y(毫克)与开花后天数 X 的关系，测定了 9 个观测，数据样本如表 8-4 所示。回归模型选定一元三次多项式，试做回归分析并绘图展示观测和多项式拟合曲线。

表 8-4　水稻品种 IR72 的开花天数和平均粒重

X	0	3	6	9	12	15	18	21	24
Y	0.30	0.72	3.31	9.71	13.09	16.85	17.79	18.23	18.43

(1) 按 SAS 的格式要求整理表 8-4 的数据样本，并创建为 SAS 数据表 sasuser.IR72，如表 8-5 所示。

表 8-5　水稻品种 IR72 的观测样本(数据表 sasuser.IR72)

X	Y
0	0.30
3	0.72
6	3.31
9	9.71
12	13.09
15	16.85
18	17.79
21	18.23
24	18.43

(2) 拟采用 glm 过程为试验观测拟合一个三次多项式 $Y = \beta_0 + \beta_1 X + \beta_2 X^2 + \beta_3 X^3$，由语句 model Y=X X*X X*X*X 指定。因 reg 过程的多项式回归需要先进行数据变换，故弃用 reg 过程。所编 SAS 程序如下：

```
proc glm data= sasuser.IR72;
  model   Y=X   X*X   X*X*X;
run; quit;
```

(3) 程序的输出结果整理后如表 8-6 和表 8-7 所示。

表 8-6　多项式回归方差分析表

方差来源	平方和	自由度	均方	F 值	Pr > F
模型	465.93996	3	155.3133	108.38	< 0.0001
误差	7.16504	5	1.43301	$R^2 = 0.9849$	
总和	473.10500	8			

表 8-7　多项式回归参数估计及其 t 检验

回归参数	估计值	标准误	t 值	Pr > |t|
截距	−0.36505	1.10922	−0.33	0.7554
X	0.31316	0.42673	0.73	0.4960
X*X	0.10902	0.04295	2.54	0.0520
X*X*X	−0.00378	0.00117	−3.22	0.0235

(4) 结论：回归模型的 P 值小于 0.0001，决定系数达 0.9849，多项式回归极其显著且是一个精度较高的拟合。一次项和二次项不显著，显著性 P 值分别是 0.4960 和 0.0520，三次项显著，其显著性 P 值达 0.0235，故 Y 与 X 主要是三次方关系。拟合的多项式回归方程如下：

$$\mathrm{Y} = -0.36505 + 0.31316X + 0.10902X^2 - 0.00378X^3$$

(5) 为展示观测数据与拟合曲线的关系，SAS 绘图程序如下：

```
data file;
   set sasuser.IR72;
   EY=-0.36505+0.31316*X+0.10902*X*X-0.00378*X*X*X;
run;
goptions reset=all ftext=swiss htext=2.15;
symbol1 v=star cv=red h=2.15;
symbol2 i=spline ci=blue;
axis1 label=(f='宋体'   '开花后天数 / d') order=(0 to 24 by 3);
axis2 label=(A=90 f='宋体'   '平均粒重 / mg');
proc gplot data=file;
   plot Y*X   EY*X / noframe overlay legend haxis=axis1 vaxis=axis2;
run; quit;
```

(6) 程序的输出结果如图 8-1 所示。

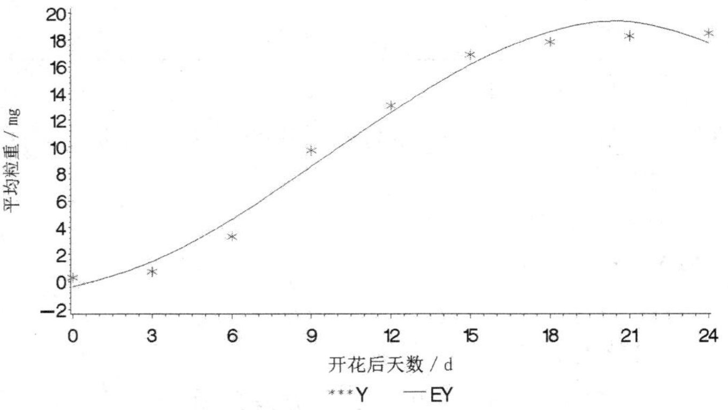

图 8-1　试验观测和多项式拟合曲线

8.2.3　可线性化非线性回归

【例 8-3】 为例 8-2 问题拟合一个抛物线方程 $Y^2 = a + bX$，并做回归分析。

(1) 抛物线方程 $Y^2 = a + bX$ 是一个可线性化模型，如令 $Z = Y^2$，则抛物线方程可表为线性方程 $Z = a + bX$。拟采用数据步实现数据变换，采用 glm 过程或 reg 过程完成回归分析。SAS 程序如下：

```
data paowuxian;
   set sasuser.IR72;
   Z=Y*Y; /*y 的数据变换*/
```

```
run;
proc glm data=paowuxian;
   model Z = X;
run;quit;
```

(2) 程序的输出结果整理后如表 8-8 和表 8-9 所示。

表 8-8 抛物线回归方差分析表

方差来源	自由度	平方和	均方	F 值	Pr > F
X	1	165841.266	165841.266	94.28	< .0001
模型	1	165841.266	165841.266	94.28	< .0001
误差	7	12313.219	1759.0313	$R^2 = 0.9309$	
总和	8	178154.485			

表 8-9 抛物线回归参数估计及其 t 检验

回归参数	估计值	标准误	t 值	Pr > |t|
截距	−38.11793	25.77834	−1.48	0.1828
X	17.52465	1.80484	9.71	< 0.0001

(3) 结论：抛物线回归模型的 P 值小于 0.0001，决定系数达 0.9309，回归极其显著且是一个精度较高的拟合，但不如多项式回归(R^2 = 0.9849)。拟合的抛物线回归方程如下：

$$Y^2 = -38.11793 + 17.52465X$$

8.2.4 本质非线性回归

回归模型不能线性化称做本质非线性回归。

【例 8-4】 为例 8-2 问题拟合一个如下所示的 Logistic 生长模型：

$$Y = \frac{k}{1 + a\mathrm{e}^{-bX}}，(参数\ k、a、b\ 均大于零)$$

(1) 由于 Logistic 生长模型无法线性化，只能采用非线性规划方法优化搜索回归参数，即使用 SAS 的 nlin 过程解决问题。

(2) 使用 nlin 过程需要输入选定的回归模型和响应变量对回归参数的偏导数，本例即输入 Logistic 回归模型和响应变量 Y 对回归参数 k、a、b 的偏导数。偏导数如下所示：

$$\frac{\partial Y}{\partial k} = \frac{1}{1 + a\mathrm{e}^{-bX}}, \qquad \frac{\partial Y}{\partial a} = \frac{-k \cdot \mathrm{e}^{-bX}}{\left(1 + a\mathrm{e}^{-bX}\right)^2}, \qquad \frac{\partial Y}{\partial b} = \frac{kX \cdot a\mathrm{e}^{-bX}}{\left(1 + a\mathrm{e}^{-bX}\right)^2}$$

(3) 采用 nlin 过程编程，选项 method=marquardt 指定寻优方法，选项 converge=1e-8 设置拟合误差，语句 parms k=1 to 100 by 10 a=1 to 100 by 10 b=1 to 100 by 10 指定参数寻优的初始值，语句 model 设定 Logistic 生长模型，语句 der.k 设定 Y 对 k 的偏导数，其余以此类推。SAS 程序如下：

```
proc nlin best=5 data=sasuser.IR72 method=marquardt converge=1e-8;
   parms k=1 to 100 by 10 a=1 to 100 by 10 b=1 to 100 by 10;
```

```
   bounds k>=1e-30,a>=1e-30,b>=1e-30;   /*设置回归参数非负*/
   model y=k/(1+a*exp(-b*x));   /*设定回归模型*/
   der.k=1/(1+a*exp(-b*x));   /*设定 k 的偏导数*/
   der.a=-k*exp(-b*x)/(1+a*exp(-b*x))**2;   /*设定 a 的偏导数*/
   der.b=k*x*a*exp(-b*x)/(1+a*exp(-b*x))**2;   /*设定 b 的偏导数*/
   output out=file p=EY r=ERROR;   /*计算估计值、残差并输出*/
run;
goptions reset=all ftext=swiss htext=2.15;
symbol1 v=star cv=red h=2.15;
symbol2 i=spline ci=blue;
axis1 label=(f='宋体'  '开花后天数 / d') order=(0 to 24 by 3);
axis2 label=(A=90  f='宋体'  '平均粒重 / mg');
proc gplot data=file;
   plot  Y*X  EY*X / noframe overlay legend haxis=axis1 vaxis=axis2;
run; quit;
```

(4) 程序的输出结果整理后如表 8-10～表 8-12 和图 8-2 所示。

表 8-10　Logistic 模型拟合的方差分析表

方差来源	平方和	自由度	均方	F 值	Pr > F
模型	1547.4	3	515.8	1381.67	< 0.0001
误差	2.2398	6	0.3733	$R^2 = 0.9986$	
总和	1549.6	9			

表 8-11　回归参数的估计值和 0.95 置信区间

回归参数	估计值	标准误	置信下限	置信上限
k	18.2799	0.3829	17.3429	19.2168
a	48.2203	16.9118	6.8385	89.6020
b	0.4199	0.0397	0.3228	0.5169

表 8-12　回归参数的近似相关阵(Approximate Correlation Matrix)

回归参数	k	a	b
k	1.0000000	−0.3545159	−0.5108076
a	−0.3545159	1.0000000	0.9527458
b	−0.5108076	0.9527458	1.0000000

(5) 结论：Logistic 回归模型的 P 值小于 0.0001，决定系数达 0.9986，说明它是目前最好的一个模型。回归参数 *k*、*b* 估计较精确，*a* 的估计误差较大，它们之间存在一定相关性，这可能是一种生物学规律，如表 8-11 和表 8-12 所示。拟合的 Logistic 回归方程如下：

$$Y = \frac{18.2799}{1 + 48.2203\mathrm{e}^{-0.4199X}}$$

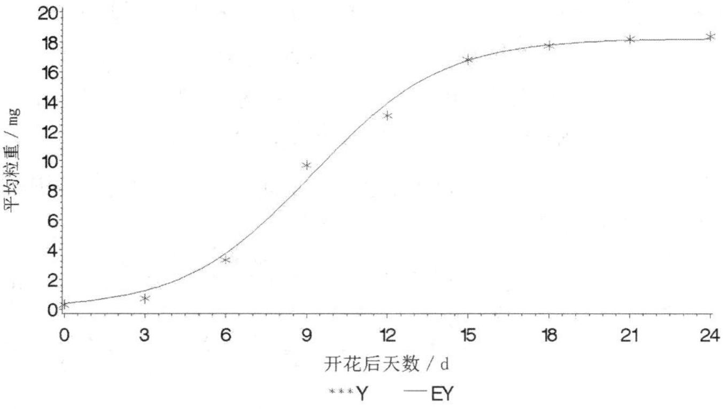

图 8-2　试验观测和 Logistic 拟合曲线

8.3　随机型自变量多元线性回归

随机自变量样本的回归分析需注意自变量相关和方差齐性两个问题，自变量相关又称做共线性问题，方差齐性则与随机偏差的独立、正态、同分布假设有关。它们可能导致自变量效应的显著性被遮蔽(伪显著性)、回归系数的符号与实际意义不符、回归方程不稳定等问题。回归诊断，主要是确定数据样本是否存在自变量共线性和方差齐性问题。

8.3.1　回归诊断

回归诊断的方法之一是残差分析，它诊断样本的正态性和方差齐性。残差分析通过 reg 过程输出的残差图实现，残差图里的纵轴为标准化残差(Residual)，是响应变量的观测残差(观察值减去预测值)和回归残差(SSE)的函数，横轴为回归分析中的响应预测值或自变量。一般若 $-2 < \text{Residual} < 2$，则回归满足正态性和方差齐性假设。

回归诊断的方法之二是计算方差膨胀因子 VIF(Variance Inflation)，它诊断自变量的共线性。方差膨胀因子由下式计算：

$$\text{VIF}(j)=\frac{1}{1-R^2(j)}=\frac{1}{\text{TOL}(j)}$$

其中，$R^2(j)$ 是第 j 个自变量对其余自变量回归的决定系数，$\text{TOL}(j)=1-R^2(j)$ 称做容限(Tolerance)。若方差膨胀因子 VIF(j) > 10 则自变量存在较强相关。

回归诊断的方法之三是计算条件指数 CIN(Condition Index)，它通常用于诊断自变量的共线性。条件指数由下式计算：

$$\text{CIN}(j)=\sqrt{\frac{d_{\max}^2}{d^2(j)}}$$

其中，$d^2(j)$ 是交叉乘积阵 $\mathbf{x}^{\mathrm{T}}\mathbf{x}$ 的第 j 个特征值，而 $d_{\max}^2$ 是其中最大的一个。一般而言，

若条件指数 CIN(j) < 10 则自变量不相关，若 10 < CIN(j) < 30 则弱相关，若 30 < CIN(j) < 100 则中等相关，若 CIN(j) > 100 则强相关。若条件指数表明存在相关性，则方差比大于 0.5 的自变量构成相关变量集，若相关变量集中只有一个变量，则认为变量间不相关。

【例 8-5】 为考察丰产 3 号小麦每株籽粒产量(Y，g)与每株穗数(X1)、每穗结实小穗数(X2)、百粒重(X3，g)及株高(X4，cm)的关系，测定了 15 个观测，数据样本如表 8-13 所示。试对该样本进行回归诊断。

表 8-13 丰产 3 号小麦试验的数据样本(数据表 sasuser.wheat05)

Obs	X1	X2	X3	X4	Y
1	10	23	3.6	113	15.7
2	9	20	3.6	106	14.5
3	10	22	3.7	111	17.5
4	13	21	3.7	109	22.5
5	10	22	3.6	110	15.5
6	10	23	3.5	103	16.9
7	8	23	3.3	100	8.6
8	10	24	3.4	114	17
9	10	20	3.4	104	13.7
10	10	21	3.4	110	13.4
11	10	23	3.9	104	20.3
12	8	21	3.5	109	10.2
13	6	23	3.2	114	7.4
14	8	21	3.7	113	11.6
15	9	22	3.6	105	12.3

(1) 将表 8-13 所示数据样本创建为 SAS 数据表 sasuser.wheat05。

(2) 利用 reg 过程在进行回归分析时做回归诊断，语句 model 选项 p 指定输出回归预测值，选项 vif 指定输出方差膨胀因子，选项 collin 指定输出回归诊断的条件指数，语句 plot residual.*X1 residual.*X2 residual.*X3 residual.*X4 residual.*predicted.指定输出横轴变量不同的 5 个标准化残差图。SAS 程序如下：

```
goptions reset=global ftext='arial' htext=2.15;
axis label = (f='arial' c=black h=10pt) c=blue;
symbol value='star' height=2.15 width=2.15;
proc reg data=sasuser.wheat05;
   model Y=X1 X2 X3 X4 / p vif collin;
   plot residual.*X1 residual.*X2 residual.*X3 residual.*X4 residual.*predicted.;
run; quit;
```

(3) 程序的主要输出结果整理后如表 8-14、表 8-15、图 8-3 和图 8-4 所示。

(4) 由共线性诊断结论可知：4 个自变量的方差膨胀因子 VIF=1.02233～1.35014 均小于 10，可认为自变量间不相关。5 个条件指数中有 4 个 CIN > 10，但相应的 4 个相关自变量集方差比大于 0.5 的均只有一个变量，可认为自变量间不相关。如表 8-14 和表 8-15 所示。

表 8-14 回归参数的估计、检验和方差膨胀因子

变量	自由度	参数值	标准误	t 值	Pr > |t|	VIF
截距	1	−51.9021	13.3518	−3.89	0.0030	0
X1	1	2.0262	0.2720	7.45	< .0001	1.3501
X2	1	0.6540	0.3027	2.16	0.0561	1.0414
X3	1	7.7969	2.3328	3.34	0.0075	1.3474
X4	1	0.0497	0.0830	0.60	0.5626	1.0223

表 8-15 共线性诊断的方差比(方差比数据需 $\times 10^{-5}$)

编号	特征值	CIN	截距	X1	X2	X3	X4
1	4.97543	1.0000	2.778	72.828	11.179	7.244	6.11
2	0.02006	15.7508	171	70213	1436	24.758	566
3	0.00247	44.8653	492	16860	65116	24957	2247
4	0.00153	56.9847	120	12232	15064	42306	53748
5	0.0005062	99.1413	99214	622	18373	32704	43434

(5) 由残差分析结论可知：残插图满足 −2 < 残差 < 2 的要求，认为方差齐性假设成立。

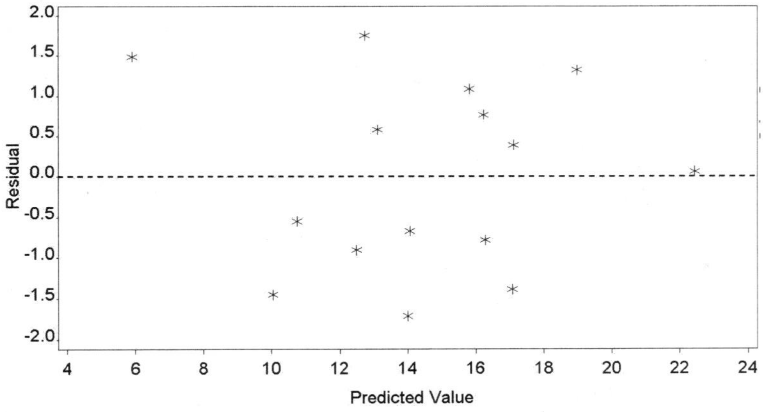

图 8-3 横轴为响应预测的标准化残差图

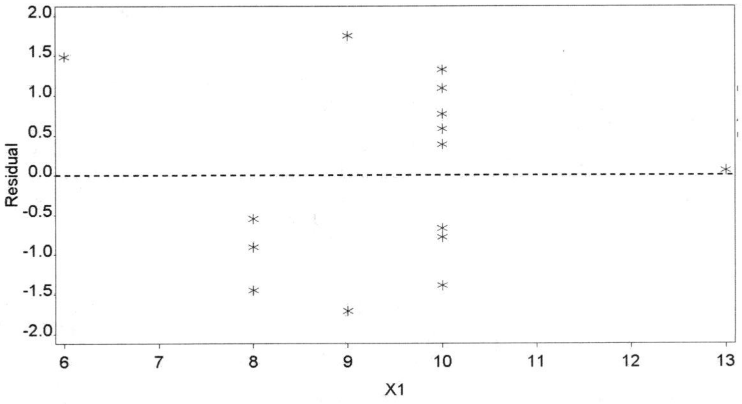

图 8-4 横轴为自变量的标准化残差图

若残差图呈一端细一端粗的分布(方差不齐)，则需做数据变换后再回归。若残差图呈 U 型分布，则回归模型中需增加二次项。若存在共线性问题，则可通过逐步回归、岭回归、主分量回归、偏最小二乘回归等其它回归方法解决。

8.3.2 全自变量多元线性回归

回归模型包括所有自变量，称做全自变量回归，简称全回归。

【例 8-6】试利用表 8-13 所示的数据样本进行全回归，并分析响应对自变量的相关性。

(1) 将表 8-13 所示数据样本创建为 SAS 数据表 sasuser.wheat05。

(2) 利用 reg 过程进行全回归分析，语句 model 的选项 pcorr2 指定输出偏相关系数平方(偏相关决定系数)。SAS 程序如下：

```
proc reg data=sasuser.wheat05;
  model Y=X1 X2 X3 X4 / pcorr2;
run;
proc corr data= sasuser.wheat05;          /*简单相关阵及检验*/
  var X1 X2 X3 X4 Y;
  with X1 X2 X3 X4 Y;
run;
proc corr data= sasuser.wheat05;          /*偏相关系数及检验*/
  var X1 Y;
  partial X2 X3 X4;
proc corr data= sasuser.wheat05;
  var X2 Y;
  partial X1 X3 X4;
proc corr data= sasuser.wheat05;
  var X3 Y;
  partial X1 X2 X4;
proc corr data= sasuser.wheat05;
  var X4 Y;
  partial X1 X2 X3;
run; quit;
```

(3) 程序的主要输出结果整理后如表 8-16～表 8-19 所示。

表 8-16 回归方差分析表

方差来源	自由度	平方和	均方	F 值	Pr > F
模型	4	221.4718	55.3679	30.06	< .0001
误差	10	18.4176	1.8418	$R^2 = 0.9232$	
总和	14	239.8893			

(4) 由回归分析结论可知：全回归模型的 P 值小于 0.0001，决定系数达 0.9232，模型极其显著且拟合精度较高，如表 8-16 所示。X1 系数的 P 值小于 0.0001，X2 系数的 P 值为

0.0075，它们的检验极显著，在 0.05 水平上其余不显著。株产量 Y 主要与株穗数 X1 和百粒重 X3 相关，它们的偏相关决定系数分别达 0.8473 和 0.5277，如表 8-17 所示。

求得回归方程如下：

$$Y = -51.9021 + 2.0262X_1 + 0.6540X_2 + 7.7969X_3 + 0.0497X_4$$

求得复相关系数 R 如下：

$$R = \sqrt{R^2} = \sqrt{0.9232} = 0.9608$$

表 8-17　回归参数的估计和检验

变量	自由度	参数值	标准误	t 值	$\Pr > \lvert t \rvert$	决定系数
截距	1	−51.9021	13.3518	−3.89	0.0030	
X1	1	2.0262	0.2720	7.45	< .0001	0.8473
X2	1	0.6540	0.3027	2.16	0.0561	0.3182
X3	1	7.7969	2.3328	3.34	0.0075	0.5277
X4	1	0.0497	0.0830	0.60	0.5626	0.0346

(5) 由简单相关分析结论可知：Y 与 X1 简单相关的 P 值小于 0.0001，Y 与 X3 简单相关的 P 值为 0.0045，0.01 水平上其余不显著，可见 Y 仅与 X1 和 X3 相关，且自变量间不相关。如表 8-18 所示。

表 8-18　简单相关系数的估计和检验

	X1	X2	X3	X4	Y
X1	1.00000	−0.13574	0.50073	−0.09391	0.89731
		0.6296	0.0573	0.7392	< .0001
X2	−0.13574	1.00000	−0.14889	0.12339	0.04619
	0.6296		0.5964	0.6613	0.8702
X3	0.50073	−0.14889	1.00000	−0.03583	0.68898
	0.0573	0.5964		0.8991	0.0045
X4	−0.09391	0.12339	−0.03583	1.00000	−0.00651
	0.7392	0.6613	0.8991		0.9816
Y	0.89731	0.04619	0.68898	−0.00651	1.00000
	< .0001	0.8702	0.0045	0.9816	

表 8-19　偏相关系数的估计和检验

偏相关系数	X1	X2	X3	X4
Y	0.92047	0.56413	0.72640	0.18604
$\Pr > \lvert r \rvert$	< 0.0001	0.0561	0.0075	0.5626

(6) 偏相关分析结论：Y 与 X1 偏相关的 P 值小于 0.0001，Y 与 X3 偏相关的 P 值为 0.0075，在 0.01 水平上其余不显著，可见 Y 仅与 X1 和 X3 相关。如表 8-19 所示。

相关和回归是从不同角度研究变量间的因果关系，两者之间存在本质上的内在联系。复相关系数是响应变量对所有自变量的相关系数，它等于回归模型决定系数的平方根。简单相关系数是两变量观测直接计算出的相关系数，简单相关常常是伪相关。偏相关系数是两变量观测扣除其它变量效应后计算出的相关系数，只有偏相关才可能真实反映变量间的因果关系。偏相关系数与回归系数的显著性检验结果相同。

8.3.3　通径分析

通径分析(Path Analysis)可用于探析一个响应变量与多个自变量间的线性相关关系，是回归分析的拓展。通径分析可有效地处理较为复杂的变量关系，如自变量数目较多、自变量间线性相关、某些自变量通过其他自变量间接对响应变量产生影响等等。

【例 8-7】试利用表 8-13 所示的数据样本进行通径分析。

(1) 将表 8-13 所示数据样本创建为 SAS 数据表 sasuser.wheat05。

(2) 利用 reg 过程计算通径系数，语句 model 的选项 stb 指定输出变量标准化后的回归参数(Standardized Estimate)，此即所谓的通径系数(直接通径系数)，通径系数的检验与回归参数的检验等价。SAS 程序如下：

```
proc reg data=sasuser.wheat05;
   model Y=X1-X4 / stb;
run; quit;
```

(3) 程序输出的通径系数、回归参数的估计及检验的结果整理后如表 8-20 所示。

表 8-20　通径系数的估计和检验

变量	自由度	参数值	标准误	t 值	Pr > |t|	通径系数
截距	1	−51.9021	13.3518	−3.89	0.0030	0
X1	1	2.0262	0.2720	7.45	< .0001	0.75830
X2	1	0.6540	0.3027	2.16	0.0561	0.19319
X3	1	7.7969	2.3328	3.34	0.0075	0.33994
X4	1	0.0497	0.0830	0.60	0.5626	0.05305

(4) 利用 corr 过程计算相关阵，包括响应变量与各个自变量间的相关系数和自变量与自变量间的相关系数，输出含相关阵的数据文件 aa。利用数据步程序计算间接通径系数，其中引用表 8-20 所示的直接通径系数和相关阵文件 aa。SAS 程序如下：

```
proc corr data=sasuser.wheat 05 noprob outp=aa;
   var Y X1-X4;
run;
data bb;
   set aa;
   Ryx=Y;
   if _type_='CORR';
   if _name_='y' then delete;
   drop _type_  _name_  Y;
```

```
run;
data cc;
   set bb;
   Px1y=0.75830*X1;
   Px2y=0.19319*X2;
   Px3y=0.33994*X3;
   Px4y=0.05305*X4;
   drop X1-X4;
   input Pxy@@;
   cards;
   0.75830 0.19319 0.33994 0.05305
   ;
run;
proc print; run; quit;
```

(5) 程序输出的主要结果整理后如表 8-21 所示。

表 8-21　通径系数的估计和检验

Obs	Rxy	Px1y	Px2y	Px3y	Px4y	Pxy
1	0.89731	0.75830	−0.02622	0.17022	−0.004982	0.75830
2	0.04619	−0.10293	0.19319	−0.05061	0.006546	0.19319
3	0.68898	0.37970	−0.02876	0.33994	−0.001901	0.33994
4	−0.00651	−0.07121	0.02384	−0.01218	0.053050	0.05305

(6) 结论：直接通径系数 Pxy，间接通径系数 Px1y、Px2y、Px3y 和 Px4y，响应变量与各个自变量的简单相关系数 Rxy 的计算结果如表 8-21 所示。利用表 8-21 数据绘制通径图并做通径分析，通径系数的检验结果见表 8-20。

8.3.4　筛选变量法多元线性回归

回归模型中仅含有部分自变量，指定水平上不显著的自变量被从模型中删除，回归分析只对剩余的自变量进行，称做筛选变量法或最优回归，它是抑制共线性影响的回归方法之一。SAS 提供了几种筛选自变量的准则，其中之一为逐步回归(Stepwise Regression)。

【例 8-8】 试利用表 8-13 所示的数据样本求响应变量 Y 对自变量 X1、X2、X3、X4 的最优回归方程。

(1) 将表 8-13 所示数据样本创建为 SAS 数据表 sasuser.wheat05。

(2) 采用 reg 过程完成逐步回归，语句 model 中的选项 selection=stepwise 指定逐步筛选法(SAS 还提供其它筛选法)。SAS 程序如下：

```
proc reg data= sasuser.wheat05;
   model y = x1 x2 x3 x4 / selection=stepwise pcorr2;
run; quit;
```

(3) 程序的主要输出结果整理后如表 8-22 和表 8-23 所示。

表 8-22 逐步回归方差分析表

方差来源	平方和	自由度	均方	F 值	Pr > F
模型	220.8114	3	73.6038	42.44	< 0.0001
误差	19.0779	11	1.7344	$R^2 = 0.9205$	
总和	239.8893	14			

表 8-23 逐步回归的参数估计和检验

变量	自由度	参数值	标准误	t 值	Pr > |t|	决定系数
截距	1	−46.9664	10.1926	−4.61	0.0008	
X1	1	2.0131	0.2631	7.65	< 0.0001	0.8418
X2	1	0.6746	0.2918	2.31	0.0412	0.3270
X3	1	7.8302	2.2631	3.46	0.0053	0.5211

(4) 由逐步回归结论可知：最优回归模型的 P 值小于 0.0001，决定系数达 0.9205，说明最优回归模型极其显著并有较高的拟合精度。回归系数的显著性 P 值分别为小于 0.0001、0.0412 和 0.0053，在 0.05 水平上检验显著，自变量的重要性依次为 x1、x3 和 x2。求得最优回归方程如下：

$$Y = -46.9664 + 2.0131X_1 + 0.6746X_2 + 7.8302X_3$$

求得复相关系数 R 如下：

$$R = \sqrt{R^2} = \sqrt{0.9205} = 0.9594$$

8.3.5 岭脊法多元线性回归

为信息矩阵 $\mathbf{x}^{\mathrm{T}}\mathbf{x}$ 增加一个正的增量后变为 $\mathbf{x}^{\mathrm{T}}\mathbf{x} + k\mathbf{I}$(其中 $\mathbf{I}$ 是单位阵)，从而改善回归参数的估计精度，简称岭回归(Ridge Regression)，k 称做岭脊点。岭回归是一种改良的最小二乘法，是抑制共线性影响的回归方法之一。

【例 8-9】 试利用表 8-13 所示的数据样本做响应变量 Y 对自变量 X1、X2、X3、X4 的岭回归分析。

(1) 将表 8-13 所示数据样本创建为 SAS 数据表 sasuser.wheat05。

(2) 采用 reg 过程完成岭回归，语句 model 中的选项 ridge=0.0 to 0.1 by 0.01 指定岭脊点。SAS 程序如下：

```
proc reg data= sasuser.wheat05 outest=bb;
   model y = x1 x2 x3 x4 / ridge=0.0 to 0.1 by 0.01 pcorr2;
run; quit;
```

(3) 程序输出的主要结果整理后如表 8-24 和表 8-25 所示。

表 8-24 岭回归的方差分析表

方差来源	自由度	平方和	均方	F 值	Pr > F
模型	4	221.4718	55.3679	30.06	< .0001
误差	10	18.4176	1.8418		
总和	14	239.8893		$R^2 = 0.9232$	

表 8-25　岭回归的参数估计和检验

变量	自由度	参数值	标准误	t 值	Pr > |t|	决定系数
截距	1	−51.9021	13.3518	−3.89	0.0030	
X1	1	2.0262	0.2720	7.45	< .0001	0.8473
X2	1	0.6540	0.3027	2.16	0.0561	0.3182
X3	1	7.7969	2.3328	3.34	0.0075	0.5277
X4	1	0.0497	0.0830	0.60	0.5626	0.0346

(4) 由岭回归结论可知：因为共线性问题较弱，故参数估计和检验的结果与全回归相同。求得岭回归的回归方程如下：

$$Y = -51.9021 + 2.0262X_1 + 0.6540X_2 + 7.7969X_3 + 0.0497X_4$$

求得复相关系数 R 如下：

$$R = \sqrt{R^2} = \sqrt{0.9232} = 0.9608$$

8.3.6　主分量法多元线性回归

先对自变量集的主分量回归，然后转换为对自变量的回归，从而改善回归参数的估计精度，简称主分量回归。主分量回归是抑制共线性影响的回归方法之一。

【例 8-10】 为考察温室内温度与温室外温度的相关关系，连续 31 天测定了室外日高温(X1)、室外日低温(X2)、室外日均温(X3)、室外日温差(X4)、室外日辐射(X5，KJ/m^2)、室内日高温(Y1)、室内日低温(Y2)和室内日均温(Y3) 8 个变量的数值，数据样本如表 8-26 所示。试对样本做主分量法的回归分析。

表 8-26　温室内外温度的观测样本(数据表 sasuser.wenshi01)

Runs	X1	X2	X3	X4	X5	Y1	Y2	Y3
1	6.72	−3.86	0.62	10.58	0.591	24.92	5.37	11.28
2	4.23	−4.21	−0.59	8.43	0.347	20.25	5.61	9.40
3	5.39	−2.89	0.68	8.28	0.528	23.41	5.08	11.06
4	−0.51	−3.00	−1.65	2.49	0.187	10.00	5.87	7.54
5	0.18	−10.20	−4.04	10.38	0.537	17.48	2.27	7.51
6	1.04	−7.44	−4.01	8.49	0.766	27.77	1.61	10.12
7	−1.31	−6.87	−3.71	5.56	0.193	11.22	3.37	6.71
8	4.99	−7.32	−1.93	12.31	0.696	27.01	2.51	10.14
9	4.43	−4.02	−1.07	8.45	0.471	21.11	5.80	9.46
10	0.41	−2.76	−1.45	3.16	0.244	11.01	6.40	7.76
11	−0.34	−2.04	−1.27	1.70	0.070	9.04	5.72	6.97
12	−0.45	−7.81	−4.39	7.36	0.522	15.69	2.86	6.82
13	−3.77	−10.97	−7.97	7.20	0.677	20.04	0.78	6.48
14	1.13	−13.24	−7.17	14.37	0.661	22.73	−0.70	6.93

续表

Runs	X1	X2	X3	X4	X5	Y1	Y2	Y3
15	−0.69	−11.83	−6.25	11.14	0.543	16.25	0.95	5.70
16	3.36	−8.15	−3.51	11.51	0.551	18.56	2.03	7.50
17	0.93	−9.73	−4.48	10.66	0.495	15.65	0.94	5.74
18	0.74	−8.22	−3.86	8.96	0.350	14.91	1.96	6.43
19	1.07	−3.37	−1.95	4.44	0.285	14.56	5.84	7.87
20	−1.53	−8.37	−5.33	6.83	0.777	18.63	1.67	7.56
21	0.74	−9.27	−5.13	10.01	0.804	19.49	−0.22	6.37
22	2.54	−13.74	−5.95	16.28	0.819	21.46	−3.47	5.77
23	1.96	−12.39	−5.56	14.35	0.870	22.18	0.41	7.96
24	−2.42	−10.52	−7.49	8.10	0.842	20.26	−0.18	6.50
25	−2.46	−16.05	−9.06	13.59	0.632	17.75	−1.30	5.16
26	−1.01	−12.99	−7.62	11.97	0.325	12.74	−0.23	4.23
27	1.77	−12.86	−5.49	14.63	0.640	21.63	−0.70	6.45
28	2.47	−7.06	−2.67	9.53	0.794	22.31	1.67	8.40
29	5.26	−3.05	0.12	8.30	0.848	24.79	2.93	9.99
30	8.34	−8.01	0.25	16.34	0.690	25.92	1.76	10.05
31	6.38	−6.91	−0.57	13.29	0.692	25.99	3.60	10.49

(1) 将表 8-26 所示数据样本创建为 SAS 数据表 sasuser.wenshi01。

(2) 采用 reg 过程完成主分量回归，语句 model 中的选项 pcomit= 1 2 指定用主分量法做线性回归。SAS 程序如下：

```
proc reg data= sasuser.wenshi01 outest=cc;
  model Y1 Y2 Y3 = X1 X2 X3 X4 X5 / pcomit= 1 2 pcorr2;
run; quit;
```

(3) 程序输出的主要结果整理后如表 8-27～表 8-32 所示。

(4) 由响应变量 Y_1 的主分量回归结论可知：回归模型的 P 值小于 0.0001，决定系数达 0.8828，回归拟合极其显著且精度较高，如表 8-27 所示。由表 8-28 可知，主分量法求得的回归方程如下：

$$Y_1 = 9.1332 - 174.1522X_1 + 175.9188X_2 - 0.9072X_3 + 175.5085X_4 + 14.5201X_5$$

求得复相关系数 R 如下：

$$R = \sqrt{R^2} = \sqrt{0.8828} = 0.9396$$

表 8-27　响应变量 Y1 回归的方差分析表

方差来源	自由度	平方和	均方	F 值	Pr > F
模型	5	702.4915	140.4983	37.65	< .0001
误差	25	93.2941	3.7318		
总和	30	795.7856		$R^2 = 0.8828$	

表 8-28　响应变量 Y1 回归的参数估计和检验

变量	自由度	参数值	标准误	t 值	Pr > |t|	决定系数
截距	1	9.1332	1.1030	8.28	< .0001	.
X1	1	−174.1522	79.6688	−2.19	0.0384	0.16047
X2	1	175.9188	79.6759	2.21	0.0366	0.16318
X3	1	−0.9072	0.7993	−1.13	0.2672	0.04900
X4	1	175.5085	79.6816	2.20	0.0371	0.16252
X5	1	14.5201	2.2332	6.50	< .0001	0.62839

(5) 由响应变量 Y_2 的主分量回归结论可知：回归模型的 P 值小于 0.0001，决定系数达 0.9041，回归拟合极其显著且精度较高，如表 8-29 所示。由表 8-30 可知，主分量法求得的回归方程如下：

$$Y_2 = 8.1374 - 6.7259X_1 + 7.1249X_2 + 0.1647X_3 + 6.6844X_4 - 2.9433X_5$$

求得复相关系数 R 如下：

$$R = \sqrt{R^2} = \sqrt{0.9041} = 0.9508$$

表 8-29　响应变量 Y2 回归的方差分析表

方差来源	自由度	平方和	均方	F 值	Pr > F
模型	5	173.7313	34.7463	47.15	< .0001
误差	25	18.4223	0.7369		
总和	30	192.1536		R^2 = 0.9041	

表 8-30　响应变量 Y2 回归的参数估计和检验

变量	自由度	参数值	标准误	t 值	Pr > |t|	决定系数
截距	1	8.1374	0.4902	16.60	<.0001	.
X1	1	−6.7259	35.4024	−0.19	0.8509	0.00144
X2	1	7.1249	35.4056	0.20	0.8421	0.00162
X3	1	0.1647	0.3552	0.46	0.6468	0.00853
X4	1	6.6844	35.4081	0.19	0.8518	0.00142
X5	1	−2.9433	0.9924	−2.97	0.0066	0.26028

(6) 由响应变量 Y_3 的主分量回归结论可知：回归模型的 P 值小于 0.0001，决定系数达 0.9041，可见回归拟合极其显著且精度较高，如表 8-31 所示。由表 8-32 可知，主分量法求得的回归方程如下：

$$Y_3 = 8.1879 - 55.2749X_1 + 55.6203X_2 + 0.2763X_3 + 55.4431X_4 + 3.2194X_5$$

求得复相关系数 R 如下：

$$R = \sqrt{R^2} = \sqrt{0.8574} = 0.9260$$

表 8-31 响应变量 Y3 回归的方差分析表

方差来源	自由度	平方和	均方	F 值	Pr > F
模型	5	87.3616	17.4723	30.07	< .0001
误差	25	14.5283	0.5811		
总和	30	101.8899		R^2=0.8574	

表 8-32 响应变量 Y3 回归的参数估计和检验

变量	自由度	参数值	标准误	t 值	Pr > |t|	决定系数
截距	1	8.1879	0.4353	18.81	< .0001	.
X1	1	−55.2749	31.4390	−1.76	0.0910	0.11004
X2	1	55.6203	31.4418	1.77	0.0891	0.11125
X3	1	0.2763	0.3154	0.88	0.3894	0.02978
X4	1	55.4431	31.4441	1.76	0.0901	0.11060
X5	1	3.2194	0.8813	3.65	0.0012	0.34803

8.3.7 典型相关分析

典型相关分析(Canonical Correlation Analysis)是研究一组变量的线性组合与另一组变量线性组合的线性相关问题，包括典型相关、偏典型相关和典型冗余三方面的内容。

【例 8-11】 三个响应变量构成第 1 组变量，五个自变量构成第 2 组变量，如表 8-26 所示。试分析温室内温度(第 1 组变量)与温室外温度(第 2 组变量)之间的相关关系。

(1) 将表 8-26 所示数据样本创建为 SAS 数据表 sasuser.wenshi01。

(2) 采用 cancorr 过程执行典型相关分析，过程选项 all 指定输出全部分析结果，省略此选项指定缺省输出，还可设置其它选项指定输出所关心的内容。语句 var 指定第 1 组变量 Y1、Y2 和 Y3。语句 with 指定第 2 组变量 X1、X2、X3、X4 和 X5。SAS 程序如下：

```
proc cancorr data= sasuser.wenshi01 all vprefix=V wprefix=W out=aa;
   var Y1 Y2 Y3;
   with X1 X2 X3 X4 X5;
run;
goptions reset=all ftext=swiss htext=2.15;
symbol V=star H=2.15 CV=B;
axis1 label=(f='swiss' 'W1'); axis2 label=(A=90 f='swiss' 'V1');
axis3 label=(f='swiss' 'W2'); axis4 label=(A=90 f='swiss' 'V2');
axis5 label=(f='swiss' 'W3'); axis6 label=(A=90 f='swiss' 'V3');
proc gplot data=aa;
   plot V1*W1 / noframe haxis=axis1 vaxis=axis2;
   plot V2*W2 / noframe haxis=axis3 vaxis=axis4;
   plot V3*W3 / noframe haxis=axis5 vaxis=axis6;
run; quit;
```

(3) 程序输出的主要结果整理后如表 8-33～表 8-48 和图 8-5 所示。

(4) 由简单相关分析结论可知：两组变量组内及组间的简单相关系数如表 8-33～表 8-35 所示。

表 8-33　第 1 组变量组内的简单相关系数

变量	Y1	Y2	Y3
Y1	1.0000	−0.2429	0.6350
Y2	−0.2429	1.0000	0.5672
Y3	0.6350	0.5672	1.0000

表 8-34　第 2 组变量组内的简单相关系数

变量	X1	X2	X3	X4	X5
X1	1.0000	0.3945	0.7640	0.3790	0.2038
X2	0.3945	1.0000	0.8722	−0.7008	−0.4575
X3	0.7640	0.8722	1.0000	−0.2854	−0.2634
X4	0.3790	−0.7008	−0.2854	1.0000	0.6190
X5	0.2038	−0.4575	−0.2634	0.6190	1.0000

表 8-35　两组变量之间的简单相关系数

变量	X1	X2	X3	X4	X5
Y1	0.6313	−0.1200	0.1815	0.6112	0.7890
Y2	0.2986	0.9234	0.7924	−0.6981	−0.6196
Y3	0.7899	0.6402	0.8152	−0.0314	0.1790

(5) 典型变量 V 是第 1 组变量 Y 的线性组合，其典型系数阵为 A。典型变量 W 是第 2 组变量 X 的线性组合，其典型系数阵为 B。V 与 W 的差值为 E，能够构建的典型变量个数与最小的那个变量组的变量个数相同。表达典型分析模型如下：

$$\begin{cases} \boldsymbol{AY} = \boldsymbol{BX} + \boldsymbol{E} \\ \boldsymbol{V} = \boldsymbol{W} + \boldsymbol{E} \\ \boldsymbol{V} = \boldsymbol{AY} \\ \boldsymbol{W} = \boldsymbol{BX} \end{cases}, \text{其中} \boldsymbol{V} = \begin{pmatrix} V_1 \\ V_2 \\ V_3 \end{pmatrix} \quad \boldsymbol{W} = \begin{pmatrix} W_1 \\ W_2 \\ W_3 \end{pmatrix} \quad \boldsymbol{Y} = \begin{pmatrix} Y_1 \\ Y_2 \\ Y_3 \end{pmatrix} \quad \boldsymbol{X} = \begin{pmatrix} X_1 \\ X_2 \\ X_3 \\ X_4 \\ X_5 \end{pmatrix}$$

$$\mathbf{A} = \begin{pmatrix} a_{11} & a_{12} & a_{13} \\ a_{21} & a_{22} & a_{23} \\ a_{31} & a_{32} & a_{33} \end{pmatrix} \quad \mathbf{B} = \begin{pmatrix} b_{11} & b_{12} & b_{13} & b_{14} & b_{15} \\ b_{21} & b_{22} & b_{23} & b_{24} & b_{25} \\ b_{31} & b_{32} & b_{33} & b_{34} & b_{35} \end{pmatrix} \quad \mathbf{E} = \begin{pmatrix} e_1 \\ e_2 \\ e_3 \end{pmatrix}$$

(6) 由典型相关分析结论可知：典型变量(V1,W1)、(V2,W2)和(V3,W3)的典型相关系数分别为 0.974648、0.926743 和 0.510552，前两个相关程度均较高，如表 8-36 所示。前两个典型变量的 P 值和累积比率为 0.9861 和小于 0.0001，说明前两个典型变量的解释能力极其显著且可解释方差达 98.61%，如表 8-37 所示。Wilks 等 4 个统计量检验的 P 值均小于 0.0001，说明典型相关分析有效，如表 8-38 所示。构成典型变量的典型系数如表 8-39 和表 8-40 所示。

表 8-36　典型相关系数

典型变量	相关系数	修正相关系数	近似标准误	相关系数平方
1	0.974648	0.969484	0.009140	0.949938
2	0.926743	0.920854	0.025770	0.858853
3	0.510552	0.472456	0.134984	0.260664

表 8-37 典型相关系数的检验

典型变量	特征根	根差	比率	似然比	F 值	DF1	DF2	Pr > F
1	18.9753	12.8905	0.7467	0.0052	24.32	15	63.894	< .0001
2	6.0848	5.7323	0.2394	0.1044	12.57	8	48	< .0001
3	0.3526		0.0139	0.7393	2.94	3	25	0.0528

表 8-38 典型相关模型的检验

统计量	统计值	F 值	DF1	DF2	Pr > F
Wilks 根统计量	0.0052	24.32	15	63.894	< .0001
Pillai 迹统计量	2.0695	11.12	15	75	< .0001
Hotelling 迹统计量	25.4127	37.53	15	38.495	< .0001
Roy 最大根统计量	18.9753	94.88	5	25	< .0001

表 8-39 典型变量 V 和典型系数阵 A

变量	未标准化典型变量			标准化典型变量		
	V1	V2	V3	V1	V2	V3
Y1	−0.16871	−0.03665	−0.76924	−0.8689	−0.1888	−3.9619
Y2	0.15502	−0.16147	−1.48813	0.3923	−0.4086	−3.7662
Y3	0.27858	0.72205	2.47698	0.5134	1.3307	4.5649

表 8-40 典型变量 W 和典型系数阵 B

变量	未标准化典型变量			标准化典型变量		
	W1	W2	W3	W1	W2	W3
X1	13.2752	−35.0067	13.8264	39.3776	−103.839	41.0128
X2	−13.4188	35.1364	−15.9756	−51.6223	135.1705	−61.4585
X3	0.2622	0.2224	2.2272	0.7255	0.6156	6.1630
X4	−13.4685	35.0914	−14.9325	−51.4546	134.0626	−57.0479
X5	−2.0612	2.4469	2.3209	−0.4560	0.5413	0.5134

(7) 由典型结构分析结论可知：典型变量 V、W 与两组原变量 Y、X 的相关系数如表 8-41 和表 8-42 所示。

表 8-41 典型变量 V 与两组原变量的相关系数

原变量	V1	V2	V3
Y1	−0.6382	0.7555	−0.1484
Y2	0.8946	0.3919	−0.2149
Y3	0.1842	0.9790	−0.0870
X1	−0.0259	0.8098	−0.0204
X2	0.7952	0.4972	−0.0796
X3	0.5716	0.7267	0.0177
X4	−0.8211	0.1281	0.0643
X5	−0.8367	0.3425	0.0251

表 8-42　典型变量 W 与两组原变量的相关系数

原变量	W1	W2	W3
Y1	−0.6220	0.7001	−0.0758
Y2	0.8719	0.3632	−0.1097
Y3	0.1795	0.9073	−0.0444
X1	−0.0265	0.8738	−0.0399
X2	0.8159	0.5365	−0.1559
X3	0.5865	0.7841	0.0347
X4	−0.8425	0.1382	0.1259
X5	−0.8584	0.3696	0.0493

(8) 由典型冗余分析结论可知：第 1 组变量的方差或第 2 组变量的方差被己方典型变量和对方典型变量解释的解释量如表 8-43～表 8-46 所示。各个原变量与前 M 个对方典型变量的复相关系数平方如表 8-47 和表 8-48 所示。

表 8-43　第 1 组变量的未标准化方差被己方和对方典型变量的解释量

典型变量	己方典型变量			对方典型变量	
	比率	累积比率	决定系数	比率	决定系数
1	0.4416	0.4416	0.9499	0.4195	0.4195
2	0.5334	0.9751	0.8589	0.4581	0.8777
3	0.0249	1.0000	0.2607	0.0065	0.8842

表 8-44　第 1 组变量的标准化方差被己方和对方典型变量的解释量

典型变量	己方典型变量			对方典型变量	
	比率	累积比率	决定系数	比率	决定系数
1	0.4138	0.4138	0.9499	0.3931	0.3931
2	0.5609	0.9747	0.8589	0.4818	0.8749
3	0.0253	1.0000	0.2607	0.0066	0.8814

表 8-45　第 2 组变量的未标准化方差被己方和对方典型变量的解释量

典型变量	己方典型变量			对方典型变量	
	比率	累积比率	决定系数	比率	决定系数
1	0.4986	0.4986	0.9499	0.4737	0.4737
2	0.3480	0.8466	0.8589	0.2989	0.7725
3	0.0134	0.8600	0.2607	0.0035	0.7760

表 8-46　第 2 组变量的标准化方差被己方和对方典型变量的解释量

典型变量	己方典型变量			对方典型变量	
	比率	累积比率	决定系数	比率	决定系数
1	0.4914	0.4914	0.9499	0.4668	0.4668
2	0.3644	0.8558	0.8589	0.3130	0.7798
3	0.0091	0.8649	0.2607	0.0024	0.7821

表 8-47　第 1 组变量与第 2 组变量的前 M 个典型变量的复相关系数平方

M	1	2	3
Y1	0.3869	0.8770	0.8828
Y2	0.7602	0.8921	0.9041
Y3	0.0322	0.8554	0.8574

表 8-48　第 2 组变量与第 1 组变量的前 M 个典型变量的复相关系数平方

M	1	2	3
X1	0.0007	0.6565	0.6569
X2	0.6324	0.8797	0.8860
X3	0.3268	0.8548	0.8551
X4	0.6742	0.6906	0.6947
X5	0.7000	0.8173	0.8180

(9) 典型变量得分散点图分析：将样本的一个观测(在一个单元上对两组变量的观测结果)代入典型变量算式所得的结果称做得分，典型变量(W, V)的得分对应二维图形的一个点，如图 8-5 所示。由图可见，第 1 对和第 2 对典型变量的线性相关趋势较强。

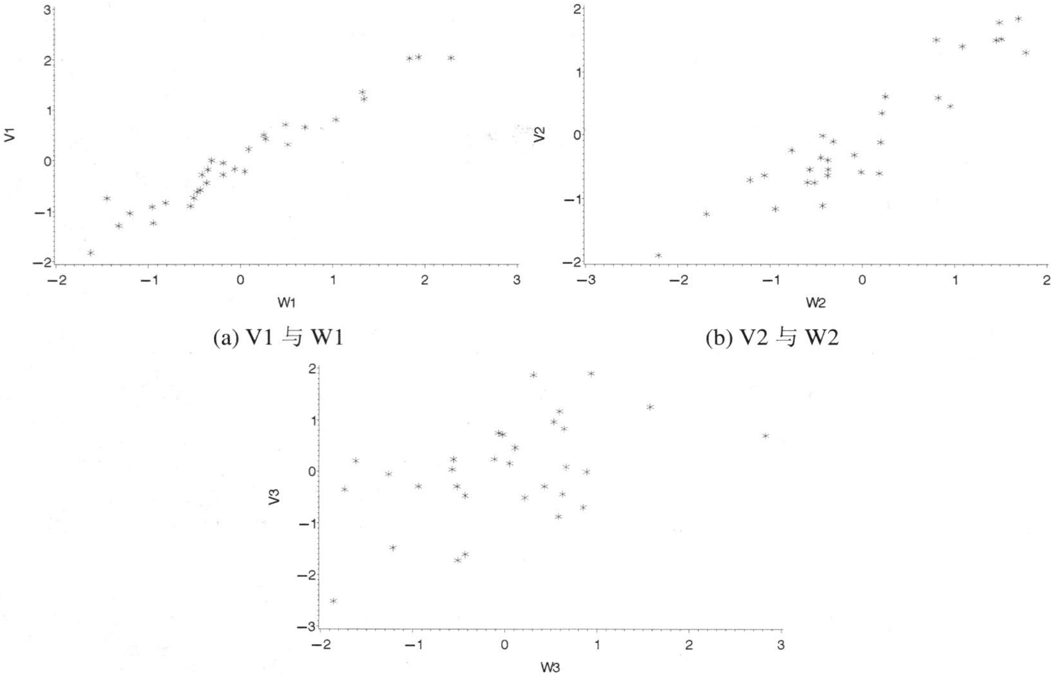

(a) V1 与 W1　(b) V2 与 W2

(c) V3 与 W3

图 8-5　典型变量(W, V)的得分散点图

8.3.8　偏最小二乘多元线性回归

偏最小二乘回归(Partial Least Squares Regression)是一种多响应变量对多自变量的回归

方法，观测个数可以少于变量个数，特别适合自变量集和响应变量集均内部高度线性相关的样本。偏最小二乘回归集中了主分量分析、典型相关分析和多元线性回归 3 种方法的功能，既考虑自变量矩阵又考虑响应变量矩阵，试图提取反映数据变异的最大信息。

【例 8-12】 多个响应变量构成一个变量集，多个自变量构成另一个变量集，试利用表 8-26 所示样本和偏最小二乘法做温室外温度(自变量集)对温室内温度(响应变量集)回归分析。

(1) 将表 8-26 所示数据样本创建为 SAS 数据表 sasuser.wenshi01。

(2) 采用 pls 过程完成偏最小二乘回归，过程选项 details 指定输出详细结果，过程选项 nfac=5 指定用 5 个潜在因子。

SAS 程序如下：

```
proc pls data= sasuser.wenshi01 details nfac=5;
   model Y1 Y2 Y3 = X1 X2 X3 X4 X5;
   output out=aa;
run; quit;
```

(3) 程序输出的主要结果整理后如表 8-49～表 8-53 所示。

表 8-49　模型效应和响应变量被潜在因子解释的百分率

因子号	模型效应		响应变量	
	百分率	累积百分率	百分率	累积百分率
1	53.7555	53.7555	43.9245	43.9245
2	36.4056	90.1611	39.3524	83.2769
3	9.5340	99.6951	3.1610	86.4379
4	0.3049	100.0000	0.3518	86.7898
5	0.0000	100.0000	1.3537	88.1435

(4) 由偏最小二乘回归结论可知：前两个潜在因子解释模型效应的能力达 90.16%，而解释响应变量的能力达 83.28%，如表 8-49 所示。可用表 8-50 构建回归方程。

表 8-50　回归参数的估计

自变量	未编码回归参数估计			中心编码回归参数估计		
	Y1	Y2	Y3	Y1	Y2	Y3
截距	9.1332	8.1374	8.1879	0.0000	0.0000	0.0000
X1	−174.1522	−6.7260	−55.2749	−100.2999	−7.8831	−88.9677
X2	175.9188	7.1249	55.6203	131.4011	10.8303	116.1054
X3	−0.9072	0.1647	0.2763	−0.4874	0.1801	0.4149
X4	175.5085	6.6844	55.4431	130.1869	10.0903	114.9343
X5	14.5201	−2.9433	3.2194	0.6237	−0.2573	0.3864

(5) 潜在因子的结构：可用表 8-51 考察潜在因子中各个自变量的重要性，用表 8-52 构建自变量集的潜在因子并解释问题，用表 8-53 构建响应变量集的潜在因子并解释问题。

表 8-51 模型效应载荷

因子号	X1	X2	X3	X4	X5
1	−0.32319	−0.59524	−0.57474	0.34859	0.29898
2	0.60395	−0.07559	0.23454	0.54500	0.52678
3	−0.32967	0.26996	−0.07941	−0.52761	0.73059
4	0.47800	0.40877	−0.76917	−0.04041	−0.10567
5	−0.48350	0.61905	0.00616	0.61884	0.00018

表 8-52 模型效应权数

因子号	X1	X2	X3	X4	X5	回归系数
1	−0.35409	−0.60289	−0.59071	0.33225	0.23873	0.70019
2	0.57174	−0.03560	0.22298	0.47991	0.64195	0.80534
3	−0.31045	0.28807	−0.11194	−0.52982	0.72744	0.44602
4	0.47425	0.41364	−0.76917	−0.03557	−0.10568	0.83207
5	−0.48350	0.61905	0.00616	0.61884	0.00018	281.3414

表 8-53 响应变量权数

因子号	Y1	Y2	Y3
1	0.070679	−0.802541	−0.592396
2	0.816216	−0.215771	0.535943
3	0.773807	−0.007660	0.633376
4	0.982075	0.168069	−0.085332
5	0.747850	0.059577	0.661189

8.4 随机型自变量多元非线性回归

若响应变量与自变量的关系是非线性相关，则可利用专门用于非线性回归的 nlin 过程进行分析。若非线性回归模型能变换为线性模型(可线性化)，还能选用 glm 过程做可线性化非线性回归，亦可选用 rsreg 过程做多元二次多项式回归。

8.4.1 可线性化回归

【例 8-13】 如前所述，温室内日均温 Y3 与温室外温度变量 X1、X2、X3、X4 及 X5 的线性回归的决定系数为 0.8574，如表 8-31 所示。因决定系数较小，故怀疑其存在非线性的相关关系，试为表 8-26 所示样本拟合一个可线性化的非线性模型。

(1) 将表 8-26 所示数据样本创建为 SAS 数据表 sasuser.wenshi01。

(2) 选定拟合模型如下：

$$Y_3 = \beta_0 + \sum_{j=1}^{5} \beta_j X_j + \sum_{j' \neq j}^{5} \beta_{jj'} X_j X_{j'}$$

(3) 采用 glm 过程完成可线性化非线性回归，语句 model 指定拟合模型。SAS 程序如下：

```
proc glm data= sasuser.wenshi01;
  model Y3 = X1 X2 X3 X4 X5
        X1*X2 X1*X3 X1*X4 X1*X5 X2*X3 X2*X4 X2*X5 X3*X4 X3*X5 X4*X5;
run; quit;
```

(4) 程序输出的主要结果整理后如表 8-54 和表 8-55 所示。

(5) 回归结论：非线性回归模型的 P 值小于 0.0001，决定系数达 0.9274，大于线性回归的决定系数 0.8574 较多，故所选回归模型具有更高的拟合精度，如表 8-54 所示。由表 8-55 的回归参数构建回归方程如下：

$$
\begin{aligned}
Y_1 = {} & 7.7257 + 92.5703X_1 - 93.7799X_2 + 1.9072X_3 - 93.4311X_4 + 9.7781X_5 \\
& + 0.1982X_1X_2 + 3.5506X_1X_3 + 0.2451X_1X_4 - 284.9049X_1X_5 - 3.7039X_2X_3 \\
& + 0.0880X_2X_4 + 282.5840X_2X_5 - 3.9227X_3X_4 + 1.9792X_3X_5 + 283.1194X_4X_5
\end{aligned}
$$

求得线性化模型的复相关系数 R 如下：

$$R = \sqrt{R^2} = \sqrt{0.927444} \approx 0.9630$$

表 8-54　线性化模型方差分析表

方差来源	自由度	平方和	均方	F 值	Pr > F
模型	15	94.4971	6.2998	12.78	< .0001
误差	15	7.3928	0.4928		$R^2 = 0.927444$
总和	30	101.8899			

表 8-55　回归参数的估计和检验

回归变量	回归参数	标准误	t 值	Pr > |t|
截距	7.7257	0.80351	9.61	< .0001
X1	92.5703	99.73437	0.93	0.3680
X2	−93.7799	99.91502	−0.94	0.3628
X3	1.9072	1.47212	1.30	0.2147
X4	−93.4311	99.88934	−0.94	0.3644
X5	9.7781	4.94758	1.98	0.0668
X1*X2	0.1982	0.18526	1.07	0.3015
X1*X3	3.5506	14.54952	0.24	0.8105
X1*X4	0.2451	0.12038	2.04	0.0598
X1*X5	−284.9049	155.54133	−1.83	0.0869
X2*X3	−3.7039	14.52566	−0.25	0.8022
X2*X4	0.0880	0.08689	1.01	0.3274
X2*X5	282.5840	156.12368	1.81	0.0904
X3*X4	−3.9227	14.60565	−0.27	0.7919
X3*X5	1.9792	3.01435	0.66	0.5214
X4*X5	283.1194	155.76908	1.82	0.0892

由于存在自变量的共线性，在 0.05 水平上回归系数均不显著，检验结果失真。

8.4.2 多元二次多项式回归

【例 8-14】 如前所述，温室内日均温 Y3 与温室外温度变量 X1、X2、X3、X4 及 X5 的线性回归的决定系数为 0.8574，如表 8-31 所示。因决定系数较小，故怀疑其存在非线性的相关关系，试为表 8-26 所示样本拟合一个五元二次多项式(响应面)。

(1) 将表 8-26 所示数据样本创建为 SAS 数据表 sasuser.wenshi01。

(2) 选定五元二次多项式拟合模型如下：

$$Y_3 = \beta_0 + \sum_{j=1}^{5}\beta_j X_j + \sum_{j'\neq j}^{5}\beta_{jj'} X_j X_{j'} + \sum_{j=1}^{5}\beta_j^2 X_j^2$$

(3) 采用 rsreg 过程完成多元二次多项式回归。SAS 程序如下：

```
proc rsreg data= sasuser.wenshi01;
   model Y3 = X1 X2 X3 X4 X5;
run; quit;
```

(4) 程序输出的主要结果整理后如表 8-56 和表 8-57 所示。

(5) 回归分析：多项式模型的 P 值达 0.0002，决定系数达 0.9567，大于线性回归的决定系数 0.8574 较多，故所选模型具有更高的拟合精度。一次项的 P 值小于 0.0001，决定系数达 0.8574，二次项和交叉项不显著，可见变量间主要是线性关系，如表 8-56 所示。由表 8-57 的回归参数构建回归方程如下：

$$\begin{aligned}Y_1 = {} & 8.1274 - 160.3797X_1 + 159.8601X_2 + 1.4364X_3 + 160.4043X_4 - 0.8333X_5 \\ & - 37806X_1X_2 - 59.2459X_1X_3 - 37849X_1X_4 + 142.0141X_1X_5 + 58.0796X_2X_3 \\ & + 37797X_2X_4 - 146.3707X_2X_5 + 58.4668X_3X_4 + 3.9820X_3X_5 - 143.5970X_4X_5 \\ & + 18930X_1^2 + 18877X_2^2 + 0.6835X_3^2 + 18920X_4^2 - 1.8150X_5^2\end{aligned}$$

表 8-56 回归项的检验和决定系数

方差来源	自由度	平方和	决定系数	F 值	Pr > F
一次项	5	87.361556	0.8574	39.64	<.0001
二次项	5	3.690074	0.0362	1.67	0.2280
交叉项	10	6.430463	0.0631	1.46	0.2807
模型	20	97.482093	0.9567	11.06	0.0002

表 8-57 回归参数的估计和检验

回归变量	自由度	回归参数	标准误	t 值	Pr > |t|
截距	1	8.1274	0.81766	9.94	<.0001
X1	1	−160.3797	224.98422	−0.71	0.4922
X2	1	159.8601	224.78082	0.71	0.4932
X3	1	1.4364	1.57021	0.91	0.3818
X4	1	160.4043	224.90049	0.71	0.4920
X5	1	−0.8333	7.22151	−0.12	0.9104

续表

回归变量	自由度	回归参数	标准误	t 值	Pr > |t|
X1*X1	1	18930	9904.83386	1.91	0.0850
X2*X1	1	−37806	19723	−1.92	0.0842
X2*X2	1	18877	9818.58328	1.92	0.0835
X3*X1	1	−59.2459	181.86849	−0.33	0.7513
X3*X2	1	58.0796	181.86973	0.32	0.7560
X3*X3	1	0.6835	0.48032	1.42	0.1852
X4*X1	1	−37849	19768	−1.91	0.0845
X4*X2	1	37797	19681	1.92	0.0837
X4*X3	1	58.4668	181.93374	0.32	0.7546
X4*X4	1	18920	9862.91846	1.92	0.0840
X5*X1	1	142.0141	248.47518	0.57	0.5803
X5*X2	1	−146.3707	248.27067	−0.59	0.5686
X5*X3	1	3.9820	4.75889	0.84	0.4223
X5*X4	1	−143.5970	247.72018	−0.58	0.5750
X5*X5	1	−1.8150	13.73928	−0.13	0.8975

8.4.3　本质非线性回归

【例 8-15】 为考察黄瓜产量与生长时间、环境温度及光辐射量的关系，在种植周期的 180 天里共实施了 16 次观测(Obs)，每次观测 5 株共 80 株，每次观测分别测定黄瓜的单株产量(Y，均值)、生长天数(X1)、日高温(X2)、日低温(X3)、日均温(X4)和光辐射量(X5)等 5 个变量，结果如表 8-58 所示。试为数据样本拟合一个非线性回归模型，并确定最佳的生长参数(生长天数、环境温度及光辐射量)。

表 8-58　黄瓜产量的定株观测样本(sasuser.huanggua02)

Obs	X1	X2	X3	X4	X5	Y
1	50	29.77	15.35	21.61	15.81	13.51
2	57	28.93	13.32	20.56	21.74	59.11
3	64	32.98	17.09	24.09	19.02	95.58
4	71	31.24	16.96	23.51	18.58	163.84
5	78	31.57	17.05	23.31	16.97	283.24
6	85	32.66	15.87	23.29	20.52	198.72
7	92	38.57	20.71	27.91	19.74	243.13
8	100	38.09	22.36	28.28	22.83	340.97
9	111	34.55	19.35	25.63	17.03	393.97
10	124	33.21	17.29	24.09	16.79	228.82
11	138	28.46	16.27	20.56	13.73	121.14
12	147	36.06	12.73	22.79	22.53	83.21
13	154	31.09	14.87	21.21	15.71	75.46
14	163	25.99	12.89	18.08	12.08	47.93
15	172	26.97	9.01	15.82	10.19	44.75
16	180	25.1	7.16	13.97	13.57	13.14

(1) 将表 8-56 所示数据样本创建为 SAS 数据表 sasuser. huanggua02。

(2) 根据响应变量随自变量变化的特点，拟采用下面的回归模型：

$$Y = K e^{-\frac{(X_1-b_1)^2}{b_2X_2+b_3X_3+b_4X_4+b_5X_5}}$$

(3) 为满足 nlin 过程的需要，求得 Y 对各个回归参数的偏导数如下：

$$\frac{\partial Y}{\partial K} = e^{-\frac{(X_1-b_1)^2}{b_2X_2+b_3X_3+b_4X_4+b_5X_5}}$$

$$\frac{\partial Y}{\partial b_1} = K e^{-\frac{(X_1-b_1)^2}{b_2X_2+b_3X_3+b_4X_4+b_5X_5}} \left(\frac{2(X_1-b_1)}{b_2X_2+b_3X_3+b_4X_4+b_5X_5} \right)$$

$$\frac{\partial Y}{\partial b_2} = K e^{-\frac{(X_1-b_1)^2}{b_2X_2+b_3X_3+b_4X_4+b_5X_5}} \frac{(X_1-b_1)^2 X_2}{(b_2X_2+b_3X_3+b_4X_4+b_5X_5)^2}$$

$$\frac{\partial Y}{\partial b_3} = K e^{-\frac{(X_1-b_1)^2}{b_2X_2+b_3X_3+b_4X_4+b_5X_5}} \frac{(X_1-b_1)^2 X_3}{(b_2X_2+b_3X_3+b_4X_4+b_5X_5)^2}$$

$$\frac{\partial Y}{\partial b_4} = K e^{-\frac{(X_1-b_1)^2}{b_2X_2+b_3X_3+b_4X_4+b_5X_5}} \frac{(X_1-b_1)^2 X_4}{(b_2X_2+b_3X_3+b_4X_4+b_5X_5)^2}$$

$$\frac{\partial Y}{\partial b_5} = K e^{-\frac{(X_1-b_1)^2}{b_2X_2+b_3X_3+b_4X_4+b_5X_5}} \frac{(X_1-b_1)^2 X_5}{(b_2X_2+b_3X_3+b_4X_4+b_5X_5)^2}$$

(4) 采用 nlin 过程完成非线性回归，过程选项 method=marquardt 指定优化的迭代方法，过程选项 convergeparm=1e-8 指定将相邻迭代回归参数的相对误差小于 1e-8 作为优化收敛准则，过程选项 converge=1e-8 指定将 SSE 平方根做分母的统计量，小于 1e-8 作优化收敛准则，语句 parms K=10 to 400 by 20 b1=10 to 90 by 10 b2=0 to 100 by 20 b3=0 to 100 by 20 b4=0 to 100 by 20 b5=0 to 100 by 20 指定优化迭代的参数初值，语句 model 指定拟合的回归模型，语句 der.K 规定 Y 对回归参数 K 的偏导数，其余以此类推。SAS 程序如下：

```
proc nlin best=5 data=sasuser.huanggua02 method=marquardt
        convergeparm=1e-8 converge=1e-8;
parms K=10 to 400 by 20 b1=10 to 90 by 10 b2=0 to 100 by 20
        b3=0 to 100 by 20 b4=0 to 100 by 20 b5=0 to 100 by 20;
model y=K*exp(-(X1-b1)* (X1-b1)/(b2*X2+b3*X3+b4*X4+b5*X5));
der.K= exp(-(X1-b1)* (X1-b1)/(b2*X2+b3*X3+b4*X4+b5*X5));
der.b1=K*exp(-(X1-b1)*(X1-b1)/(b2*X2+b3*X3+b4*X4+b5*X5))*
      (2*(X1-b1)/ (b2*X2+b3*X3+b4*X4+b5*X5));
der.b2=K*exp(-(X1-b1)*(X1-b1)/(b2*X2+b3*X3+b4*X4+b5*X5))*((X1-b1)*
     (X1-b1)*X2/((b2*X2+b3*X3+b4*X4+b5*X5)*(b2*X2+b3*X3+b4*X4+b5*X5)));
```

```
der.b3=K*exp(-(X1-b1)*(X1-b1)/(b2*X2+b3*X3+b4*X4+b5*X5))*((X1-b1)*
        (X1-b1)*X3/((b2*X2+b3*X3+b4*X4+b5*X5)*(b2*X2+b3*X3+b4*X4+b5*X5)));
der.b4=K*exp(-(X1-b1)*(X1-b1)/(b2*X2+b3*X3+b4*X4+b5*X5))*((X1-b1)*
        (X1-b1)*X4/((b2*X2+b3*X3+b4*X4+b5*X5)*(b2*X2+b3*X3+b4*X4+b5*X5)));
der.b5=K*exp(-(X1-b1)*(X1-b1)/(b2*X2+b3*X3+b4*X4+b5*X5))*((X1-b1)*
        (X1-b1)*X5/((b2*X2+b3*X3+b4*X4+b5*X5)*(b2*X2+b3*X3+b4*X4+b5*X5)));
output out=sasuser.file p=EY r=ERROR;   /*输出估计值 EY 和残差 ERROR 到 file*/
run; quit;
```

(5) 程序输出的主要结果整理后如表 8-59～表 8-61 所示。

表 8-59　迭代终止时收敛判别估计量的值

R	PPC(b5)	RPC(b5)	Object	SSE
5.71E-9	1.797E-8	5.005E-8	3.22E-16	22563.22

表 8-60　方 差 分 析 表

方差来源	自由度	平方和	均方	F 值	Pr > F
回归模型	6	551516	91919.4	40.74	< .0001
残差	10	22563.2	2256.3		
总和	16	574079		$R^2 = 0.9607$	
校正总和	15	212121			

表 8-61　回归参数的估计值和 0.95 近似置信区间

回归参数	估计值	标准误	置信下限	置信上限
K	331.8	26.7218	272.3	391.4
b1	105.1	4.0380	96.0696	114.1
b2	−81.8945	347.4	−856.1	692.3
b3	−262.4	498.7	−1373.7	848.9
b4	461.4	900.6	−1545.4	2468.1
b5	−124.4	156.1	−472.3	223.6

(6) 迭代终止时 R 收敛准则的相对误差(R)、回归参数的最大绝对误差(PPC)、回归参数的最大相对误差(RPC)、目标函数的相对误差(Object)和残差平方和目标函数(SSE)等收敛判别估计量的值如表 8-59 所示。

由平方和计算决定系数(相关指数)：

$$R^2 = \frac{SSR}{SST} = \frac{551516}{574079} \approx 0.9607$$

(7) 结论：回归模型的 P 值小于 0.0001，决定系数达 0.9607，所选非线性模型极其显著且具有较高的拟合精度，如表 8-60 所示。由表 8-61 的回归参数估计值构建回归方程如下：

$$Y = 331.8\mathrm{e}^{\frac{(X_1-105.1)^2}{81.8945X_2+262.4X_3-461.4X_4+124.4X_5}}$$

由于自变量是随机变量且存在共线性和非独立性问题，故自变量随意取值并代入回归方程求得响应估计值的做法是错误的。随机观测并获得自变量组的一个观测，将其代入回归方程并求得响应变量值的做法是正确的。

(8) 由于超过两个自变量无法展现完整的回归曲面，故用 gplot 过程调用前面程序的输出数据文件 sasuser.file，以 X1 为自变量，以 Y 为响应变量绘制散点图，以 Y 的估计值 EY 为响应变量绘制样条曲线图，从一个剖面考察回归拟合的效果。SAS 程序如下：

```
goptions reset=all ftext=swiss htext=2.15;
symbol1 v=star cv=red h=2.15;
symbol2 i=spline ci=red;
axis1 label=(f='swiss'  'X1');
axis2 label=(A=90  f='swiss'  'Yield');
proc gplot data= sasuser.file;
  plot  Y*X1  EY*X1 / noframe overlay legend haxis=axis1 vaxis=axis2;
run; quit;
```

(9) 程序输出的结果如图 8-6 所示。由图可见，回归模型的拟合优度较高。

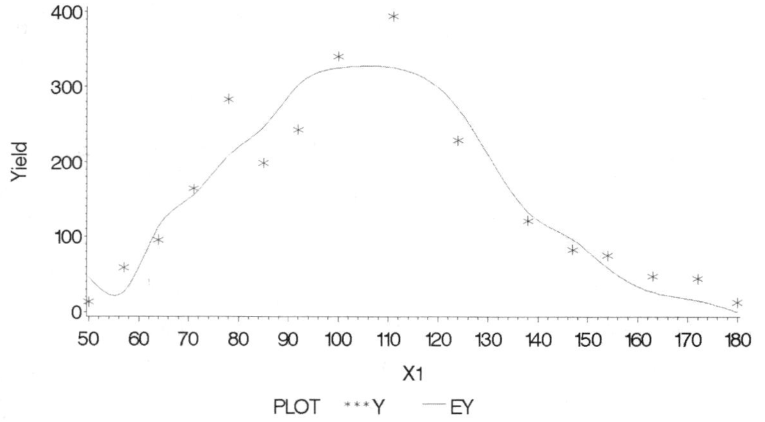

图 8-6 黄瓜单株产量的测定结果和预测曲线

(10) 由于自变量集的共线性和非独立性问题，通过解析回归模型求得最佳生长参数变得不可行。试验获得的最大产量为 393.97，对应的最佳生长参数是生长天数 111、日高温 34.55℃、日低温 19.35℃、日均温 25.63℃和光辐射量 17.03。

8.5 确定型自变量多元线性回归

确定型自变量样本的回归分析相对简单，一是：因为自变量不是随机变量且能由人工控制；二是：因为试验方案经过特别设计其自变量均正交而不需考虑共线性问题，但一些情况下方差齐性问题仍需考虑。

【例 8-16】 考察静电喷雾机的雾化性能与工作参数的关系，选定充电电压(X1)、气流压力(X2)、喷孔直径(X3)和药液压力(X4)四个工作参数作试验因子(自变量)，选定雾滴数量中径(NMD)、雾滴体积中径(VMD)和雾滴直径标准差(STD)作雾化质量的评价指标(响应变量)，实施一个 3^{4-1} 部分析因设计的试验，结果如表 8-62 所示。试做线性回归分析。

表 8-62　静电喷雾机雾化性能试验的数据样本(sasuser.penwu01)

Runs	X1	X2	X3	X4	NMD	VMD	STD
1	600	150	3.6	−5	30.1	39.455	15.11
2	600	150	3.4	0	25.8	32.137	11.61
3	600	150	3.0	5	25.8	30.832	9.08
4	600	200	3.6	0	21.5	24.344	6.30
5	600	200	3.4	5	24.1	34.496	14.19
6	600	200	3.0	−5	25.8	30.022	8.89
7	600	250	3.6	5	17.2	22.440	7.08
8	600	250	3.4	−5	25.8	29.418	9.50
9	600	250	3.0	0	21.5	26.693	9.65
10	1200	150	3.6	0	30.1	39.031	15.05
11	1200	150	3.4	5	25.8	29.001	13.14
12	1200	150	3.0	−5	26.2	31.950	10.86
13	1200	200	3.6	5	17.2	23.282	9.33
14	1200	200	3.4	−5	25.8	33.448	12.01
15	1200	200	3.0	0	26.7	29.617	6.36
16	1200	250	3.6	−5	21.5	28.708	9.72
17	1200	250	3.4	0	22.4	28.949	10.56
18	1200	250	3.0	5	21.5	25.657	7.52
19	2400	150	3.6	5	26.7	31.994	11.36
20	2400	150	3.4	−5	27.5	36.473	13.87
21	2400	150	3.0	0	25.8	28.067	8.68
22	2400	200	3.6	−5	24.5	26.115	7.34
23	2400	200	3.4	0	21.5	27.062	8.84
24	2400	200	3.0	5	21.5	25.344	7.38
25	2400	250	3.6	0	15.5	21.967	8.34
26	2400	250	3.4	5	21.5	27.337	10.09
27	2400	250	3.0	−5	30.1	32.869	8.16

(1) 将表 8-62 所示数据样本创建为 SAS 数据表 sasuser.penwu01。

(2) 采用 reg 过程完成线性回归。SAS 程序如下：

```
proc reg data=sasuser.penwu01;
  model NMD VMD STD = X1 X2 X3 X4;
run; quit;
```

(3) 程序输出的主要结果整理后如表 8-63～表 8-68 所示。

(4) 数量中径 NMD 回归模型的 P 值达 0.0007，决定系数达 0.5682，回归极其显著但拟合精度较差，可能存在非线性关系，如表 8-63 所示。截距的 P 值小于 0.0001，表明可能存在未考虑因子或非线性关系，0.01 水平上 X2 和 X4 的回归参数检验显著，说明影响数量中径的主要因子依次是气流压力和药液压力，如表 8-64 所示。

表 8-63　NMD 回归模型的方差分析表

方差来源	自由度	平方和	均方	F 值	Pr > F
回归模型	4	214.31378	53.57845	7.24	0.0007
误差	22	162.89362	7.40426	$R^2 = 0.5682$	
总和	26	377.20741			

表 8-64　NMD 回归模型的参数估计及检验

回归变量	DF	回归参数	标准误	t 值	Pr > |t|
截距	1	46.2434	7.53562	6.14	< .0001
X1	1	−0.0002	0.00070	−0.28	0.7851
X2	1	−0.0520	0.01283	−4.05	0.0005
X3	1	−3.4564	2.09936	−1.65	0.1139
X4	1	−0.4000	0.12827	−3.12	0.0050

(5) 体积中径 VMD 回归模型的 P 值达 0.0056，决定系数达 0.4710，回归显著但拟合精度较差，可能存在非线性关系，如表 8-65 所示。截距的 P 值达 0.0003，表明可能存在未考虑因子或非线性关系，在 0.01 水平上 X2 和 X4 的回归参数检验显著，说明影响体积中径的主要因子，依次是气流压力和药液压力，如表 8-66 所示。

表 8-65　VMD 回归模型的方差分析表

方差来源	自由度	平方和	均方	F 值	Pr > F
回归模型	4	258.46216	64.61554	4.90	0.0056
误差	22	290.31304	13.19605	$R^2 = 0.4710$	
总和	26	548.77520			

表 8-66　VMD 回归模型的参数估计及检验

回归变量	DF	回归参数	标准误	t 值	Pr > |t|
截距	1	42.5533	10.06005	4.23	0.0003
X1	1	−0.0008	0.00093	−0.89	0.3831
X2	1	−0.0610	0.01712	−3.56	0.0017
X3	1	0.0956	2.80264	0.03	0.9731
X4	1	−0.4231	0.17124	−2.47	0.0217

(6) 雾滴直径标准差 STD 回归模型的 P 值为 0.0224，决定系数仅 0.3916，在 0.01 水平上回归不显著且拟合精度也差，可能存在较强非线性关系，如表 8-67 所示。在 0.01 水平上只有 X2 的回归参数检验显著，说明影响雾滴均匀度的因子是气流压力，如表 8-68 所示。

表 8-67　STD 回归模型的方差分析表

方差来源	自由度	平方和	均方	F 值	Pr > F
回归模型	4	67.09067	16.77264	3.54	0.0224
误差	22	104.22362	4.73744	$R^2 = 0.3916$	
总和	26	171.31419			

表 8-68　STD 回归模型的参数估计及检验

回归变量	DF	回归参数	标准误	t 值	Pr > |t|
截距	1	6.4862	6.02768	1.08	0.2936
X1	1	−0.0005	0.00056	−0.94	0.3561
X2	1	−0.0313	0.01026	−3.05	0.0059
X3	1	3.1520	1.67926	1.88	0.0738
X4	1	−0.0699	0.10260	−0.68	0.5029

(7) 结论：线性回归未能较好地拟合样本，需采用非线性回归解决问题。

8.6　响应面设计的试验分析

响应面设计是一种专门针对多元二次多项式回归模型(响应面)的试验设计，有许多优良特性。SAS 的 rsreg 过程专门用于该设计的试验样本处理(响应面分析)，主要有简单统计、回归分析、典型分析、岭脊分析等多种功能，它能给出回归方程、各种检验、驻点坐标、最佳处理和进一步试验的方向性信息，是对非线性问题的一个很好逼近。

响应面分析属于确定型自变量非线性回归，不需考虑共线性问题。*M* 元二次多项式模型(响应面模型)如下所示：

$$Y = \beta_0 + \sum_{j=1}^{M} \beta_j X_j + \sum_{j' \neq j}^{M} \beta_{jj'} X_j X_{j'} + \sum_{j=1}^{M} \beta_j^2 X_j^2$$

8.6.1　因子水平编码和试验数据整理

【例 8-17】 为有效解决温室废弃物的利用问题，实施了一种制沼气试验。选配料浓度(X1)、PH 值(X2)和配料比(X3)做试验因子，并就三因子试验做中心组合正交旋转的响应面设计，选产气量(Y1)和甲烷含量(Y2)做响应变量，并测定每个处理上的响应变量值，结果如表 8-70 所示。试将该试验样本创建为 SAS 数据表 sasuser.gasch4。

响应面设计的试验方案有两种表示方法，一种是编码设计方案，如表 8-70 中的 Z1、Z2 和 Z3 等列所示，另一种是因子设计方案，如 X1、X2 和 X3 等列所示。因子水平和它们的设计编码如表 8-69 所示。

设 X_{jm} 为因子 X_j 的中水平，S_j 为因子 X_j 编码的除数，则因子 X_j 的析因设计点及中心设计点的水平编码 Z_j 由下式计算得出：

$$Z_j = \frac{X_j - X_{jm}}{S_j}$$

主轴设计点的编码 $Z_{j\alpha} = \alpha$ 由响应面设计给出，其对应的因子水平值 $X_{j\alpha}$ 由下式计算得出：

$$X_{j\alpha} = X_{jm} + \alpha S_j$$

即满足下面的编码公式：

$$\alpha = \frac{X_{j\alpha} - X_{jm}}{S_j}$$

由于表 8-70 所示的数据排列方式符合 SAS 的格式要求，因而就以此格式将试验样本创建为 SAS 数据表 sasuser.gasch4。

表 8-69　因子水平编码表(试验设计的编码)

试验因子	因子水平编码($\alpha = 1.6818$)					
	$-\alpha$	−1	0	+1	$+\alpha$	S_j
X1	4	5.62	8	10.38	12	2.38
X2	5	5.8	7	8.2	9	1.2
X3	0.2	1.2	2.6	4	5	1.4

表 8-70　响应面设计的试验样本(sasuser.gasch4)

Obs	Z1	Z2	Z3	X1	X2	X3	Y1	Y2
1	−1	−1	−1	5.62	5.8	1.2	19.4	43.3
2	−1	−1	+1	5.62	5.8	4	18.1	50.9
3	−1	+1	−1	5.62	8.2	1.2	25.3	47.5
4	−1	+1	+1	5.62	8.2	4	27	48.9
5	+1	−1	−1	10.38	5.8	1.2	36.7	44.8
6	+1	−1	+1	10.38	5.8	4	25.6	47.3
7	+1	+1	−1	10.38	8.2	1.2	33	53
8	+1	+1	+1	10.38	8.2	4	30.9	47.7
9	−1.6818	0	0	4	7	2.6	18.7	48.6
10	1.6818	0	0	12	7	2.6	35.7	47.5
11	0	−1.6818	0	8	5	2.6	22.7	49.0
12	0	1.6818	0	8	9	2.6	28.4	50.0
13	0	0	−1.6818	8	7	0.2	32.9	51.1
14	0	0	1.6818	8	7	5	28.6	51.5
15	0	0	0	8	7	2.6	24.7	47.9
16	0	0	0	8	7	2.6	26.5	48.2
17	0	0	0	8	7	2.6	29.8	51.6
18	0	0	0	8	7	2.6	28.2	49.2
19	0	0	0	8	7	2.6	27.8	48.5
20	0	0	0	8	7	2.6	26.7	49.3
21	0	0	0	8	7	2.6	25.2	50.3
22	0	0	0	8	7	2.6	26.3	50.4
23	0	0	0	8	7	2.6	24.9	49.3

8.6.2　响应面回归分析

【例 8-18】 针对表 8-70 所示的 SAS 数据表 sasuser.gasch4，试做响应面回归分析，包括回归参数的估计和检验、模型分项检验、因子效应检验、失拟检验和典型分析。

(1) 利用 rsreg 过程做回归分析，语句 model 中的语句项 Y1 Y2 = X1 X2 X3 指定三元二次多项式模型，等号左端列出响应变量，等号右端列出自变量，相邻变量用空格隔开。语句选项 lackfit 和 press 分别指定失拟检验和输出残差平方和。SAS 程序如下：

```
proc rsreg data= sasuser.gasch4;
   model Y1 Y2 = X1 X2 X3 / lackfit press;
run; quit;
```

(2) 程序关于 Y1 的主要输出结果整理后如表 8-71～表 8-75 所示。

(3) 由 Y1 响应面的回归估计及检验可知：在 0.05 水平上 X1、X2、X3、X2*X1、X3*X1、X3*X2 和 X3*X3 的系数显著，其余不显著，如表 8-71 所示。线性项的 P 值和决定系数分别为小于 0.0001 和 0.7565，极其显著且具有解释变异 75.65%的能力，其次是交叉项和平方项，说明回归主要是线性关系和互作，总模型的 P 值和决定系数分别为小于 0.0001 和 0.9392，说明模型极其显著且具有很高的拟合精度，回归有效，如表 8-72 所示。失拟的 P 值为 0.7078，说明失拟不显著或中心点拟合较好。如表 8-73 所示。获得的响应面方程如下：

$$
\begin{aligned}
Y_1 = &-40.1388 + 7.3477X_1 + 9.6052X_2 - 6.4517X_3 - 0.5777X_1X_2 - 0.5102X_1X_3 \\
&+ 0.8929X_2X_3 + 0.0016X_1^2 - 0.4080X_2^2 + 0.6241X_3^2
\end{aligned}
$$

表 8-71　Y1 响应面模型回归参数的估计和检验

回归变量	自由度	回归参数	t 值	Pr > |t|	编码参数
截距	1	−40.1388	−2.10	0.0553	26.6941
X1	1	7.3447	4.09	0.0013	8.0001
X2	1	9.6052	2.27	0.0407	3.1844
X3	1	−6.4517	−2.28	0.0403	−2.4918
X1*X1	1	0.0016	0.02	0.9815	0.0259
X2*X1	1	−0.5777	−3.01	0.0100	−4.6218
X2*X2	1	−0.4080	−1.49	0.1598	−1.6322
X3*X1	1	−0.5102	−3.10	0.0084	−4.8980
X3*X2	1	0.8929	2.74	0.0169	4.2857
X3*X3	1	0.6241	3.25	0.0064	3.5946

表 8-72　Y1 响应面模型回归分项检验

回归项	自由度	平方和	R^2	F 值	Pr > F
线性项	3	388.0729	0.7565	53.94	< .0001
平方项	3	30.8689	0.0602	4.29	0.0260
交叉项	3	62.9000	0.1226	8.74	0.0020
总模型	9	481.8419	0.9392	22.32	< .0001

表 8-73　Y1 响应面模型失拟(拟合不足)检验

残差项	自由度	平方和	均方	F 值	Pr > F
失拟	5	8.42083	1.6842	0.59	0.7078
纯误差	8	22.7556	2.8444		
总误差	13	31.1764	2.3982		

(4) 由 Y1 响应面的因子效应检验可知：按 P 值排序分别为 X1、X3 和 X2，且 P 值在小于 0.0001 到 0.0007 之间，说明三个因子对产气量均有极显著影响，配料浓度影响最大，其次是配料比和 PH 值，如表 8-74 所示。

表 8-74　Y1 响应面的因子效应检验

因子	自由度	平方和	均方	F 值	Pr > F
X1	4	354.1685	88.5421	36.92	< .0001
X2	4	94.5968	23.6492	9.86	0.0007
X3	4	95.7149	23.9287	9.98	0.0006

(5) 由 Y1 响应面的典型分析可知：驻点是鞍点，驻点响应相比试验处理的响应较小，不是最佳处理，需另辟途径确定最佳处理，如表 8-75 所示。第 1 特征根为 6.010092 是正根，则第 1 特征向量代表响应变量增大的方向。

表 8-75　Y1 响应面的典型分析结果

项目	X1	X2	X3	特征根
第 1 特征向量	−0.470235	0.367216	0.802516	6.010092
第 2 特征向量	0.702061	−0.395362	0.592283	−0.738715
第 3 特征向量	0.534780	0.841927	−0.071895	−3.283006
未编码驻点	15.084488	7.568948	5.920824	
编码驻点	1.771122	0.284474	1.383677	
驻点响应	32.507742	驻点特征	鞍点	

(6) 程序关于 Y2 的主要输出结果整理后如表 8-76～表 8-80 所示。

表 8-76　Y2 响应面模型回归参数的估计和检验

回归变量	自由度	回归参数	t 值	Pr > |t|	编码参数
截距	1	11.0629	0.62	0.5430	49.4437
X1	1	1.5513	0.93	0.3690	0.0432
X2	1	4.4414	1.13	0.2784	1.5329
X3	1	10.3417	3.93	0.0017	0.8506
X1*X1	1	−0.1469	−2.30	0.0384	−2.3503
X2*X1	1	0.2801	1.57	0.1396	2.2409
X2*X2	1	−0.2291	−0.90	0.3837	−0.9164
X3*X1	1	−0.4427	−2.90	0.0124	−4.2497
X3*X2	1	−1.0417	−3.44	0.0044	−5.0000
X3*X3	1	0.1626	0.91	0.3788	0.9368

表 8-77　Y2 响应面模型回归分项检验

回归项	自由度	平方和	R^2	F 值	Pr > F
线性项	3	14.8908	0.1441	2.40	0.1148
平方项	3	14.5151	0.1405	2.34	0.1210
交叉项	3	47.0250	0.4552	7.58	0.0035
总模型	9	76.4309	0.7398	4.11	0.0109

表 8-78　Y2 响应面模型失拟(拟合不足)检验

残差项	自由度	平方和	均方	F 值	Pr > F
失拟	5	15.6776	3.1355	2.24	0.1489
纯误差	8	11.2089	1.4011		
总误差	13	26.8865	2.0682		

表 8-79　Y2 响应面模型因子效应检验

因子	自由度	平方和	均方	F 值	Pr > F
X1	4	33.5102	8.3776	4.05	0.0239
X2	4	42.7660	10.6915	5.17	0.0103
X3	4	47.0384	11.7596	5.69	0.0072

表 8-80　Y2 响应面的典型分析结果

项目	X1	X2	X3	特征根
第 1 特征向量	0.371042	0.516053	−0.772021	3.629175
第 2 特征向量	−0.313999	0.852120	0.418684	−2.557687
第 3 特征向量	0.873918	0.087065	0.478213	−3.401413
未编码驻点	7.861464	7.542682	3.059760	
编码驻点	−0.034634	0.271341	0.191567	
驻点响应	49.732395	驻点特征	鞍点	

(7) 对 Y2 的回归分析可仿照对 Y1 的讨论。获得 Y2 的响应面方程如下：

$$Y_2 = 11.0629 + 1.5513X_1 + 4.4414X_2 + 10.3417X_3 + 0.2801X_1X_2 - 0.4427X_1X_3 - 1.0417X_2X_3 - 0.1469X_1^2 - 0.2291X_2^2 + 0.1626X_3^2$$

8.6.3　响应面岭脊分析

【例 8-19】 若要确定最佳处理，首先需考察驻点。若驻点是极值点则已找到最佳处理，若是鞍点则需利用其它方法找到试验范围内的最佳处理。试利用岭脊分析确定试验的最佳处理。

(1) 岭脊分析原理。M 个因子的水平值均采用归一化编码，从中心点出发等间隔(缺省间隔 0.1)地取 0～1 之间的数作为搜索半径，搜索半径扫描 M 维空间形成一个超球面，在超球面与响应面的交线上确定与最大响应或最小响应对应的试验点，该试验点就称做岭脊点，搜索到的多个岭脊点构成一条岭脊。岭脊分析确定搜索半径从 0 到 1 所对应的岭脊点和它的响应值。

(2) 做岭脊分析需在 rsreg 过程的程序中添加 ridge 语句，其中语句项 max 和 min 分别指定做最大响应和最小响应的岭脊分析，语句项 center=8 7 2.6 指定搜索中心点，语句项 outr=aa 指定输出分析结果到数据文件 aa。SAS 程序如下：

```
proc rsreg data= sasuser.gasch4;
  model Y1 Y2 = X1 X2 X3 / lackfit press;
  ridge max min center=8 7 2.6 outr=aa;
run; quit;
```

(3) 程序输出的岭脊分析结果如表 8-81～表 8-84 所示。

表 8-81 Y1 响应面的最小岭脊分析结果

搜索半径	响应估计	标准误	X1	X2	X3
0.0	26.694136	0.515930	8.000000	7.000000	2.600000
0.1	25.788674	0.515855	7.647856	6.916635	2.654317
0.2	24.854332	0.517008	7.308365	6.813320	2.689486
0.3	23.879443	0.523496	6.982679	6.695924	2.712586
0.4	22.856608	0.541765	6.669744	6.568548	2.728426
0.5	21.781066	0.579385	6.367906	6.433913	2.740006
0.6	20.649657	0.642995	6.075540	6.293839	2.749158
0.7	19.460204	0.736541	5.791232	6.149577	2.756998
0.8	18.211155	0.861053	5.513802	6.002012	2.764210
0.9	16.901374	1.015691	5.242279	5.851790	2.771217
1.0	15.530002	1.198929	4.975862	5.699394	2.778276

表 8-82 Y1 响应面的最大岭脊分析结果

搜索半径	响应估计	标准误	X1	X2	X3
0.0	26.694136	0.515930	8.000000	7.000000	2.600000
0.1	27.588588	0.515867	8.358710	7.056470	2.518233
0.2	28.496586	0.517125	8.711784	7.081333	2.403823
0.3	29.445877	0.523990	9.046198	7.076203	2.259402
0.4	30.461231	0.543164	9.355811	7.048141	2.093539
0.5	31.560808	0.582445	9.641852	7.004867	1.914783
0.6	32.756521	0.648540	9.908629	6.952039	1.728876
0.7	34.055914	0.745290	10.160536	6.893199	1.539092
0.8	35.463800	0.873560	10.401111	6.830474	1.347205
0.9	36.983333	1.032382	10.632998	6.765149	1.154174
1.0	38.616643	1.220162	10.858136	6.698025	0.960528

(4) 由 Y1 响应面的岭脊分析结论可知：搜索半径达 1.0 时得产气量的最小响应为 15.530002，其岭脊点坐标为 X1=4.975862，X2=5.699394，X3=2.778276。搜索半径达 1.0 时得产气量的最大响应为 38.616643，其岭脊点坐标为 X1=10.858136，X2=6.698025，X3=0.960528。预测产气量最大响应的最佳处理为配料浓度 10.858136、PH 值 6.698025 和

配料比 0.960528。如表 8-81 和表 8-82 所示。

表 8-83　Y2 响应面的最小岭脊分析结果

搜索半径	响应估计	标准误	X1	X2	X3
0.0	49.443717	0.479121	8.000000	7.000000	2.600000
0.1	49.242050	0.479051	7.983389	6.829846	2.474266
0.2	48.987032	0.480169	7.943124	6.666197	2.337732
0.3	48.677762	0.486390	7.869892	6.508877	2.193828
0.4	48.313215	0.503844	7.756693	6.359574	2.043512
0.5	47.892141	0.539704	7.598656	6.220572	1.887820
0.6	47.413076	0.600207	7.394574	6.094015	1.728404
0.7	46.874447	0.688993	7.147786	5.981185	1.567408
0.8	46.274710	0.806950	6.865293	5.882109	1.406962
0.9	45.612477	0.953244	6.555562	5.795703	1.248697
1.0	44.886590	1.126433	6.226481	5.720267	1.093563

表 8-84　Y2 响应面的最大岭脊分析结果

搜索半径	响应估计	标准误	X1	X2	X3
0.0	49.443717	0.479121	8.000000	7.000000	2.600000
0.1	49.594138	0.479026	8.027418	7.189168	2.676156
0.2	49.732900	0.480022	8.205799	7.374536	2.485312
0.3	49.932236	0.486226	8.376853	7.501433	2.275644
0.4	50.202597	0.503761	8.536383	7.615506	2.077999
0.5	50.545004	0.539793	8.691437	7.725066	1.885261
0.6	50.959740	0.600543	8.844283	7.832469	1.694981
0.7	51.446917	0.689623	8.995871	7.938665	1.506110
0.8	52.006590	0.807889	9.146673	8.044112	1.318124
0.9	52.638789	0.954480	9.296950	8.149063	1.130730
1.0	53.343530	1.127937	9.446859	8.253666	0.943752

(5) 由 Y2 响应面的岭脊分析结论可知：搜索半径达 1.0 时得甲烷含量的最小响应为 44.886590，其岭脊点坐标为 X1=6.226481，X2=5.720267，X3=1.093563。搜索半径达 1.0 时的甲烷含量的最大响应为 53.343530，其岭脊点坐标为 X1=9.446859，X2=8.253666，X3=0.943752。预测甲烷含量最大响应的最佳处理为配料浓度 9.446859、PH 值 8.253666 和配料比 0.943752。如表 8-83 和表 8-84 所示。

8.6.4　响应面图形分析

由响应面回归方程可绘制响应面网格图和等值线图，该图能够展现响应变量的变化特征和变化趋势，并为进一步的试验规划提供指导性信息。

因三维空间所限，响应面图一般用于展示一个响应变量与两个自变量的关系，对于多自变量的试验，一般选择显著性较小或不显著的作不展现自变量并取固定值。

【例 8-20】 试做产气量(Y1)的响应面网格图和等值线图，分析产气量的变化趋势，并预测试验范围内的最佳处理。

(1) 利用 g3grid 过程、g3d 过程和 gcontour 过程，根据响应面回归方程编写 SAS 绘图程序：

```
data GasValue;   /*根据响应面回归方程创建绘图数据表 GasValue*/
  X2=9;   /*X2 分别取 5、7、9 三个水平绘图*/
  do X1=4 to 12 by 0.1; do X3=0.2 to 5 by 0.1;
    Y1=-40.1388+7.3477*X1+9.6052*X2-6.4517*X3-0.5777*X1*X2-0.5102*X1*X3
       +0.8929*X2*X3+0.0016*X1**2-0.4080*X2**2+0.6241*X3**2;
output;
end; end;
run;
proc g3grid data=GasValue out=gridfile;   /*选取部分数据创建网格图数据表 gridfile*/
  grid X3*X1=Y1 / naxis1=20 naxis2=20;
run;
goptions reset=all ftext=swiss htext=1.85 colors=(black r b black r b black r b black r b);
axis1 label = (f='宋体' c=black h=1.85 '配料浓度(%)') c=blue width=1.5;
axis2 label = (A=90 f='宋体' c=black h=1.85 '配料比') c=blue width=1.5;
symbol height=1.5 width=2.0;
proc g3d data=gridfile;   /*根据数据表 gridfile 绘网格图*/
  plot X3*X1=Y1 / caxis=blue ctext=black cbottom=red ctop =black
  tilt=70 rotate=70 xticknum=7 yticknum=7 zticknum=7 grid;
run;
proc gcontour data=GasValue;   /*根据数据表 GasValue 绘等值线图*/
  plot X3*X1=Y1 / levels=23 to 37 by 2 autolabel nolegend haxis=axis1 vaxis=axis2
             caxis=b grid;
run; quit;
```

(2) 程序输出的结果如图 8-7～图 8-12 所示。

(3) 从图 8-7 和图 8-8 可看出，PH 值等于 5 时，较大配料浓度(X1)与较小配料比(X3)的组合有较高的产气量(Y1)，最大产气量预测值达 49.83。

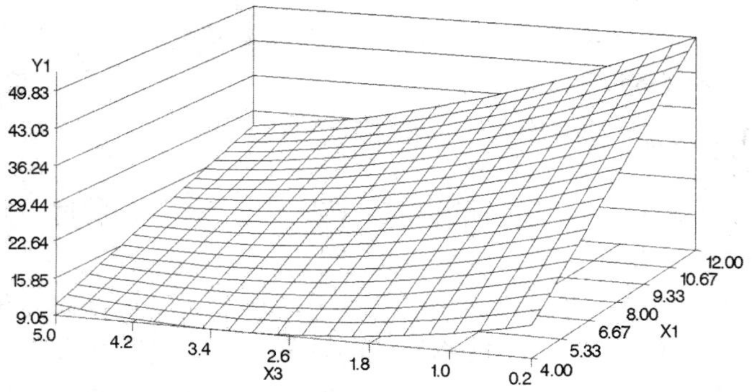

图 8-7　PH 值等于 5 时产气量对配料浓度及配料比的响应面

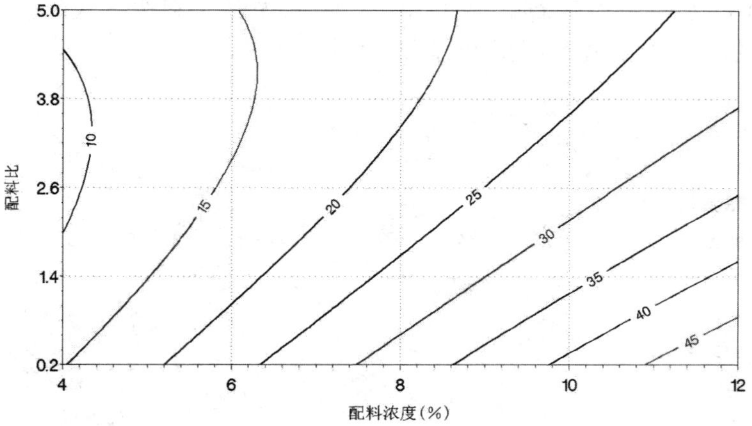

图 8-8　PH 值等于 5 时产气量对配料浓度及配料比的等值线

(4) 从图 8-9 和图 8-10 可看出，PH 值等于 7 时，较大配料浓度(X1)与较小配料比(X3)的组合有较高的产气量(Y1)，最大产气量预测值达 45.74。

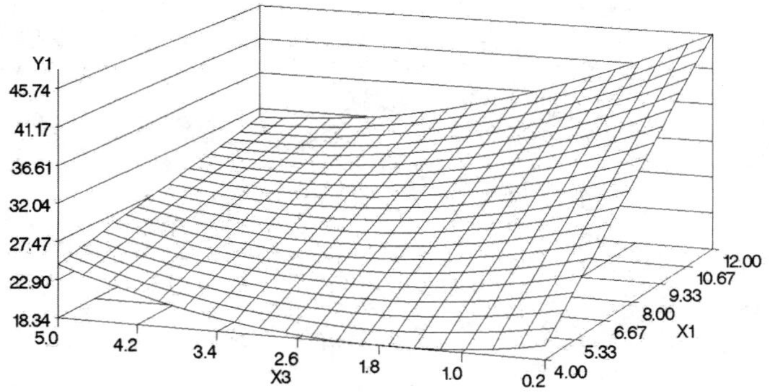

图 8-9　PH 值等于 7 时产气量对配料浓度及配料比的响应面

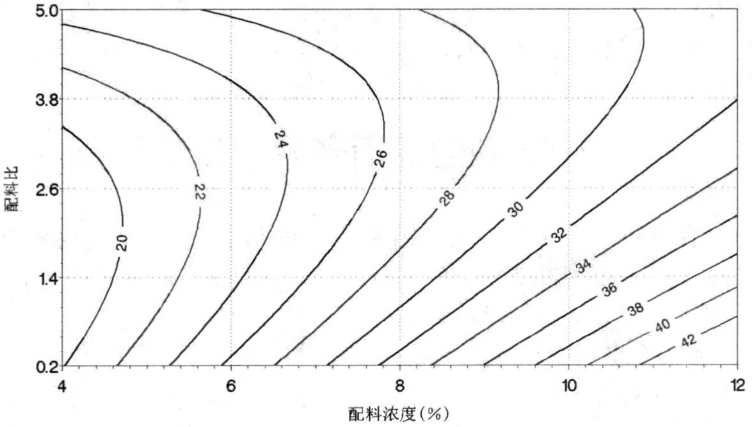

图 8-10　PH 值等于 7 时产气量对配料浓度及配料比的等值线

(5) 从图 8-11 和图 8-12 可看出，PH 值等于 9 时，较大配料浓度(X1)与较小配料比(X3)的组合有较高的产气量(Y1)，最大产气量预测值达 38.39。

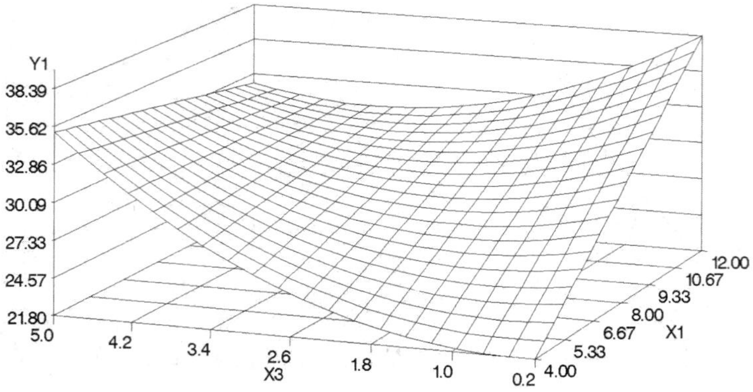

图 8-11　PH 值等于 9 时产气量对配料浓度及配料比的响应面

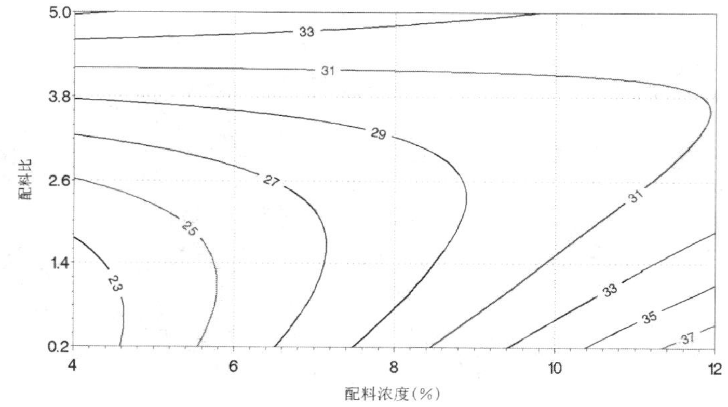

图 8-12　PH 值等于 9 时产气量对配料浓度及配料比的等值线

综上，PH 值(X2)较小、配料浓度(X1)较大、配料比(X3)较小的处理组合有较高的产气量(Y1)，最大产气量预测值可达 49.83，这个趋势与岭脊分析的结果一致。

8.7　确定型自变量多元非线性回归

若响应变量与自变量的关系是非线性相关，则可利用专门用于非线性回归的 nlin 过程进行分析。若非线性回归模型能变换为线性模型(可线性化)，还可选用 glm 过程做可线性化非线性回归，亦可选用 rsreg 过程做多元二次多项式回归。

【例 8-21】 为确定受精苹果花粉的最佳超声波处理参数，选取超声波功率(X1)、处理时间(X2)、处理间隔(X3)和处理次数(X4)做试验因子，实施一个 4 因子 2 水平析因设计附加 4 次中心重复的试验，测定每个处理花粉的破碎率(Y1)和萌芽率(Y2)，结果如表 8-85 所示。试确定萌芽率与超声波处理参数的关系，并估计最佳处理参数。

表 8-85　受精苹果花粉超声波处理的试验结果(sasuser.chaoshengbo)

Runs	X1	X2	X3	X4	Treats	Y1	Y2
1	80	4	4	4	T1	28.34	15.21
2	80	4	4	8	T2	37.29	13.03
3	80	4	8	4	T3	31.03	14.73
4	80	4	8	8	T4	43.66	10.31
5	80	8	4	4	T5	50.15	12.49
6	80	8	4	8	T6	68.57	1.95
7	80	8	8	4	T7	56.35	12.12
8	80	8	8	8	T8	72.89	1.69
9	160	4	4	4	T9	53.16	12.99
10	160	4	4	8	T10	63.40	5.42
11	160	4	8	4	T11	60.32	8.51
12	160	4	8	8	T12	63.47	6.26
13	160	8	4	4	T13	54.27	9.67
14	160	8	4	8	T14	70.99	1.50
15	160	8	8	4	T15	54.66	8.61
16	160	8	8	8	T16	70.34	1.27
17	120	6	6	6	T0	61.76	10.27
18	120	6	6	6	T0	60.98	10.83
19	120	6	6	6	T0	55.55	10.55
20	120	6	6	6	T0	60.52	10.13

(1) 将表 8-85 所示数据样本创建为 SAS 数据表 sasuser.chaoshengbo。

(2) 若拟采用多元二次多项式回归，可参照 8.6 节响应面设计的试验和分析。若拟采用可线性化非线性回归，可参照 8.4 节随机型自变量样本非线性回归(即其中的 8.4.1 小节可线性化回归)。本例打算拟合一个不可线性化的回归模型。

(3) 根据已往经验，一般比率型变量的反正弦函数与自变量的线性组合成正比，故拟采用下面的回归模型：

$$Y_2 = K\sin\left(b_1X_1 + b_2X_2 + b_3X_3 + b_4X_4\right)$$

(4) 为满足 nlin 过程的需要，求得 Y_2 对各个回归参数的偏导数如下：

$$\frac{\partial Y_2}{\partial K} = \sin\left(b_1X_1 + b_2X_2 + b_3X_3 + b_4X_4\right)$$

$$\frac{\partial Y_2}{\partial b_1} = KX_1\cos\left(b_1X_1 + b_2X_2 + b_3X_3 + b_4X_4\right)$$

$$\frac{\partial Y_2}{\partial b_2} = KX_2\cos\left(b_1X_1 + b_2X_2 + b_3X_3 + b_4X_4\right)$$

$$\frac{\partial Y_2}{\partial b_3} = KX_3\cos\left(b_1X_1 + b_2X_2 + b_3X_3 + b_4X_4\right)$$

$$\frac{\partial Y_2}{\partial b_4}=KX_4\cos\left(b_1X_1+b_2X_2+b_3X_3+b_4X_4\right)$$

(5) 采用 nlin 过程完成非线性回归。程序如下：

```
proc nlin best=5 data=sasuser.chaoshengbo method=marquardt
        convergeparm=1e-8 converge=1e-8 MAXITER=1000;
  parms K=0 to 50 by 10 b1=0 to 50 by 10 b2=0 to 50 by 10
               b3=0 to 50 by 10 b4=0 to 50 by 10;
  model Y2=K*sin(b1*X1+b2*X2+b3*X3+b4*X4);
  der.K=sin(b1*X1+b2*X2+b3*X3+b4*X4);
  der.b1=K*X1*cos(b1*X1+b2*X2+b3*X3+b4*X4);
  der.b2=K*X2*cos(b1*X1+b2*X2+b3*X3+b4*X4);
  der.b3=K*X3*cos(b1*X1+b2*X2+b3*X3+b4*X4);
  der.b4=K*X4*cos(b1*X1+b2*X2+b3*X3+b4*X4);
  output out=file p=EY2 r=ERROR;
run; quit;
```

(6) 程序输出的主要结果整理后如表 8-86～表 8-88 所示。

(7) 迭代终止时 R 收敛准则的相对误差(R)、回归参数的最大绝对误差(PPC)、回归参数的最大相对误差(RPC)、目标函数的相对误差(Object)和残差平方和目标函数(SSE)等收敛判别估计量的值如表 8-86 所示。

表 8-86　迭代终止时收敛判别估计量的值

R	PPC	RPC(b3)	Object	SSE
2.863E-9	6.554E-9	2.379E-8	7.03E-16	50.51438

由平方和计算决定系数(相关指数)：

$$R^2=\frac{SSR}{SST}=\frac{1901.3}{1951.9}\approx 0.9741$$

(8) 结论：回归模型的 P 值小于 0.0001，决定系数达 0.9741，所选非线性模型极其显著且具有很高的拟合精度，如表 8-87 所示。

表 8-87　方 差 分 析 表

方差来源	自由度	平方和	均方	F 值	Pr > F
回归模型	5	1901.3	380.3	112.92	< .0001
残差	15	50.5144	3.3676		
总和	20	1951.9		R^2 = 0.9741	
校正总和	19	375.8			

由表 8-88 的回归参数估计值构建回归方程如下：

$$Y_2=14.0784\ \sin\left(0.00358X_1+29.9729X_2+0.0198X_3+30.0236X_4\right)$$

表 8-88　回归参数的估计值和 0.95 近似置信区间

回归参数	估计值	标准误	置信下限	置信上限
K	14.0784	0.8119	12.3479	15.8088
b1	0.00358	0.00101	0.00143	0.00572
b2	29.9729	0.0195	29.9313	30.0145
b3	0.0198	0.0214	−0.0258	0.0654
b4	30.0236	0.0201	29.9809	30.0663

(9) 采用枚举方法搜寻最佳的超声波处理参数。四个自变量分别在试验范围内等间隔递增取值，利用上面的回归方程计算每个处理的 Y2 响应值，找到最大响应对应的试验处理即所求。SAS 程序如下：

```
data aa;
  do X1=80 to 180 by 10; do X2=4 to 8 by 1; do X3=4 to 8 by 1; do X4=4 to 8 by 1;
    EY=14.0784*sin(0.00358*X1+29.9729*X2+0.0198*X3+30.0236*X4);
    output;
  end; end; end; end;
run;
proc sort data=aa; by EY; run; proc print; run; quit;
```

(10) 程序输出的最后几行结果如表 8-89 所示。较高的响应值在 14.0095～14.0757 之间，超声波功率在 80～100 之间，处理时间为 4，处理间隔在 4～8 之间，处理次数为 4，说明较小的功率、短处理时间、少处理次数、较小间隔可获得较高的萌芽率。选定最佳处理为超声波功率 80、处理时间 4、处理间隔 4 和处理次数 4。

表 8-89　最大响应及其对应的试验处理

X1	X2	X3	X4	Y2
80	4	8	4	14.0095
90	4	6	4	14.0147
100	4	4	4	14.0197
80	4	7	4	14.0343
90	4	5	4	14.0384
80	4	6	4	14.0536
90	4	4	4	14.0567
80	4	5	4	14.0674
80	4	4	4	14.0757

上 机 报 告

(1) 利用 reg 过程做一元线性回归。

(2) 利用 glm 过程做一元多项式回归。

(3) 利用 reg 过程做可线性化一元非线性回归。
(4) 利用 glm 过程做可线性化一元非线性回归。
(5) 利用 nlin 过程做一元非线性回归。
(6) 利用 reg 过程做随机型自变量多元线性回归。
(7) 利用 reg 过程做随机型自变量可线性化多元非线性回归。
(8) 利用 glm 过程做随机型自变量可线性化多元非线性回归。
(9) 利用 nlin 过程做随机型自变量多元非线性回归。
(10) 利用 rsreg 过程做响应面设计的试验分析。
(11) 利用 glm 过程做确定型自变量可线性化多元非线性回归。
(12) 利用 nlin 过程做确定型自变量多元非线性回归。

第 9 单元　主分量分析

上机目的　掌握主分量分析(Principal Component Analysis)的原理及 SAS 实现方法，学会用主分量处理并解释多变量问题，注意样本的强共线性特点。熟悉 SAS 的程序结构，理解过程、过程选项、语句、语句选项等概念。学以致用能解决实际问题。

上机内容　① 创建适合主分量分析的 SAS 数据表；② 采用 princomp 过程进行基于协差阵或相关阵的主分量分析；③ 采用 Solutionns 菜单的系列操作进行基于协差阵或相关阵的主分量分析。

9.1 导　言

主分量分析的数学模型如下所示：

$$\begin{cases}\boldsymbol{F}=\boldsymbol{U}^{\mathrm{T}}\boldsymbol{X}\\ \mathrm{Var}(\boldsymbol{F})=\mathrm{diag}(\lambda_1,\lambda_2,\cdots,\lambda_p)\\ \lambda_1\geqslant\lambda_2\geqslant\cdots\geqslant\lambda_p\\ \mathrm{diag}(\boldsymbol{V})=(\sigma_1^2,\sigma_2^2,\cdots,\sigma_p^2)\quad \lambda_1+\lambda_2+\cdots+\lambda_p=\sigma_1^2+\sigma_2^2+\cdots+\sigma_p^2\\ \mathrm{diag}(\boldsymbol{R})=(1,1,\cdots,1)_{1\times p}\quad \lambda_1+\lambda_2+\cdots+\lambda_p=p\end{cases}$$

其中

$$\boldsymbol{F}=\begin{pmatrix}F_1\\F_2\\\vdots\\F_p\end{pmatrix},\quad \boldsymbol{U}=\begin{pmatrix}u_{11}&u_{12}&\cdots&u_{1p}\\u_{21}&u_{22}&\cdots&u_{2p}\\\vdots&\vdots&\cdots&\vdots\\u_{p1}&u_{p2}&\cdots&u_{pp}\end{pmatrix},\quad \boldsymbol{X}=\begin{pmatrix}X_1\\X_2\\\vdots\\X_p\end{pmatrix}$$

其中，$\boldsymbol{F}$ 为 p 个主分量构成的向量，$\boldsymbol{X}$ 为 p 个原变量构成的向量，$\boldsymbol{V}$ 为原变量 $\boldsymbol{X}$ 的协差阵，$\boldsymbol{R}$ 为原变量 $\boldsymbol{X}$ 的相关阵，λ_i 为主分量 F_i 的方差(协差阵或相关阵的特征根)，$\boldsymbol{U}$ 为协差阵或相关阵的特征向量阵，σ_i^2 为原变量 X_i 的方差。

主分量分析又称主成分分析，它以较少数目的主分量替代过多的原变量去研究问题，特别适合多变量、被动观测、共线性强的样本。

获得数据可描述为这样一种过程：抽取 N 个样品(试验单元)，选定若干个描述样品性状的数值型变量，分别测定 N 个样品上这些选定变量的值。试验样本包括标识样品的标签变量(字符型)和描述样品性状的属性变量(数值型)两类数据。

主分量由属性变量的线性组合构成，常称为潜在因子。为易于解释问题，仅选取解释能力足够强(一般要求大于 85%)的少数几个主分量用于问题的分析。

主分量分析以属性变量的协差阵或相关阵的特征向量作“权”将原变量构建成主分量，以特征向量的分量比较说明主分量的因子结构，以特征根与特征根总和之比表征主分量解释样品属性变异的能力，以样品的主分量值(得分)排序评价样品的特性。

按照特征向量阵的来源可分为协差阵主分量分析和相关阵主分量分析两种方法。

9.2 协差阵法主分量分析

【例 9-1】 某果树所为比较 18 个葡萄品种(Variety)的枝条抗冻性，用重复抽样检测了各个品种在 4℃(Z4)、−10℃(F10)、−15℃(F15)、−20℃(F20)、−25℃(F25)、−30℃(F30)和−40℃(F40)上的电导指数(电导率 × 100)，结果如表 9-1 所示。试通过主分量分析比较葡萄品种的抗冻性，并选出综合抗冻性较高的品种。

表 9-1 葡萄品种枝条的电导指数均值样本(数据表 sasuser.zhitiao)

Variety	Z4	F10	F15	F20	F25	F30	F40
玫瑰香	45.34	53.24	54.93	59.63	73.80	68.16	67.61
红地球	42.08	53.63	55.84	64.64	71.72	62.35	63.92
早黑宝	42.52	51.04	57.90	64.29	71.12	63.19	63.81
巨峰	42.96	50.74	60.53	64.57	67.09	63.63	60.47
无核白鸡心	42.73	53.24	56.99	56.20	66.84	68.00	62.48
维多利亚	41.34	53.94	55.39	61.11	64.24	65.35	64.31
梅露辄	41.84	53.46	57.89	64.86	64.30	66.26	67.66
品丽珠	47.33	60.91	62.11	64.33	59.58	67.04	63.59
贵人香	50.29	55.56	57.88	62.00	65.78	72.61	66.74
西拉	53.52	60.56	45.07	62.19	64.98	73.49	67.57
赤霞珠	52.71	60.87	47.09	54.77	60.27	67.62	72.70
霞多丽	47.82	49.95	49.45	56.55	65.26	72.11	70.11
RU140	39.13	36.48	37.19	38.26	50.29	61.71	64.41
1103P	44.88	43.43	41.83	47.00	57.43	69.77	64.71
5BB	48.61	50.60	44.10	48.96	53.71	62.90	68.26
R110	42.72	49.94	44.11	52.01	56.56	65.92	67.83
SO4	46.86	51.00	44.90	47.39	56.33	59.38	68.86
贝达	50.95	51.59	42.70	44.62	52.65	54.61	69.95

(1) 将表 9-1 中所示电导指数样本创建为 SAS 数据表 sasuser.zhitiao 备用。

(2) 根据专业知识，电导指数愈大枝条抗冻性愈弱，反之抗冻性愈强。由于 7 个属性变量均为电导指数，不存在变量单位不同导致的不可比性，故用协差阵计算主分量。

(3) 采用 princomp 过程进行主分量分析。过程选项 data 指定 sasuser.zhitiao 为分析对象。过程选项 COV(COVARIANCE 的简写)指定用协差阵计算主分量，缺省用相关阵。过程选项 out 指定输出主分量得分表 prin01table。过程选项 standard 指定标准化主分量得分。语句 var 指定构成主分量的原始变量。SAS 程序如下：

```
proc princomp data= sasuser.zhitiao COV out=prin01table standard;
  var Z4 F10 F15 F20 F25 F30 F40;
run;quit;
```

(4) 程序输出的主要结果整理后如表 9-2～表 9-6 所示，其中 Prin1、Prin2 分别为第 1 主分量和第 2 主分量，是程序自动命名的，依次类推。

(5) −15℃到 −25℃之间电导指数较大，4℃和 −30℃以下时较小，说明葡萄枝条抗冻性在 −15℃到 −25℃之间时差异较大，其余情况下较小，如表 9-2 所示。

表 9-2　原变量(属性变量)的简单统计

项目	Z4	F10	F15	F20	F25	F30	F40
均值	45.757	52.232	50.883	56.299	62.331	65.783	66.388
标准差	4.216	5.856	7.590	8.201	6.830	4.801	3.112
观测数	18	18	18	18	18	18	18

表 9-3　原变量(属性变量)的协差阵

	Z4	F10	F15	F20	F25	F30	F40
Z4	17.772	14.443	−6.454	−0.714	−3.950	5.161	8.482
F10	14.443	34.298	22.830	31.883	16.249	9.044	4.162
F15	−6.454	22.830	57.605	54.818	38.463	8.097	−11.530
F20	−0.714	31.883	54.818	67.258	46.241	16.484	−8.192
F25	−3.950	16.249	38.463	46.241	46.654	13.383	−6.521
F30	5.161	9.044	8.097	16.484	13.383	23.045	0.431
F40	8.482	4.162	−11.530	−8.192	−6.521	0.431	9.683

(6) 第 1 主分量 Prin1 和第 2 主分量 Prin2 的累积贡献率(Cumulative Proportion)达 0.8314，其解释原变量变异的能力达 83.14%，接近 85%(常用阈值)，故主要以第 1 和第 2 主分量为尺度比较各个品种的抗冻性特点，其余可视作误差，如表 9-4 所示。

表 9-4　协差阵的特征根

序号	特征根	特征根差	比率	累积比率
1	170.1585	127.2286	0.6639	0.6639
2	42.9301	21.2045	0.1675	0.8314
3	21.7256	10.6288	0.0848	0.9161
4	11.0968	6.3871	0.0433	0.9594
5	4.7098	1.4630	0.0184	0.9778
6	3.2468	0.7987	0.0127	0.9904
7	2.4481	0.0096	1.0000	

(7) 如表 9-5 所示，第 1 主分量的权(特征向量)在 F15、F20、F25 上较大且为正数，其

余为绝对值较小的正数(F10 和 F30)和负数(Z4 和 F40)，−15℃到−25℃之间的电导指数愈大则第 1 主分量愈大，4℃和 −40℃时的电导率愈大则第 1 主分量愈小，故第 1 主分量可解释为“低温抗冻性”因子，其值愈小则低温抗冻性愈强，第 1 主分量的计算公式如下：

$$\text{Prin1} = -0.0086\times Z4 + 0.2971\times F10 + 0.5376\times F15 + 0.6166\times F20 + 0.4591\times F25 + 0.1582\times F30 - 0.0811\times F40$$

第 2 主分量的权(特征向量)在 Z4、F10 上较大且为正数，其余为绝对值较小的正数(F30 和 F40)和负数(F15 和 F25)，4℃和 −10℃时的电导指数愈大则第 2 主分量愈大，−15℃到−25℃之间的电导指数愈大则第 2 主分量愈小，故第 2 主分量可解释为“常温抗冻性”因子，其值愈小则常温抗冻性愈强，第 2 主分量的计算公式如下：

$$\text{Prin2} = 0.6029\times Z4 + 0.6041\times F10 - 0.2484\times F15 + 0.0328\times F20 - 0.1608\times F25 + 0.2565\times F30 + 0.3423\times F40$$

表 9-5 特征根的特征向量阵

变量	Prin1	Prin2	Prin3	Prin4	Prin5	Prin6	Prin7
Z4	−0.0086	0.6029	−0.0299	0.1058	0.3963	−0.4026	0.5525
F10	0.2971	0.6041	−0.3405	0.0152	−0.1198	−0.0704	−0.6413
F15	0.5376	−0.2484	−0.3556	−0.3183	0.6032	0.2329	0.0581
F20	0.6166	0.0328	−0.0294	−0.0791	−0.6400	0.0042	0.4494
F25	0.4591	−0.1608	0.417	0.7090	0.2080	−0.1222	−0.1688
F30	0.1582	0.2565	0.7625	−0.5374	0.1040	0.1021	−0.1334
F40	−0.0811	0.3423	0.0231	0.2991	0.0324	0.8680	0.1785

(8) 将表 9-6 中的各个品种(Variety)按第 1 主分量的值(得分)排序，得到低温抗冻性的品种分布。结果表明，具有较强低温抗冻性的葡萄品种依次为 RU140、贝达、1103P、5BB 和 SO4，具有较弱低温抗冻性的葡萄品种依次为品丽珠、红地球、早黑宝和巨峰。

(9) 将表 9-6 中的各个品种(Variety)按第 2 主分量的值(得分)排序，得到常温抗冻性的品种分布。结果表明，具有较强常温抗冻性的葡萄品种依次为 RU140、巨峰和早黑宝，具有较弱常温抗冻性的葡萄品种依次为西拉和赤霞珠。

综上，RU140 在各个温度段均具有较强的抗冻性，适于种植的区域较广。贝达、1103P、5BB 和 SO4 具有较强的低温抗冻性，巨峰和早黑宝具有较强的常温抗冻性。

表 9-6 主分量得分表(数据表 sasuser.prin01table)

Variety	Prin1	Prin2	Prin3	Prin4	Prin5	Prin6	Prin7
RU140	−2.232	−1.601	0.598	−0.629	−0.206	−0.083	−0.152
贝达	−1.406	0.657	−1.965	1.283	0.743	−0.481	0.842
1103P	−1.126	−0.407	1.603	−0.819	0.248	−0.902	0.289
5BB	−1.016	0.529	−0.569	−0.296	−0.047	−0.145	0.706
SO4	−1.001	0.196	−0.977	0.790	0.389	0.243	−0.411
R110	−0.743	−0.033	0.244	−0.479	−1.571	0.976	−0.841
赤霞珠	−0.126	2.025	−0.229	0.491	0.174	0.899	−0.880

续表

Variety	Prin1	Prin2	Prin3	Prin4	Prin5	Prin6	Prin7
霞多丽	0.056	0.405	1.577	0.123	0.670	1.396	1.252
西拉	0.403	2.030	1.252	0.127	−1.755	−1.972	−0.004
无核白鸡心	0.482	−0.646	0.227	−0.421	1.598	−0.637	−2.405
维多利亚	0.530	−0.568	−0.381	−0.388	−0.936	0.359	−1.117
玫瑰香	0.772	−0.207	1.020	1.693	1.242	0.530	−0.754
梅露辄	0.791	−0.433	−0.393	−0.535	−1.130	2.259	0.724
贵人香	0.833	0.688	0.585	−0.980	1.570	0.097	1.220
巨峰	0.935	−1.230	−0.617	−0.385	0.078	−1.346	1.353
早黑宝	0.936	−1.086	−0.128	1.089	−0.252	−0.289	0.880
红地球	0.937	−0.849	−0.243	1.549	−1.132	−0.593	−0.294
品丽珠	0.975	0.530	−1.606	−2.213	0.315	−0.311	−0.408

9.3　相关阵法主分量分析

【例 9-2】 为考察美国的治安状况，在美国 50 个州中分别统计了谋杀(Murder)、抢劫(Robbery)、强奸(Rape)、暴力袭击(Assault)、入室行窃(Burglary)、偷盗(Larceny)、盗车(Auto)等 7 类主要刑事案件的犯罪率(10^{-5})，结果如表 9-7 所示。试通过主分量分析研究各洲的治安状况、犯罪结构和犯罪倾向，并按主分量对各州排序。

表 9-7　州治安状况按第 1 主分量排序的结果(数据表 crime01)

State	Prin1	Murder	Robbery	Rape	Assault	Burglary	Larceny	Auto
NORTH DAKOTA	−3.964	0.9	9.0	13.3	43.8	446.1	1843.0	144.7
SOUTH DAKOTA	−3.172	2.0	13.5	17.9	155.7	570.5	1704.4	147.5
WEST VIRGINIA	−3.148	6.0	13.2	42.2	90.9	597.4	1341.7	163.3
IOWA	−2.582	2.3	10.6	41.2	89.8	812.5	2685.1	219.9
WISCONSIN	−2.503	2.8	12.9	52.2	63.7	846.9	2614.2	220.7
NEW HAMPSHIRE	−2.466	3.2	10.7	23.2	76.0	1041.7	2343.9	293.4
NEBRASKA	−2.151	3.9	18.1	64.7	112.7	760.0	2316.1	249.1
VERMONT	−2.064	1.4	15.9	30.8	101.2	1348.2	2201.0	265.2
MAINE	−1.826	2.4	13.5	38.7	170.0	1253.1	2350.7	246.9
KENTUCKY	−1.727	10.1	19.1	81.1	123.3	872.2	1662.1	245.4
PENNSYLVANIA	−1.720	5.6	19.0	130.3	128.0	877.5	1624.1	333.2
MONTANA	−1.668	5.4	16.7	39.2	156.8	804.9	2773.2	309.2
MINNESOTA	−1.554	2.7	19.5	85.9	85.8	1134.7	2559.3	343.1
MISSISSIPPI	−1.507	14.3	19.6	65.7	189.1	915.6	1239.9	144.4
IDAHO	−1.432	5.5	19.4	39.6	172.5	1050.8	2599.6	237.6

续表

State	Prin1	Murder	Robbery	Rape	Assault	Burglary	Larceny	Auto
WYOMING	−1.425	5.4	21.9	39.7	173.9	811.6	2772.2	282.0
ARKANSAS	−1.054	8.8	27.6	83.2	203.4	972.6	1862.1	183.4
UTAH	−1.050	3.5	20.3	68.8	147.3	1171.6	3004.6	334.5
VIRGINIA	−0.916	9.0	23.3	92.1	165.7	986.2	2521.2	226.7
NORTH CAROLINA	−0.699	10.6	17.0	61.3	318.3	1154.1	2037.8	192.1
KANSAS	−0.634	6.6	22.0	100.7	180.5	1270.4	2739.3	244.3
CONNECTICUT	−0.541	4.2	16.8	129.5	131.8	1346.0	2620.7	593.2
INDIANA	−0.500	7.4	26.5	123.2	153.5	1086.2	2498.7	377.4
OKLAHOMA	−0.321	8.6	29.2	73.8	205.0	1288.2	2228.1	326.8
RHODE ISLAND	−0.202	3.6	10.5	86.5	201.0	1489.5	2844.1	791.4
TENNESSEE	−0.137	10.1	29.7	145.8	203.9	1259.7	1776.5	314.0
ALABAMA	−0.050	14.2	25.2	96.8	278.3	1135.5	1881.9	280.7
NEW JERSEY	0.218	5.6	21.0	180.4	185.1	1435.8	2774.5	511.5
OHIO	0.240	7.8	27.3	190.5	181.1	1216.0	2696.8	400.4
GEORGIA	0.490	11.7	31.1	140.5	256.5	1351.1	2170.2	297.9
ILLINOIS	0.513	9.9	21.8	211.3	209.0	1085.0	2828.5	528.6
MISSOURI	0.556	9.6	28.3	189.0	233.5	1318.3	2424.2	378.4
HAWAII	0.823	7.2	25.5	128.0	64.1	1911.5	3920.4	489.4
WASHINGTON	0.931	4.3	39.6	106.2	224.8	1605.6	3386.9	360.3
DELAWARE	0.965	6.0	24.9	157.0	194.2	1682.6	3678.4	467.0
MASSACHUSETTS	0.978	3.1	20.8	169.1	231.6	1532.2	2311.3	1140.1
LOUISIANA	1.120	15.5	30.9	142.9	335.5	1165.5	2469.9	337.7
NEW MEXICO	1.214	8.8	39.1	109.6	343.4	1418.7	3008.6	259.5
TEXAS	1.397	13.3	33.8	152.4	208.2	1603.1	2988.7	397.6
OREGON	1.449	4.9	39.9	124.1	286.9	1636.4	3506.1	388.9
SOUTH CAROLINA	1.603	11.9	33.0	105.9	485.3	1613.6	2342.4	245.1
MARYLAND	2.183	8.0	34.8	292.1	358.9	1400.0	3177.7	428.5
MICHIGAN	2.273	9.3	38.9	261.9	274.6	1522.7	3159.0	545.5
ALASKA	2.422	10.8	51.6	96.8	284.0	1331.7	3369.8	753.3
COLORADO	2.509	6.3	42.0	170.7	292.9	1935.2	3903.2	477.1
ARIZONA	3.014	9.5	34.2	138.2	312.3	2346.1	4467.4	439.5
FLORIDA	3.112	10.2	39.6	187.9	449.1	1859.9	3840.5	351.4
NEW YORK	3.452	10.7	29.4	472.6	319.1	1728.0	2782.0	745.8
CALIFORNIA	4.284	11.5	49.4	287.0	358.0	2139.4	3499.8	663.5
NEVADA	5.267	15.8	49.1	323.1	355.0	2453.1	4212.6	559.2

(1) 将表 9-7 中除 Prin1 外的 8 列数据创建为 SAS 数据表 sasuser.crime。

(2) 采用 princomp 过程编写主分量分析程序。主分量计算法缺省则进行相关阵主分量分析。sort 过程的选项 out=crime01 指定输出按第 1 主分量排序的数据表。sort 过程的选项 out=crime02 指定输出按第 2 主分量排序的数据表。几个 out 选项创建的数据表均包括

sasuser.crime 的数据和 7 个主分量的得分。两个 gplot 过程绘制的散点图分别展示第 2 与第 1 主分量、第 3 与第 1 主分量间的关系。

SAS 程序如下：

```
proc princomp data=sasuser.crime out=crime00;
  var Murder Robbery Rape Assault Burglary Larceny Auto;
run;
proc sort data=crime00 out=crime01;
  by Prin1;
run;
proc sort data=crime00 out=crime02;
  by Prin2;
run;
goptions reset=all ftext=swiss htext=2.15;
symbol v=star cv=blue h=2.15;
proc gplot data=crime00;
  plot Prin2*Prin1 / noframe;
run;
proc gplot data=crime00;
  plot Prin3*Prin1 / noframe;
run;quit;
```

(3) 程序输出的主要结果整理后如表 9-8～表 9-12 所示。其中 Prin1、Prin2 分别为第 1 主分量和第 2 主分量，以此类推。

表 9-8 犯罪率的相关阵

变量	MURDER	ROBBERY	RAPE	ASSAULT	BURGLARY	LARCENY	AUTO
MURDER	1.0000	0.6012	0.4837	0.6486	0.3858	0.1019	0.0688
ROBBERY	0.6012	1.0000	0.5919	0.7403	0.7121	0.6140	0.3489
RAPE	0.4837	0.5919	1.0000	0.5571	0.6372	0.4467	0.5907
ASSAULT	0.6486	0.7403	0.5571	1.0000	0.6229	0.4044	0.2758
BURGLARY	0.3858	0.7121	0.6372	0.6229	1.0000	0.7921	0.5580
LARCENY	0.1019	0.6140	0.4467	0.4044	0.7921	1.0000	0.4442
AUTO	0.0688	0.3489	0.5907	0.2758	0.5580	0.4442	1.0000

(4) 50 个州在谋杀、抢劫等重罪上的犯罪率差异较小，在入室行窃、盗窃等轻罪上的差异较大，其余犯罪率的差异居中，如表 9-9 所示。

(5) 第 1 主分量 Prin1 的比率(贡献率)达 0.5879，解释原变量变异的能力为 58.79%，相比其余 6 个主分量解释能力最强，所占近三分之二的比例。前 3 个主分量的累积比率达 0.8685，解释原变异的信息量超过 85%，故用前 3 个主分量研究各州的犯罪状况，且以第 1 主分量为主。其余主分量可视作观测误差。如表 9-10 所示。

表 9-9 犯罪率的简单统计

项目	MURDER	ROBBERY	RAPE	ASSAULT	BURGLARY	LARCENY	AUTO
均值	7.444	25.734	124.092	211.300	1291.904	2671.288	377.526
标准差	3.867	10.760	88.349	100.253	432.456	725.909	193.394
观测数	50	50	50	50	50	50	50

表 9-10 犯罪率协差阵的特征根分析

特征根序号	特征根	特征根差	比率	累积比率
1	4.11495951	2.87623768	0.5879	0.5879
2	1.23872183	0.51290521	0.1770	0.7648
3	0.72581663	0.40938458	0.1037	0.8685
4	0.31643205	0.05845759	0.0452	0.9137
5	0.25797446	0.03593499	0.0369	0.9506
6	0.22203947	0.09798342	0.0317	0.9823
7	0.12405606		0.0177	1.0000

(6) 第 1 主分量的权(第 1 特征向量)均为正数，且各权差异较小，故第 1 主分量可解释为 “总犯罪率”或“治安状况”因子，其信息量占 58.79%。如表 9-11 所示。

(7) 第 2 主分量的权(第 2 特征向量)中绝对值较大的负权为−0.629174(Murder)和−0.343528(Assault)，绝对值较大的正权为 0.502421(Auto)和 0.402319(Larceny)，前者属暴力犯罪，后者属钱财犯罪，第 2 主分量的值依赖于钱财犯罪与暴力犯罪的比例，钱财犯罪率相比暴力犯罪率愈大，则主分量值愈大，反之愈小，故第 2 主分量可解释为“犯罪结构”或“犯罪倾向”因子，其信息量占 17.70%。如表 9-11 所示。

(8) 第 3 主分量的权(第 3 特征向量)中 0.495861(Rape)、−0.539231(Larceny)和 0.568384(Auto)的绝对值较大，其次是−0.244198(Robbery)和−0.209895(Burglary)，强奸和盗车犯罪率愈大主分量值愈大，偷盗、入室行窃、抢劫犯罪率愈大主分量值愈小，故第 3 主分量可解释为“轻罪形态”因子，其信息量占 10.37%，如表 9-11 所示。

表 9-11 主分量的结构分析(特征向量)

原变量	Prin1	Prin2	Prin3	Prin4	Prin5	Prin6	Prin7
MURDER	0.3003	−0.6292	0.1782	−0.2321	0.5381	0.2591	0.2676
ROBBERY	0.4318	−0.1694	−0.2442	0.0622	0.1885	−0.7733	−0.2965
RAPE	0.3969	0.0422	0.4959	−0.5580	−0.5200	−0.1144	−0.0039
ASSAULT	0.3967	−0.3435	−0.0695	0.6298	−0.5067	0.1724	0.1917
BURGLARY	0.4402	0.2033	−0.2099	−0.0576	0.1010	0.5360	−0.6481
LARCENY	0.3574	0.4023	−0.5392	−0.2349	0.0301	0.0394	0.6017
AUTO	0.2952	0.5024	0.5684	0.4192	0.3698	−0.0573	0.1470

(9) 从表 9-7 可看出，第 1 主分量值较小的三个州是 NORTH DAKOTA、SOUTH DAKOTA 和 WEST VIRGINIA，说明这 3 个州的总犯罪率较低即治安状况良好。第 1 主分量值较大的 3 个州是 NEVADA、CALIFORNIA 和 NEW YORK，说明这 3 个州的总犯罪率

较高即治安状况较差。

(10) 从表 9-12 可看出，第 2 主分量值较小的三个州是 MISSISSIPPI、SOUTH CAROLINA 和 ALABAMA，说明这 3 个州暴力犯罪率较钱财犯罪率高，倾向于暴力犯罪。第 2 主分量值较大的 3 个州是 HAWAII、RHODE ISLAND 和 MASSACHUSETTS，说明这三个州钱财犯罪率较暴力犯罪率高，倾向于钱财犯罪。

表 9-12　按第 2 主分量排序即按犯罪倾向排序的结果(数据表 crime02)

State	Prin2	Murder	Robbery	Rape	Assault	Burglary	Larceny	Auto
MISSISSIPPI	−2.547	14.3	19.6	65.7	189.1	915.6	1239.9	144.4
SOUTH CAROLINA	−2.162	11.9	33.0	105.9	485.3	1613.6	2342.4	245.1
ALABAMA	−2.096	14.2	25.2	96.8	278.3	1135.5	1881.9	280.7
LOUISIANA	−2.083	15.5	30.9	142.9	335.5	1165.5	2469.9	337.7
NORTH CAROLINA	−1.670	10.6	17.0	61.3	318.3	1154.1	2037.8	192.1
GEORGIA	−1.381	11.7	31.1	140.5	256.5	1351.1	2170.2	297.9
ARKANSAS	−1.345	8.8	27.6	83.2	203.4	972.6	1862.1	183.4
KENTUCKY	−1.147	10.1	19.1	81.1	123.3	872.2	1662.1	245.4
TENNESSEE	−1.135	10.1	29.7	145.8	203.9	1259.7	1776.5	314.0
NEW MEXICO	−0.951	8.8	39.1	109.6	343.4	1418.7	3008.6	259.5
WEST VIRGINIA	−0.814	6.0	13.2	42.2	90.9	597.4	1341.7	163.3
VIRGINIA	−0.693	9.0	23.3	92.1	165.7	986.2	2521.2	226.7
TEXAS	−0.681	13.3	33.8	152.4	208.2	1603.1	2988.7	397.6
OKLAHOMA	−0.624	8.6	29.2	73.8	205.0	1288.2	2228.1	326.8
FLORIDA	−0.604	10.2	39.6	187.9	449.1	1859.9	3840.5	351.4
MISSOURI	−0.559	9.6	28.3	189.0	233.5	1318.3	2424.2	378.4
SOUTH DAKOTA	−0.254	2.0	13.5	17.9	155.7	570.5	1704.4	147.5
NEVADA	−0.253	15.8	49.1	323.1	355.0	2453.1	4212.6	559.2
PENNSYLVANIA	−0.194	5.6	19.0	130.3	128.0	877.5	1624.1	333.2
MARYLAND	−0.195	8.0	34.8	292.1	358.9	1400.0	3177.7	428.5
KANSAS	−0.028	6.6	22.0	100.7	180.5	1270.4	2739.3	244.3
IDAHO	−0.008	5.5	19.4	39.6	172.5	1050.8	2599.6	237.6
INDIANA	3E-5	7.4	26.5	123.2	153.5	1086.2	2498.7	377.4
WYOMING	0.063	5.4	21.9	39.7	173.9	811.6	2772.2	282.0
OHIO	0.091	7.8	27.3	190.5	181.1	1216.0	2696.8	400.4
ILLINOIS	0.094	9.9	21.8	211.3	209.0	1085.0	2828.5	528.6
CALIFORNIA	0.143	11.5	49.4	287.0	358.0	2139.4	3499.8	663.5
MICHIGAN	0.155	9.3	38.9	261.9	274.6	1522.7	3159.0	545.5
ALASKA	0.167	10.8	51.6	96.8	284.0	1331.7	3369.8	753.3
NEBRASKA	0.226	3.9	18.1	64.7	112.7	760.0	2316.1	249.1
MONTANA	0.271	5.4	16.7	39.2	156.8	804.9	2773.2	309.2

续表

State	Prin2	Murder	Robbery	Rape	Assault	Burglary	Larceny	Auto
NORTH DAKOTA	0.388	0.9	9.0	13.3	43.8	446.1	1843.0	144.7
NEW YORK	0.433	10.7	29.4	472.6	319.1	1728.0	2782.0	745.8
MAINE	0.579	2.4	13.5	38.7	170.0	1253.1	2350.7	246.9
OREGON	0.586	4.9	39.9	124.1	286.9	1636.4	3506.1	388.9
WASHINGTON	0.738	4.3	39.6	106.2	224.8	1605.6	3386.9	360.3
WISCONSIN	0.781	2.8	12.9	52.2	63.7	846.9	2614.2	220.7
IOWA	0.825	2.3	10.6	41.2	89.8	812.5	2685.1	219.9
NEW HAMPSHIRE	0.825	3.2	10.7	23.2	76.0	1041.7	2343.9	293.4
ARIZONA	0.845	9.5	34.2	138.2	312.3	2346.1	4467.4	439.5
COLORADO	0.917	6.3	42.0	170.7	292.9	1935.2	3903.2	477.1
UTAH	0.937	3.5	20.3	68.8	147.3	1171.6	3004.6	334.5
VERMONT	0.945	1.4	15.9	30.8	101.2	1348.2	2201.0	265.2
NEW JERSEY	0.964	5.6	21.0	180.4	185.1	1435.8	2774.5	511.5
MINNESOTA	1.056	2.7	19.5	85.9	85.8	1134.7	2559.3	343.1
DELAWARE	1.297	6.0	24.9	157.0	194.2	1682.6	3678.4	467.0
CONNECTICUT	1.501	4.2	16.8	129.5	131.8	1346.0	2620.7	593.2
HAWAII	1.824	7.2	25.5	128.0	64.1	1911.5	3920.4	489.4
RHODE ISLAND	2.147	3.6	10.5	86.5	201.0	1489.5	2844.1	791.4
MASSACHUSETTS	2.631	3.1	20.8	169.1	231.6	1532.2	2311.3	1140.1

(11) 从图 9-1 和图 9-2 可看出，三个主分量几乎没有相关性，说明它们可各自独立解释或分析问题。

可利用第 1、第 2 及第 3 主分量综合研究各州的治安状况、犯罪倾向和轻罪形态，并结合社会的政治、文化及经济状况的背景环境剖析犯罪原因。

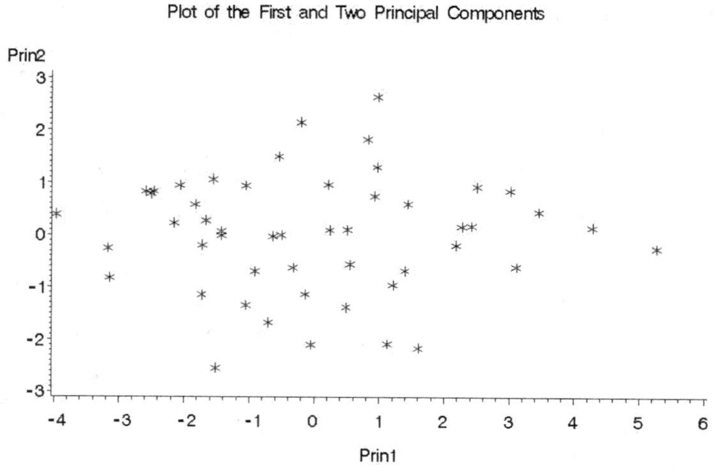

图 9-1　第 2 主分量与第 1 主分量的关系

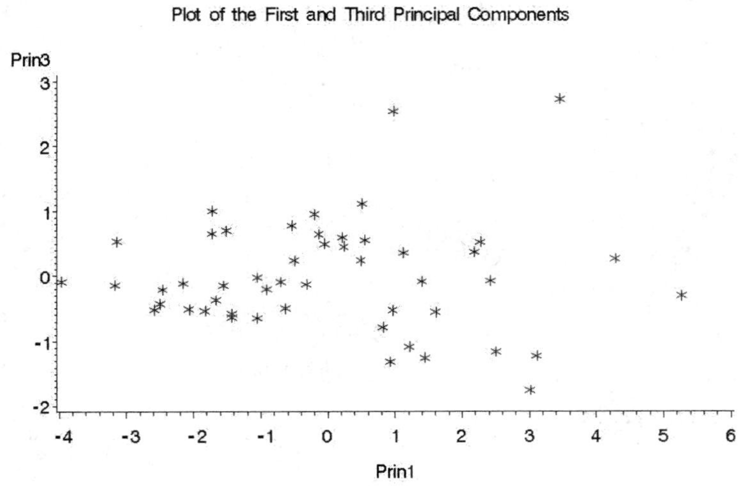

图 9-2　第 3 主分量与第 1 主分量的关系

9.4　采用 Solutions 菜单操作进行主分量分析

主分量分析亦可通过菜单和按钮操作实现。主要操作步骤如下：

(1) 选定菜单栏上的 Solutions 菜单，点击【Solutions】→【Analysis】→【Analyst】菜单项，则出现尚未导入待分析 SAS 数据表的 Analyst 窗口，如图 9-3 所示。

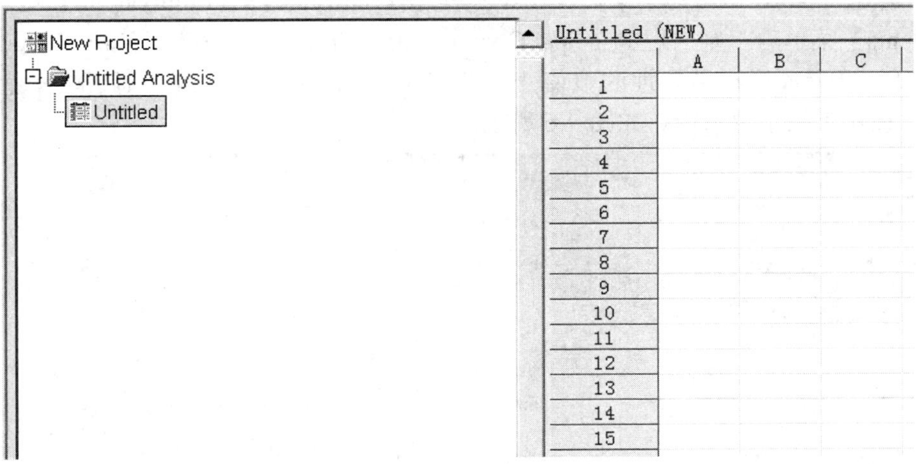

图 9-3　尚未导入 SAS 数据表的 Analyst 窗口

(2) 点击工具条上的“Open”按钮，则出现打开窗口，如图 9-4 所示。搜索 SAS 数据表 crime.sas7bdat(SAS 数据表在操作系统中显示的存盘名)并点击选定，则文件名框显示选定的结果，核查无误后点击“打开”按钮，则被选定的 SAS 数据表 crime 出现在 Analyst 窗口中，如图 9-5 所示。

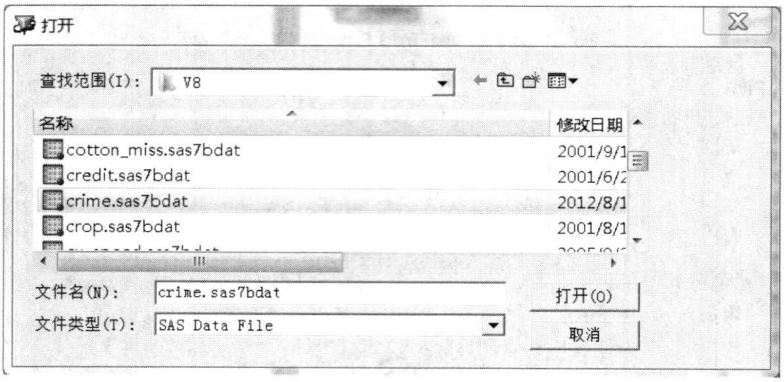

图 9-4　搜索文件的打开窗口

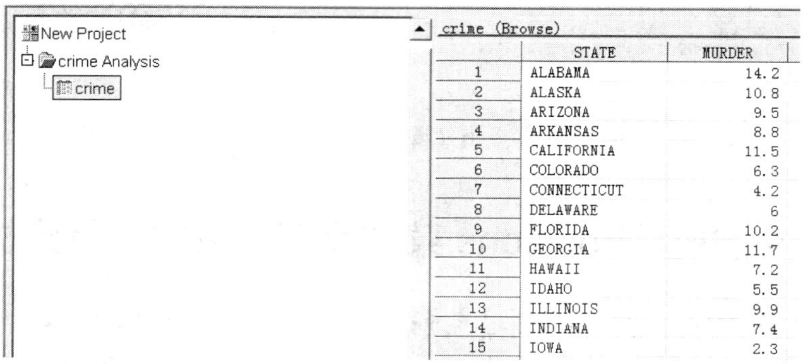

图 9-5　已导入 SAS 数据表 crime 的 Analyst 窗口

(3) 选定 Analyst 窗口的菜单栏 Statistics，点击【Statistics】→【Multivariate】→【Principal Components】菜单项，则出现 Principal Components: crime 窗口。在该窗口的 Remove 按钮的子窗口中选定描述样品属性的数值变量并点击“Variables”按钮，则这些变量显示在 Variables 按钮下的子窗口中。如图 9-6 所示。

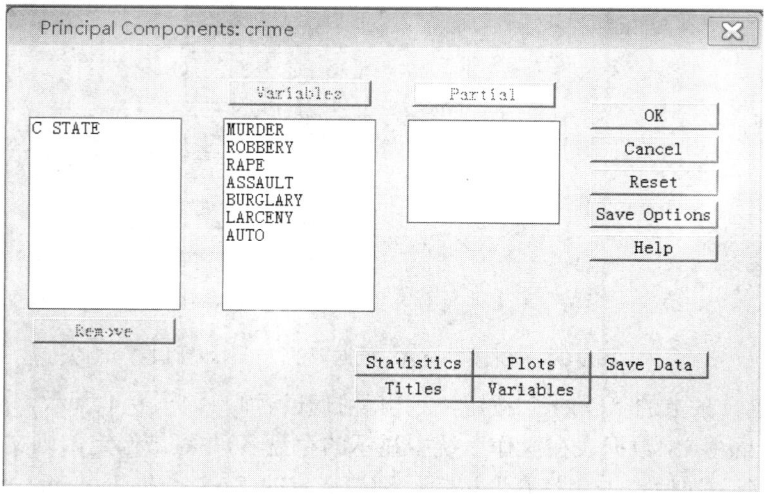

图 9-6　Principal Components: crime 窗口

(4) 点击 Principal Components: crime 窗口的“Statistics”按钮出现 Principal Components: Statistics 窗口，如图 9-7 所示。点击 Analyze 下拉列表框的向下箭头，选定 Covariances 或 Correlations 项，然后点击“OK”按钮回到 Principal Components: crime 窗口。再点击该窗口的“OK”按钮，则可按选定的方法执行协差阵主分量分析或相关阵主分量分析，如图 9-6 所示。

(5) 主分量分析的结果显示在 Analysis 窗口，包括简单统计量、协差阵或相关阵、特征根、比率(贡献率)、累积比率、特征向量等内容。Analysis 窗口的内容可通过 File 菜单存盘为数据文件，亦可通过 Edit 菜单将其输出到 Program Editor 窗口，在那里可进行复制、粘贴等编辑操作。

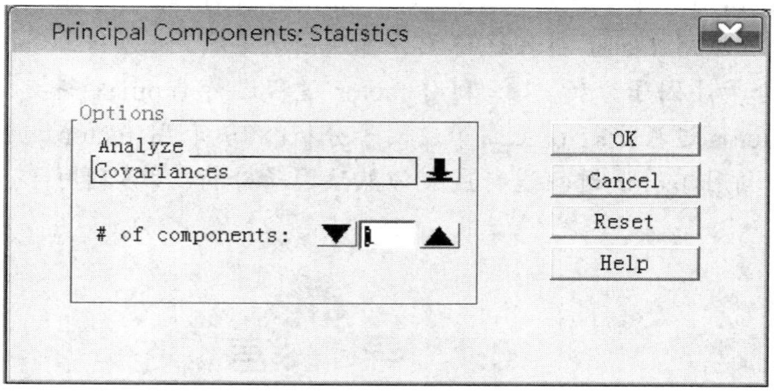

图 9-7　Principal Components：Statistics 窗口

上 机 报 告

(1) 利用 princomp 过程进行协差阵主分量分析。
(2) 利用 princomp 过程进行相关阵主分量分析。
(3) 利用 Solutions 菜单的系列操作进行协差阵主分量分析。
(4) 利用 Solutions 菜单的系列操作进行相关阵主分量分析。

第10单元 因子分析

上机目的 掌握因子分析(Common Factor Analysis)的原理及 SAS 实现方法，学会用潜在的公因子解释多变量问题，注意样本的强共线性要求。熟悉 SAS 的程序结构，理解过程、过程选项、语句、语句选项等概念。学以致用能解决实际问题。

上机内容 ① 利用 factor 过程进行主分量法因子分析。② 利用 factor 过程进行最大方差正交旋转主分量法因子分析。③ 利用 factor 过程进行 promax 斜交旋转主分量法因子分析。④ 利用 factor 过程进行 α 主因子法因子分析。⑤ 利用 factor 过程进行迭代主因子法因子分析。⑥ 利用 factor 过程进行最大似然法因子分析。⑦ 利用 factor 过程进行最小二乘法因子分析。

10.1 导　言

因子分析的数学模型如下所示：

$$\begin{cases} \boldsymbol{X} = \boldsymbol{\mu} + \boldsymbol{A}\boldsymbol{F} + \boldsymbol{\varepsilon} \\ \mathrm{E}(\boldsymbol{F}) = \boldsymbol{0} \quad \mathrm{Var}(\boldsymbol{F}) = \boldsymbol{I} \\ \mathrm{E}(\boldsymbol{\varepsilon}) = 0 \quad \mathrm{Var}(\boldsymbol{\varepsilon}) = \mathrm{diag}\left(\sigma_1^2, \sigma_2^2, \cdots, \sigma_p^2\right) \\ \mathrm{Cov}(\boldsymbol{F}, \boldsymbol{\varepsilon}) = 0 \end{cases}$$

$$\boldsymbol{X} = \begin{pmatrix} X_1 \\ X_2 \\ \vdots \\ X_p \end{pmatrix}, \quad \boldsymbol{\mu} = \begin{pmatrix} \mu_1 \\ \mu_2 \\ \vdots \\ \mu_p \end{pmatrix}, \quad \boldsymbol{A} = \begin{pmatrix} a_{11} & a_{12} & \cdots & a_{1m} \\ a_{21} & a_{22} & \cdots & a_{2m} \\ \vdots & \vdots & \vdots & \vdots \\ a_{p1} & a_{p2} & \cdots & a_{pm} \end{pmatrix}, \quad \boldsymbol{F} = \begin{pmatrix} F_1 \\ F_2 \\ \vdots \\ F_m \end{pmatrix}, \quad \boldsymbol{\varepsilon} = \begin{pmatrix} \varepsilon_1 \\ \varepsilon_2 \\ \vdots \\ \varepsilon_p \end{pmatrix}$$

其中，$\boldsymbol{X}$ 为 p 个原变量所构成的向量，$\boldsymbol{\mu}$ 为 p 个均值所构成的向量，$\boldsymbol{A}$ 为 $p \times m$ 个公因子的系数(载荷)所构成的矩阵(因子模式)，$\boldsymbol{F}$ 为 m 个公因子所构成的向量，$\boldsymbol{\varepsilon}$ 为 p 个特殊因子所构成的向量。

因子分析与回归分析不同，因子分析中的因子是一个抽象概念，而回归因子则有明确的实际意义。因子分析与主分量分析不同，因子模型需要从某些假设出发求解得到，是用假想因子及随机误差的线性组合表示原变量，而主分量模型仅是一种原变量到主分量的线性变换，即用原变量的线性组合表示主分量。

获得数据的背景可描述为这样一种过程：抽取 N 个样品(试验单元)，选定若干个描述样品性状的数值型变量，分别测定 N 个样品上这些选定变量的值。试验样本包括标识样品的标签变量(字符型)和描述样品性状的属性变量(数值型)两种类型。

因子分析：选取少数(降维)几个公因子解释或描述原始变量间的协方差关系，它认为每个样品的属性变异是由潜在公因子(对所有样品均起作用)和特殊因子(只对一个样品起作用)所引起的，以因子载荷的结构说明公因子在样品上的作用，以因子得分评价公因子对样品的影响。

按照因子模型的求解方法可将因子分析划分为主分量法、主因子法、最大似然法、最小二乘法等多种类型。又可根据因子的旋转变换进一步细分为无旋转、正交旋转和斜交旋转三个子类。

10.2　主分量法因子分析

【例 10-1】 为考察平欧杂种榛 12 个品系(Lines)的抗寒性，分别测定了枝条截面积(X1)、导管密度(X2)、导管截面积(X3)、木质部面积(X4)、髓部面积(X5)、韧皮部面积(X6)和射线条数(X7) 7 个剖面结构参数。计算得出了导管密度与木质部面积之比(X8)、髓部面积与木质部面积之比(X9)、韧皮部面积与木质部面积之比(X10)、木质射线面积与木质部面积之比(X11) 4 个结构比例参数。还分别测定了萌芽率(X12)、雄花序枯死率(X13)、抽条量(X14)、抽条率(X15) 4 个表征抽条程度的参数。观测样本如表 10-1 所示。试通过无旋转主分量法因子分析研究平欧杂种榛的抗寒性与枝条剖面结构因子的关系，并通过排序比较选出最优的抗寒性品系(种)。

表 10-1　杂种榛品系(种)枝条剖面结构和抽条程度的观测(sasuser.zhenshu01)

Lines	X1	X2	X3	X4	X5	X6	X7
81-14	27157.86	849	94.96	11966.54	03419.46	5727.36	128
82-7	37994.00	3000	28.26	6791.82	05278.34	4207.60	188
82-8	26002.34	4800	50.24	4860.72	03629.84	2813.44	112
83-33	20096.00	4200	9.06	3362.94	01661.06	6280.00	144
84-12	39388.16	2400	38.47	13112.64	05024.00	2976.62	132
84-36	25434.00	1000	36.30	5667.70	04534.16	7460.64	120
84-254	33354.70	3600	33.17	9812.50	07850.00	3968.96	136
84-402	22686.50	3160	19.63	4474.50	5024.00	8638.14	172
84-524	28338.50	8000	7.08	2307.90	7539.14	12839.46	180
84-545	27578.60	1200	38.47	6791.26	5671.60	2923.14	172
85-73	40807.44	3100	78.50	7099.54	10562.90	12494.06	196
85-127	31400.00	1300	78.50	10889.52	3629.84	4584.40	112

续表

Lines	X8	X9	X10	X11	X12	X13	X15
81-14	0.0709	0.2858	0.478615	0.4878	86.4	5.63	52.80
82-7	0.4417	0.7772	0.619510	1.4947	67.28	3.58	0.00
82-8	0.9875	0.7468	0.578811	0.7489	63.95	15.95	22.43
83-33	1.2489	0.494	1.867414	1.0598	60.68	3.10	33.64
84-12	0.183	0.3831	0.227004	0.7399	77.33	4.83	44.86
84-36	0.1764	0.8000	1.316343	1.4469	41.50	4.08	41.98
84-254	0.3668	0.8000	0.40448	1.3583	84.50	12.20	12.37
84-402	0.7062	1.1228	1.930526	0.4011	40.75	1.00	48.70
84-524	3.4663	3.2667	5.563265	1.0144	68.32	1.20	33.64
84-545	0.1767	0.2501	0.430427	0.3676	75.33	25.20	34.39
85-73	0.4366	0.1740	1.759841	2.2086	77.30	23.20	0.00
85-127	0.1194	0.3468	0.420992	0.8999	26.85	12.15	27.23

(1) 将表 10-1 所示样本创建为 SAS 数据表 sasuser.zhenshu01。

(2) 利用 factor 过程进行因子分析。选项 data=sasuser.zhenshu01 指定因子分析针对的数据表，过程选项 method=principal 指定用主分量法解因子模型。过程选项 out=PCP01 指定输出包含因子得分的数据表，同时必须用选项 nfactors=2 指定因子个数。选项 score 指定显示标准化因子得分系数。语句 var 指定参与因子模型的原变量。SAS 程序如下：

```
title1 '无旋转主分量法因子分析';
proc factor data=sasuser.zhenshu01 method=principal out=PCP01 nfactors=2 score;
   var X1-X7    X12-X15;
run;
proc factor data=sasuser.zhenshu01 method=principal out=PCP02 nfactors=2 score;
   var X8-X15;
run;
proc sort data=PCP01; by factor2 factor1; run;
proc print data=PCP01; run;
proc sort data=PCP02; by factor1 factor2; run;
proc print data=PCP02; run; quit;
```

(3) 程序输出的主要结果整理后如表 10-2 至表 10-7 所示。

枝条剖面结构问题的讨论如下所述。

(4) 前 5 个特征根的累积比率达 0.8774(>0.85)，说明需要 5 个公因子研究问题，但 5 个因子太多不利于解释问题，下面用前 2 个因子讨论问题。如表 10-2 所示。

表 10-2　枝条剖面结构问题原变量相关阵的特征根

序号	特征根	特征根差	比率	累积比率
1	3.575688	0.538169	0.3251	0.3251
2	3.037519	1.904663	0.2761	0.6012
3	1.132857	0.128795	0.1030	0.7042

续表

序号	特征根	特征根差	比率	累积比率
4	1.004062	0.102558	0.0913	0.7955
5	0.901503	0.344802	0.0820	0.8774
6	0.556701	0.140503	0.0506	0.9280
7	0.416198	0.168243	0.0378	0.9659
8	0.247955	0.155589	0.0225	0.9884
9	0.092366	0.057992	0.0084	0.9968
10	0.034375	0.033600	0.0031	0.9999
11	0.000775		0.0001	1.0000

(5) 考察第 1 因子。枝条截面积(X1)、髓部面积(X5)和射线条数(X7)在第 1 因子上均有绝对值较大的正载荷，抽条量(X14)和抽条率(X15)在第 1 因子上均有绝对值较大的负载荷。若两种参数正相关变化，则第 1 因子得分在 0 附近。若两种参数负相关变化，则剖面结构参数愈大第 1 因子得分愈大，而抽条程度愈大第 1 因子得分愈小。因此，第 1 因子可解释为“抽条程度与剖面结构参数相互作用因子”。如表 10-3 所示。

原方差总和为 11，第 1 因子的解释方差(Variance Explained by Each Factor)达 3.575688，占 32.51%。每个因子对原变量集的相关指数(Squared Multiple Correlations of the Variables with Each Factor)均达 1，说明公因子可代替原变量解释数据变异的全部，如表 10-3 所示。表 10-3 中的因子方差亦称做共同度。

(6) 考察第 2 因子。导管截面积(X3)和木质部面积(X4)在第 2 因子上均有绝对值较大的正载荷，导管密度(X2)、韧皮部面积(X6)在第 2 因子上均有绝对值较大的负载荷，抽条量(X14)和抽条率(X15)的因子载荷均甚小。木质部面积愈大(持水量愈大)第 2 因子得分愈大，导管密度愈大(导管愈细)第 2 因子得分愈小。因此，第 2 因子可解释为“枝条剖面结构因子”。如表 10-3 所示。

表 10-3　枝条剖面结构问题的因子模式和标准化得分系数

原变量	因子模式		因子方差	标准化得分系数	
	因子 1	因子 2		因子 1	因子 2
X1	0.75619	0.45329	0.777293	0.21148	0.14923
X2	0.26577	−0.76652	0.658188	0.07433	−0.25235
X3	0.08479	0.78222	0.619058	0.02371	0.25752
X4	−0.02602	0.89310	0.798309	−0.00728	0.29402
X5	0.86917	−0.07495	0.761078	0.24308	−0.02467
X6	0.38431	−0.60144	0.509427	0.10748	−0.19800
X7	0.66277	−0.45295	0.644419	0.18535	−0.14912
X12	0.47790	0.20739	0.271399	0.13365	0.06827
X13	0.44276	0.45358	0.401768	0.12382	0.14932
X14	−0.81626	−0.04839	0.668624	-0.22828	−0.01593
X15	−0.70160	−0.10677	0.503644	-0.19621	−0.03515
解释方差	3.5756880	3.0375193			
相关指数	1.0000	1.0000			

(7) 按第 1 因子的得分排序，品系 85_73、82_7 和 84_254 位于前三，说明这三个品系枝条截面积、髓部面积和射线条数均较大，而抽条量和抽条率均较低，其抗寒性强可能与其持水量较高有关。从三个品系的第 2 因子得分情况看，三个品系的得分比最低得分至少高 2.02223，比最高得分至少低 0.73664，说明这三个品系具有较大木质部面积和较小导管密度，剖面结构参数的构成比例较合理。如表 10-4 所示。

表 10-4 枝条剖面结构问题的因子得分按第 1 因子排序

Obs	Lines	Factor1	Factor2
1	84_402	−0.91759	−1.17690
2	81_14	−0.86706	1.20061
3	83_33	−0.77965	−1.05480
4	84_36	−0.73982	−0.12734
5	85_127	−0.72909	1.07927
6	82_8	−0.41027	0.06684
7	84_12	−0.13402	0.97650
8	84_545	−0.03294	0.45140
9	84_524	0.46642	−2.09959
10	84_254	0.74740	0.46397
11	82_7	0.99567	−0.07736
12	85_73	2.40096	0.29741

枝条剖面结构比例问题的讨论如下所述。

(8) 前 3 个特征根的累积比率达 0.8617(>0.85)，说明需要 3 个公因子研究问题，3 个因子不多，有利于解释问题，下面用前 2 个因子对问题进行讨论。如表 10-5 所示。

表 10-5 枝条剖面结构比例问题原变量相关阵的特征根

序号	特征根	特征根差	比率	累积比率
1	3.259871	0.690059	0.4075	0.4075
2	2.569812	1.505981	0.3212	0.7287
3	1.063831	0.358754	0.1330	0.8617
4	0.705077	0.449891	0.0881	0.9498
5	0.255186	0.166444	0.0319	0.9817
6	0.088742	0.039547	0.0111	0.9928
7	0.049195	0.040909	0.0061	0.9990
8	0.008286	0	0.0010	1.0000

(9) 考察第 1 因子。导管密度与木质部面积之比(X8)、髓部面积与木质部面积之比(X9)、韧皮部面积与木质部面积之比(X10)在第 1 因子上均有绝对值较大的正载荷，木质射线面积与木质部面积之比(X11)在第 1 因子上有绝对值较大的负载荷，而抽条量(X14)和抽条率(X15)在第 1 因子上均有绝对值较大的正载荷，雄花序枯死率(X13)在第 1 因子上有绝对值较大的负载荷。第 1 因子可解释为“抽条程度与结构比例相互作用因子”。

原方差总和为 8，第 1 因子的解释方差达 3.25987，占 40.75%。每个因子对原变量集的相关指数均达 1，说明公因子可代替原变量解释数据变异的全部。如表 10-6 所示。

表 10-6　枝条剖面结构比例问题的因子模式和标准化得分系数

原变量	因子模式		因子方差	标准化得分系数	
	因子 1	因子 2		因子 1	因子 2
X8	0.78721	0.54074	0.912106	0.24149	0.21042
X9	0.84457	0.46485	0.929386	0.25908	0.18089
X10	0.78044	0.55670	0.918995	0.23941	0.21663
X11	−0.44975	0.81980	0.874342	−0.13797	0.31901
X12	−0.23530	0.20120	0.095848	−0.07218	0.07830
X13	−0.62480	0.00476	0.390394	−0.19166	0.00185
X14	0.55840	−0.71864	0.828262	0.17130	−0.27965
X15	0.59829	−0.72277	0.880351	0.18353	−0.28125
解释方差	3.25987	2.56981			
相关指数	1.0000	1.0000			

(10) 考察第 2 因子。导管密度与木质部面积之比(X8)、髓部面积与木质部面积之比(X9)、韧皮部面积与木质部面积之比(X10)和木质射线面积与木质部面积之比(X11)在第 2 因子上均有绝对值较大的正载荷，而抽条量(X14)和抽条率(X15)在第 2 因子上均有绝对值较大的负载荷。第 2 因子可解释为“枝条结构比例因子”。

原方差总和为 8，第 2 因子的解释方差达 2.5698，占 32.12%。每个因子对原变量集的相关指数均达 1，说明公因子可代替原变量解释数据变异的全部。如表 10-6 所示。

(11) 按第 2 因子的得分排序，品系 85_73、84_254 和 82_7 位于前三，说明这三个品系具有结构比例参数较大和抽条程度较低的特点。如表 10-7 所示。

表 10-7　枝条剖面结构比例问题的因子得分按第 2 因子排序

Obs	Lines	因子 1	因子 2
1	81_14	0.09273	−1.23603
2	84_545	−0.43831	−1.06941
3	84_402	1.13011	−1.05745
4	84_12	−0.17157	−0.69201
5	85_127	−0.25830	−0.66599
6	82_8	−0.16619	−0.15608
7	84_36	−0.00586	−0.00067
8	83_33	0.24327	0.21208
9	84_254	−0.73309	0.52652
10	82_7	−0.71842	0.98768
11	84_524	2.48254	1.56354
12	85_73	−1.45691	1.58784

综上，主分量法因子分析的因子模式能够解释枝条抗寒性与剖面结构参数的关系，且有效选出了三个抗寒品系。但因子模式中的各个分量相差还不很大，故因子解释问题的清

晰程度还有待于进一步发掘。试对照后面的例题分析结果。

【例 10-2】 对于如例 10-1 和表 10-1 所述的问题，试通过最大方差正交旋转主分量法因子分析研究影响平欧杂种榛抗寒性与枝条剖面结构因子的关系，并通过排序比较选出最优的抗寒性品系(种)。

(1) 引用表 10-1 所示的 SAS 数据表 sasuser.zhenshu01。

(2) 利用 factor 过程进行因子分析。选项 rotate=varimax 指定因子旋转采用方差最大正交旋转法。SAS 程序如下：

```
title2 '最大方差正交旋转主分量法因子分析';
proc factor data=sasuser.zhenshu01 method=principal rotate=varimax out=PCP03
            nfactors=2 score;
var X1-X7   X12-X15;
run;
proc factor data=sasuser.zhenshu01 method=principal rotate=varimax out=PCP04
            nfactors=2 score;
  var X8-X15;
run;
proc sort data=PCP03; by factor1 factor2; run;
proc print data=PCP03; run;
proc sort data=PCP04; by factor2 factor1; run;
proc print data=PCP04; run; quit;
```

(3) 程序输出的主要结果整理后如表 10-8～表 10-11 所示。

表 10-8　枝条剖面结构问题的因子模式和标准化得分系数

原变量	旋转后因子模式		因子方差	标准化得分系数	
	因子 1	因子 2		因子 1	因子 2
X1	0.84628	0.24721	0.777293	0.24236	0.09087
X2	0.06318	−0.80882	0.658188	0.00806	−0.26295
X3	0.27995	0.73531	0.619058	0.08810	0.24314
X4	0.20080	0.87063	0.798309	0.06735	0.28630
X5	0.82193	−0.29243	0.761078	0.22893	−0.08537
X6	0.21963	−0.67911	0.509427	0.05388	−0.21876
X7	0.52659	−0.60590	0.644419	0.14159	−0.19116
X12	0.51482	0.07972	0.271399	0.14658	0.03224
X13	0.54312	0.32679	0.401768	0.15758	0.11314
X14	−0.80194	0.15972	0.668624	−0.22488	0.04235
X15	−0.70579	0.07423	0.503644	−0.19872	0.01564
解释方差	3.5412348	3.0719725			
相关指数	1.0000	1.0000			

(4) 考察枝条剖面结构问题。第 1 因子的模式和得分与例 10-1 的第 1 因子相近。第 2

因子的模式和得分与例 10-1 的第 2 因子相近。经过旋转因子模式中的分量差距拉大，更易解释问题。

表 10-9　枝条剖面结构问题的因子得分按第 1 因子排序

Obs	Lines	因子 1	因子 2
1	84_402	−1.18551	−0.90644
2	83_33	−1.02117	−0.82321
3	84_36	−0.74797	0.06399
4	81_14	−0.53507	1.38092
5	85_127	−0.43228	1.22863
6	82_8	−0.38001	0.16847
7	84_524	−0.08000	−2.14929
8	84_545	0.08234	0.44504
9	84_12	0.11742	0.97864
10	84_254	0.84048	0.25977
11	82_7	0.94370	−0.32677
12	85_73	2.39808	−0.31976

(5) 考察枝条结构比例问题。考察第 1 因子的模式和得分，该因子可被解释为“结构比例因子”。考察第 2 因子的模式和得分，该因子可被解释为“抽条程度木质射线因子”。经过旋转因子模式中的分量差距拉大，更易解释问题。

表 10-10　结构比例问题的因子模式和标准化得分系数

原变量	旋转后因子模式		因子方差	标准化得分系数	
	因子 1	因子 2		因子 1	因子 2
X8	0.95503	−0.00466	0.912106	0.31801	−0.03827
X9	0.95980	0.09035	0.929386	0.31596	−0.00395
X10	0.95840	−0.02166	0.918995	0.31978	−0.04457
X11	0.08890	−0.93083	0.874342	0.06523	−0.34139
X12	−0.08149	−0.29868	0.095848	−0.01568	−0.10533
X13	−0.51405	−0.35518	0.390394	−0.15747	−0.10928
X14	0.05782	0.90825	0.828262	−0.01554	0.32757
X15	0.08848	0.93409	0.880351	−0.00633	0.33578
解释方差	3.2598709	2.5698124			
相关指数	1.0000	1.0000			

(6) 枝条剖面结构和结构比例两种问题的研究获得相同的结论。抗寒性最强的品系(种)依次为 85_76、82_7 和 84_254，它们具有枝条较粗大、剖面结构主要组织的面积较大、导管直径适中和结构比例参数较大等特点，由此推测这样的剖面结构有利于提高枝条持水量和保水能力。如表 10-9 和表 10-11 所示。

表 10-11　枝条剖面结构比例问题的因子得分按第 2 因子排序

Obs	Lines	Factor1	Factor2
1	85_73	−0.31227	−2.13221
2	82_7	−0.03892	−1.22071
3	84_254	−0.31029	−0.84756
4	83_33	0.32042	−0.03863
5	84_36	−0.00522	−0.00274
6	82_8	−0.22519	0.03566
7	84_524	2.93209	0.10251
8	85_127	−0.58802	0.40558
9	84_12	−0.53092	0.47586
10	84_545	−0.96368	0.63803
11	81_14	−0.61816	1.07436
12	84_402	0.34017	1.50985

【例 10-3】 对于如例 10-1 和表 10-1 所述的问题，试通过 Promax 斜交旋转主分量法因子分析研究影响平欧杂种榛抗寒性与枝条剖面结构因子的关系，并通过排序比较选出最优的抗寒性品系(种)。

(1) 引用表 10-1 所示的 SAS 数据表 sasuser.zhenshu01。

(2) 利用 factor 过程进行因子分析。选项 rotate=promax 指定因子旋转采用 Promax 斜交旋转法。SAS 程序如下：

```
title3 'PROMAX 斜交旋转主分量法因子分析';
proc factor data=sasuser.zhenshu01 method=principal rotate=promax out=PCP05
          nfactors=2 score;
   var X1-X7 X12-X15;
run;
proc factor data=sasuser.zhenshu01 method=principal rotate=promax out=PCP06
          nfactors=2 score;
   var X8-X15;
run;
proc sort data=PCP05; by factor1 factor2; run;
proc print data=PCP05; run;
proc sort data=PCP06; by factor2 factor1; run;
proc print data=PCP06; run; quit;
```

(3) 程序输出的主要结果整理后如表 10-12～表 10-15 所示。

(4) 用例 10-1 和例 10-2 相同的方式研究问题。表 10-12 中的因子模式为旋转后的因子模式(Standardized Regression Coefficients)，因子结构由每个变量与每个因子的相关系数构成(Correlations)。

表 10-12 枝条剖面结构问题的因子模式和标准化得分系数

原变量	旋转后因子模式		因子结构		标准化得分系数	
	因子 1	因子 2	因子 1	因子 2	因子 1	因子 2
X1	0.8492	0.2772	0.83702	0.23977	0.23900	0.08873
X2	0.0561	−0.8069	0.09169	−0.80935	0.01734	−0.26301
X3	0.2867	0.7455	0.25382	0.73283	0.07946	0.24236
X4	0.2086	0.8780	0.16993	0.86883	0.05720	0.28570
X5	0.8201	−0.2635	0.83174	−0.29963	0.23180	−0.08738
X6	0.2139	−0.6716	0.24347	−0.68101	0.06157	−0.21922
X7	0.5218	−0.5875	0.54766	−0.61050	0.14825	−0.19240
X12	0.5160	0.0979	0.51169	0.07520	0.14535	0.03095
X13	0.5465	0.3461	0.53124	0.32201	0.15349	0.11175
X14	−0.8013	0.1314	−0.80708	0.16675	−0.22624	0.04432
X15	−0.7058	0.0493	−0.70797	0.08042	−0.19915	0.01738

表 10-13 枝条剖面结构问题的因子得分按第 1 因子排序

Obs	Lines	Factor1	Factor2
1	84_402	−1.15277	−0.89600
2	83_33	−0.99147	−0.81422
3	84_36	−0.74976	0.07056
4	81_14	−0.58349	1.38557
5	85_127	−0.47539	1.23237
6	82_8	−0.38572	0.17180
7	84_524	−0.00407	−2.14850
8	84_545	0.06658	0.44430
9	84_12	0.08279	0.97757
10	84_254	0.83078	0.25238
11	82_7	0.95464	−0.33504
12	85_73	2.40788	−0.34079

表 10-14 枝条剖面结构比例问题的因子模式和标准化得分系数

原变量	旋转后因子模式		因子结构		标准化得分系数	
	因子 1	因子 2	因子 1	因子 2	因子 1	因子 2
X8	0.9567	−0.0416	0.95414	0.01730	0.31629	−0.03095
X9	0.9593	0.0534	0.96257	0.11239	0.31557	0.00331
X10	0.9605	−0.0587	0.95685	0.00038	0.31782	−0.03721
X11	0.1105	−0.9353	0.05293	−0.92854	0.05202	−0.33980
X12	−0.0747	−0.2959	−0.09295	−0.30047	−0.01973	−0.10566
X13	−0.5067	−0.3357	−0.52736	−0.36690	−0.16157	−0.11287
X14	0.0370	0.9071	0.09281	0.90934	−0.00290	0.32713
X15	0.0671	0.9318	0.12445	0.93588	0.00663	0.33555

表 10-15　枝条剖面结构比例问题的因子得分按第 2 因子排序

Obs	Lines	Factor1	Factor2
1	85_73	−0.39429	−2.13882
2	82_7	−0.08597	−1.22128
3	84_254	−0.34275	-0.85447
4	83_33	0.31869	−0.03126
5	84_36	−0.00533	−0.00286
6	82_8	−0.22364	0.03047
7	84_524	2.93386	0.16990
8	85_127	−0.57194	0.39195
9	84_12	−0.51217	0.46353
10	84_545	−0.93835	0.61571
11	81_14	−0.57626	1.05986
12	84_402	0.39815	1.51727

其余讨论从略。

10.3　主因子法因子分析

【例 10-4】 对于如例 10-1 和表 10-1 所述的问题，试通过 SAS 的 α 主因子法因子分析研究影响平欧杂种榛抗寒性与枝条剖面结构因子的关系，并通过排序比较选出最优的抗寒性品系(种)。

(1) 引用表 10-1 所示的 SAS 数据表 sasuser.zhenshu01。

(2) 利用 factor 过程进行因子分析。过程选项 method=ALPHA 指定用 α 主因子法解因子模型。SAS 程序如下：

```
goptions reset=all;
title1 'Alpha 主因子法因子分析';
proc factor data=sasuser.zhenshu01 CORR method=ALPHA nfactors=2 out=FAC01 score;
  var X1-X7   X12-X15;
run;
proc factor data=sasuser.zhenshu01 CORR method=ALPHA nfactors=2 out=FAC02 score;
  var X8-X15;
run;
proc sort data=FAC01; by factor1 factor2; run;
proc print data=FAC01; run;
proc sort data=FAC02; by factor2 factor1; run;
proc print data=FAC02; run; quit;
```

(3) 程序输出的主要结果整理后如表 10-16～表 10-21 所示。

(4) α 主因子法是一种由加权约相关阵求解因子模型的方法。相关阵减去一个初始对角阵后所生成的矩阵称做约相关阵，初始对角阵元素的值均小于 1。α 指每个因子上的权。

表 10-16　枝条剖面结构问题原变量的加权约相关阵的特征根

序号	特征根	特征根差	比率	累积比率
1	6.158497	1.317087	0.5599	0.5599
2	4.841409	3.557123	0.4401	1.0000
3	1.284286	0.272154	0.1168	1.1167
4	1.012132	0.257495	0.0920	1.2088
5	0.754637	0.559204	0.0686	1.2774
6	0.195433	0.357242	0.0178	1.2951
7	−0.161809	0.139743	−0.0147	1.2804
8	−0.301552	0.214382	−0.0274	1.2530
9	−0.515934	0.487042	−0.0469	1.2061
10	−1.00298	0.261149	−0.0912	1.1149
11	−1.26412		−0.1149	1.0000

表 10-17　枝条剖面结构问题的因子模式和标准化得分系数

原变量	因子模式		因子方差	标准化得分系数	
	因子 1	因子 2		因子 1	因子 2
X1	0.81890	0.25230	0.734257	−10.47018	16.80851
X2	0.12062	−0.74826	0.574439	10.25913	−16.55985
X3	0.22282	0.65247	0.475365	9.52510	−15.05547
X4	0.16206	0.86686	0.777712	4.059975	−5.57634
X5	0.85219	−0.26887	0.798524	10.21676	−15.69532
X6	0.17562	−0.57285	0.358997	−14.38589	22.82269
X7	0.53474	−0.54747	0.585668	10.564395	−16.79653
X12	0.41647	0.08491	0.180658	−7.025521	11.26783
X13	0.46127	0.33030	0.321864	−1.454314	2.43889
X14	−0.78285	0.09950	0.622754	11.65606	−19.54530
X15	−0.59560	0.05260	0.357540	−12.21663	19.66329
α	0.92138	0.87279			
加权解	6.158497	4.841409	10.999906	1.827767	3.168130
无权解	3.157901	2.629848	5.787749		

表 10-18　枝条剖面结构问题的因子得分按第 1 因子排序

Obs	Lines	因子 1	因子 2
1	84_36	−1.36745	0.64134
2	83_33	−1.35641	−0.63210
3	84_524	−1.26534	0.20100
4	85_127	−1.14883	2.81312
5	81_14	−0.97631	1.63172
6	84_545	−0.94846	1.93106
7	84_12	0.59100	−0.09239
8	82_7	0.74797	0.14063
9	82_8	0.76805	−1.91662
10	84_402	1.04539	−3.70415
11	84_254	1.12305	0.43044
12	85_73	2.78735	−1.44404

表 10-19 结构比例问题原变量的加权约相关阵的特征根

序号	特征根	特征根差	比率	累积比率
1	4.844676	1.689399	0.6056	0.6056
2	3.155277	1.835921	0.3944	1.0000
3	1.319357	1.198296	0.1649	1.1649
4	0.121061	0.053036	0.0151	1.1800
5	0.068025	0.216518	0.0085	1.1885
6	−.148492	0.251624	−0.0186	1.1700
7	−.400116	0.559671	−0.0500	1.1200
8	−.959788		−0.1200	1.0000

表 10-20 枝条剖面结构比例问题的因子模式和标准化得分系数

原变量	因子模式		因子方差	标准化得分系数	
	因子 1	因子 2		因子 1	因子 2
X8	0.42649	0.76846	0.772436	1.28371	−3.94428
X9	0.58759	0.74966	0.907244	−0.21292	1.76175
X10	0.50610	0.80310	0.901105	−1.43021	4.47523
X11	−0.55813	0.49062	0.552212	2.76082	−5.41440
X12	−0.24493	0.05776	0.063328	0.25803	−0.38065
X13	−0.63334	−0.15452	0.424999	−0.71808	0.88869
X14	0.77499	−0.44794	0.801259	0.33122	−0.47530
X15	0.78430	−0.46560	0.831906	3.04772	−5.36862
α	0.90696	0.78065			
加权解	4.84468	3.15528	7.999953	1.19627	1.78054
无权解	2.77165	2.48284	5.254488		

表 10-21 枝条剖面结构比例问题的因子得分按第 2 因子排序

Obs	Lines	Factor1	Factor2
1	81_14	1.38355	−2.29663
2	85_127	0.07849	−1.16310
3	84_254	−0.02082	−1.03013
4	82_8	−0.37645	−0.93214
5	84_402	1.81501	−0.78889
6	84_12	−0.38980	0.15209
7	83_33	−0.35943	0.16325
8	84_36	0.18716	0.42899
9	85_73	−1.37994	0.51523
10	84_545	−0.99112	0.66378
11	82_7	−1.48957	1.77305
12	84_524	1.54292	2.51449

试进行正交旋转或斜交旋转 α 主因子法因子分析。其余讨论从略。

【例 10-5】 对于如例 10-1 和表 10-1 所述的问题，试通过 SAS 的迭代主因子法因子分析研究平欧杂种榛抗寒性与枝条剖面结构因子的关系，并通过排序比较选出最优的抗寒性品系(种)。

(1) 引用表 10-1 所示的 SAS 数据表 sasuser.zhenshu01。

(2) 利用 factor 过程进行因子分析。过程选项 method=PRINTIT 指定采用迭代主因子法求解因子模型。SAS 程序如下：

```
goptions reset=all;
title2 '迭代主因子法因子分析';
proc factor data=sasuser.zhenshu01 CORR method=PRINTIT nfactors=2 out=FAC03 score;
  var X1-X7   X12-X15;
run;
proc factor data=sasuser.zhenshu01 CORR method=PRINTIT nfactors=2 out=FAC04 score;
  var X8-X15;
run;
proc sort data=FAC03; by factor1 factor2; run;
proc print data=FAC03; run; quit;
proc sort data=FAC04; by factor2 factor1; run;
proc print data=FAC04; run; quit;
```

(3) 程序输出的主要结果整理后如表 10-22～表 10-27 所示。

(4) 迭代主因子法是一种对约相关阵迭代解算的求解因子模型的方法。

表 10-22　枝条剖面结构问题原变量的约相关阵的特征根

序号	特征根	特征根差	比率	累积比率
1	3.156543	0.516772	0.5446	0.5446
2	2.639771	2.003773	0.4555	1.0001
3	0.635998	0.179098	0.1097	1.1098
4	0.456900	0.200415	0.0788	1.1886
5	0.256486	0.164997	0.0443	1.2329
6	0.091489	0.203076	0.0158	1.2487
7	−0.111588	0.040978	−0.0193	1.2294
8	−0.152566	0.067572	−0.0263	1.2031
9	−0.220138	0.221724	−0.0380	1.1651
10	−0.441862	0.073233	−0.0762	1.0889
11	−0.515095		−0.0889	1.0000
因子总方差	5.795938			

表 10-23 枝条剖面结构问题的因子模式和标准化得分系数

原变量	因子模式		因子方差	标准化得分系数	
	因子 1	因子 2		因子 1	因子 2
X1	0.76442	0.45749	0.793625	1.01566	5.43043
X2	0.24228	−0.70215	0.551718	−0.46445	−5.45686
X3	0.08087	0.70155	0.498717	0.00715	−5.02653
X4	−0.01597	0.91434	0.836272	−0.91180	−1.03109
X5	0.85672	−0.07672	0.739854	0.30259	−5.33975
X6	0.34097	−0.51597	0.382487	0.17562	7.65104
X7	0.61560	−0.41894	0.554475	−0.38246	−5.48204
X12	0.39532	0.16247	0.182676	0.36688	3.64780
X13	0.37764	0.35543	0.268948	−0.21822	1.02539
X14	−0.76677	−0.03077	0.588890	−0.53762	−6.57301
X15	−0.62505	−0.08927	0.398651	0.46395	6.40278
解释方差	3.15654	2.63977			
相关指数	0.94754	1.19315			

表 10-24 枝条剖面结构问题的因子得分按第 1 因子排序

Obs	Lines	因子 1	因子 2
1	83_33	−1.40896	−0.77457
2	81_14	−0.88370	1.20851
3	85_127	−0.70234	1.84423
4	84_402	−0.70064	−1.95396
5	84_36	−0.42556	−0.13310
6	82_8	−0.17363	−1.00312
7	84_545	−0.09362	0.73022
8	84_12	−0.07948	0.78217
9	84_524	0.55310	−1.13845
10	84_254	0.63572	0.59638
11	82_7	1.21526	−0.00245
12	85_73	2.06385	−0.15587

表 10-25 枝条剖面结构比例问题原变量的约相关阵的特征根

序号	特征根	特征根差	比率	累积比率
1	3.074688	0.660727	0.5602	0.5602
2	2.413961	2.043067	0.4398	1.0000
3	0.370894	0.300170	0.0676	1.0676
4	0.070725	0.025074	0.0129	1.0805
5	0.045651	0.110314	0.0083	1.0888
6	−0.064664	0.047876	−0.0118	1.0770
7	−0.112539	0.197772	−0.0205	1.0565
8	−0.310311		−0.0565	1.0000

表 10-26　枝条剖面结构比例问题的因子模式和标准化得分系数

原变量	因子模式		因子方差	标准化得分系数	
	因子 1	因子 2		因子 1	因子 2
X8	0.82172	0.46902	0.895192	−0.20934	0.06106
X9	0.87816	0.39773	0.929363	0.62753	0.39806
X10	0.81442	0.49212	0.905467	0.58394	0.23321
X11	−0.40145	0.83929	0.865562	−0.62204	0.02107
X12	−0.15552	0.14210	0.044379	−0.07091	−0.05394
X13	−0.48741	0.03293	0.238656	0.10342	0.19662
X14	0.47837	−0.69906	0.717520	0.21050	−0.02842
X15	0.55969	−0.76109	0.892510	−0.34210	−0.81638
解释方差	3.07469	2.41396			
相关指数	0.97419	0.95942			

表 10-27　枝条剖面结构比例问题的因子得分按第 2 因子排序

Obs	Lines	因子 1	因子 2
1	81_14	−0.13380	−1.41563
2	84_402	0.87728	−1.23839
3	84_545	−0.02401	−0.97530
4	85_127	−0.40826	−0.56477
5	84_12	−0.18263	−0.50630
6	82_8	−0.13430	−0.12066
7	83_33	−0.02106	0.22085
8	84_36	−0.00567	0.35580
9	84_254	−0.69233	0.39818
10	82_7	−0.72481	0.92471
11	84_524	2.68108	1.36495
12	85_73	−1.23148	1.55657

试进行正交旋转或斜交旋转迭代主因子法因子分析。其余讨论从略。

10.4　最大似然法因子分析

【例 10-6】 对于如例 10-1 和表 10-1 所述的问题，试通过 SAS 的最大似然法因子分析研究平欧杂种榛抗寒性与枝条剖面结构因子的关系，并通过排序比较选出最优的抗寒性品系(种)。

(1) 引用表 10-1 所示的 SAS 数据表 sasuser.zhenshu01。

(2) 利用 factor 过程进行因子分析。过程选项 method=ML 指定采用最大似然法求解因子模型。过程选项 proportion=1.08 指定最大公因子方差 1.08，设置这个选项是规避公因子方差最大似然估计结果大于 1 时导致的程序终止。SAS 程序如下：

```
goptions reset=all;
title1 '最大似然法因子分析';
proc factor data=sasuser.zhenshu01 method=ML proportion=1.08 CORR nfactors=2
              out=LK01 score;
  var X1-X7   X12-X15;
run;
proc sort data=LK01; by factor1 factor2; run;
proc print data=LK01; run; quit;
proc factor data=sasuser.zhenshu01 method=ML CORR nfactors=2 out=LK02 score;
  var X8-X15;
run;
proc sort data=LK02; by factor2 factor1; run;
proc print data=LK02; run; quit;
```

(3) 程序输出的主要结果整理后如表 10-28 至表 10-35 所示。

(4) 最大似然法因子分析在求解因子模型时对公因子和特殊因子做最大似然估计。

(5) 表 10-29 中的加权约相关阵的特征根译自 Eigenvalues of the Weighted Reduced Correlation Matrix，表 10-33 中的相关指数译自 Squared Multiple Correlations of the Variables with Each Factor，加权解释指因子加权的解释方差，无权解释指因子不加权的解释方差。

表 10-28　枝条剖面结构问题的显著性检验结果

零假设 H0	备择假设 HA	自由度	Chi-Square	Pr > ChiSq
无公因子	至少 1 个公因子	55	86.8504	0.0040
1 个公因子足够	需要更多公因子	44	64.4452	0.0238
无 Bartlett 校正的卡方值			121.5253	
因子 1 的典型相关指数			0.8725	

表 10-29　枝条剖面结构问题原变量的加权约相关阵的特征根

序号	特征根	特征根差	比率	累积比率
1	6.843223	4.358258	1.0000	1.0000
2	2.484964	1.358861	0.3631	1.3631
3	1.126103	0.772726	0.1646	1.5277
4	0.353378	0.249278	0.0516	1.5793
5	0.104099	0.409233	0.0152	1.5945
6	−0.305133	0.078513	−0.0446	1.5499
7	−0.383646	0.218775	−0.0561	1.4939
8	−0.602421	0.216644	−0.0880	1.4059
9	−0.819065	0.140370	−0.1197	1.2862
10	−0.959435	0.039414	−0.1402	1.1460
11	−0.998849		−0.1460	1.0000
公因子方差	6.84321858	3.045361		

表 10-30　枝条剖面结构问题的因子模式和标准化得分系数

原变量	因子模式		因子方差	标准化得分系数	
	因子 1	因子 2		因子 1	因子 2
X1	0.76348	.	0.58291	0.23345	.
X2	0.15766	.	0.02486	0.02061	.
X3	0.13210	.	0.01745	0.01714	.
X4	0.06833	.	0.00467	0.00875	.
X5	0.74554	.	0.55584	0.21420	.
X6	0.23057	.	0.05316	0.03105	.
X7	0.50870	.	0.25878	0.08753	.
X12	0.38039	.	0.14470	0.05672	.
X13	0.42079	.	0.17707	0.06520	.
X14	−0.82826	.	0.68601	−0.33600	.
X15	−0.73479	.	0.53992	−0.20341	.
解释方差	6.84322	.	相关指数	0.8725	.

表 10-31　枝条剖面结构问题的因子得分按第 1 因子排序

Obs	Lines	因子 1	因子 2
1	84_402	−1.04830	.
2	81_14	−0.92090	.
3	83_33	−0.75722	.
4	84_36	−0.57264	.
5	85_127	−0.35035	.
6	82_8	−0.27269	.
7	84_545	−0.19264	.
8	84_12	−0.04375	.
9	84_524	0.05610	.
10	84_254	0.82378	.
11	82_7	1.16145	.
12	85_73	2.11716	.

表 10-32　枝条剖面结构比例问题的显著性检验结果

零假设 H0	备择假设 HA	自由度	Chi-Square	Pr > ChiSq
无公因子	至少 1 个公因子	28	73.1623	< 0.0001
1 个公因子足够	需要更多公因子	13	15.9319	0.2528
无 Bartlett 校正的卡方值			28.4191	
因子 1 的典型相关指数			0.97192	0.96924

表 10-33 枝条剖面结构比例问题原变量的加权约相关阵的特征根

序号	特征根	特征根差	比率	累积比率
1	34.614000	3.105971	0.5235	0.5235
2	31.508029	30.335776	0.4765	1.0000
3	1.172253	0.588850	0.0177	1.0177
4	0.583403	0.436688	0.0088	1.0266
5	0.146714	0.384105	0.0022	1.0288
6	−0.237391	0.540739	−0.0036	1.0252
7	−0.778128	0.108733	−0.0118	1.0134
8	−0.886862		−0.0134	1.0000
加权方差	66.122017			
无权方差	5.456321			

表 10-34 枝条剖面结构比例问题的因子模式和标准化得分系数

原变量	因子模式		因子方差	标准化得分系数	
	因子 1	因子 2		因子 1	因子 2
X8	0.76997	0.57435	0.92273	0.27976	0.22862
X9	0.79343	0.50806	0.88765	0.19819	0.13904
X10	0.72863	0.63128	0.92942	0.29009	0.27534
X11	−0.55119	0.79992	0.94368	−0.27497	0.43719
X12	−0.13259	0.09839	0.02726	−0.00383	0.00311
X13	−0.41603	−0.10277	0.18364	−0.01431	−0.00387
X14	0.53019	−0.58798	0.62682	0.03987	−0.04844
X15	0.69457	−0.67282	0.93511	0.30052	−0.31892
加权解释	34.61400	31.50803			
无权解释	3.01129	2.44503			
相关指数	0.97192	0.96924			

表 10-35 枝条剖面结构比例问题的因子得分按第 2 因子排序

Obs	Lines	因子 1	因子 2
1	84_545	0.17679	−1.25862
2	81_14	0.15350	−1.18881
3	84_402	1.06736	−0.89300
4	84_12	−0.30109	−0.62903
5	85_127	−0.26001	−0.61184
6	82_8	0.10604	−0.33748
7	84_254	−0.67628	0.27693
8	83_33	0.06507	0.36074
9	84_36	−0.48738	0.36311
10	82_7	−0.92729	0.72139
11	85_73	−1.35332	1.51289
12	84_524	2.43661	1.68373

试进行正交旋转或斜交旋转最大似然法因子分析。其余讨论从略。

10.5　最小二乘法因子分析

【例 10-7】 对于如例 10-1 和表 10-1 所述的问题，试通过 SAS 的最小二乘法因子分析研究平欧杂种榛抗寒性与枝条剖面结构因子的关系，并通过排序比较选出最优的抗寒性品系(种)。

(1) 引用表 10-1 所示的 SAS 数据表 sasuser.zhenshu01。

(2) 利用 factor 过程进行因子分析。过程选项 method=ULS 指定采用最小二乘法求解问题的因子模型。SAS 程序如下：

```
goptions reset=all;
title1 '最小二乘法因子分析';
proc factor data=sasuser.zhenshu01 method=ULS CORR nfactors=2 out=LSQ01 score;
  var X1-X7   X12-X15;
run;
proc sort data=LSQ01; by factor1 factor2; run;
proc print data=LSQ01; run; quit;
proc factor data=sasuser.zhenshu01 method=ULS CORR nfactors=2 out=LSQ02 score;
  var X8-X15;
run;
proc sort data=LSQ02; by factor2 factor1; run;
proc print data=LSQ02; run; quit;
```

(3) 程序输出的主要结果整理后如表 10-36～表 10-41 所示。

(4) 最小二乘法因子分析在求解因子模型时对约相关阵做最小二乘估计。

(5) 第 1 特征根的比率已达 1.0，故只需用一个因子研究问题。如表 10-36 所示。

表 10-36　枝条剖面结构问题原变量的约相关阵的特征根

序号	特征根	特征根差	比率	累积比率
1	3.06628	0.92845	1.0000	1.0000
2	2.13783	1.58412	0.6972	1.6972
3	0.55371	0.36364	0.1806	1.8778
4	0.19008	0.09082	0.0620	1.9398
5	0.09925	0.27881	0.0324	1.9721
6	−0.17956	0.07789	−0.0586	1.9136
7	−0.25746	0.11969	−0.0840	1.8296
8	−0.37714	0.10983	−0.1230	1.7066
9	−0.48697	0.31471	−0.1588	1.5478
10	−0.80168	0.07638	−0.2614	1.2864
11	-0.87806		-0.2864	1.0000
因子方差	3.06628			

表 10-37 枝条剖面结构问题的因子模式和标准化得分系数

原变量	因子模式		因子方差	标准化得分系数	
	因子 1	因子 2		因子 1	因子 2
X1	0.72216		0.52151	−1.20756	
X2	0.19653		0.03863	1.15432	
X3	0.08532		0.00728	1.49486	
X4	0.00288		0.00001	0.03609	
X5	0.86314		0.74501	2.15296	
X6	0.30127		0.09077	−2.20672	
X7	0.56963		0.32448	1.32280	
X12	0.39914		0.15931	−0.79382	
X13	0.38047		0.14476	−0.54891	
X14	−0.78943		0.62320	1.22060	
X15	−0.64136		0.41134	−1.60055	
解释方差	3.06628				
相关指数	0.96671				

表 10-38 枝条剖面结构问题的因子得分按第 1 因子排序

Obs	Lines	因子 1	因子 2
1	83_33	−1.34328	.
2	81_14	−0.86167	.
3	85_127	−0.84200	.
4	84_36	−0.39675	.
5	84_402	−0.36150	.
6	84_545	−0.29185	.
7	84_12	−0.25778	.
8	82_8	−0.10524	.
9	84_524	0.11776	.
10	82_7	1.10958	.
11	84_254	1.13842	.
12	85_73	2.09432	.

表 10-39 枝条剖面结构比例问题原变量的约相关阵的特征值

序号	特征值	特征值差	比率	累积比率
1	3.074791	0.660498	0.5602	0.5602
2	2.414293	2.043540	0.4398	1.0000
3	0.370754	0.299555	0.0675	1.0675
4	0.071199	0.025611	0.0130	1.0805
5	0.045588	0.110511	0.0083	1.0888
6	−.064923	0.047240	−0.0118	1.0770
7	−.112163	0.198292	−0.0204	1.0566
8	−.310455		−0.0566	1.0000
因子方差	5.489084			

表 10-40　枝条剖面结构比例问题的因子模式和标准化得分系数

原变量	因子模式		因子方差	标准化得分系数	
	因子 1	因子 2		因子 1	因子 2
X8	0.82151	0.46916	0.894992	−0.20785	0.05527
X9	0.87817	0.39804	0.929615	0.62572	0.40509
X10	0.81425	0.49233	0.905392	0.58199	0.23644
X11	−0.40180	0.83947	0.866146	−0.61675	0.01124
X12	−0.15555	0.14202	0.044363	−0.06998	−0.05558
X13	−0.48735	0.03266	0.238580	0.10130	0.20118
X14	0.47815	−0.69813	0.716009	0.20757	−0.02235
X15	0.56031	−0.76160	0.893987	−0.33407	−0.83140
解释方差	3.07479	2.41429			
相关指数	0.97401	0.96050			

表 10-41　枝条剖面结构比例问题的因子得分按第 2 因子排序

Obs	Lines	因子 1	因子 2
1	81_14	−0.13183	−1.41871
2	84_402	0.88036	−1.24300
3	84_545	−0.02480	−0.97300
4	85_127	−0.40699	−0.56706
5	84_12	−0.18535	−0.50084
6	82_8	−0.13440	−0.12116
7	83_33	−0.02293	0.22083
8	84_36	−0.00858	0.36293
9	84_254	−0.69026	0.39543
10	82_7	−0.72431	0.92340
11	84_524	2.68049	1.36654
12	85_73	−1.23140	1.55464

试进行正交旋转或斜交旋转最小二乘法因子分析。其余讨论从略。

上 机 报 告

(1) 利用 factor 过程进行主分量法因子分析。
(2) 利用 factor 过程进行最大方差正交旋转主分量法因子分析。
(3) 利用 factor 过程进行 promax 斜交旋转主分量法因子分析。
(4) 利用 factor 过程进行 α 主因子法因子分析。
(5) 利用 factor 过程进行最大方差正交旋转 α 主因子法因子分析。
(6) 利用 factor 过程进行 promax 斜交旋转 α 主因子法因子分析。

(7) 利用 factor 过程进行迭代主因子法因子分析。

(8) 利用 factor 过程进行最大方差正交旋转迭代主因子法因子分析。

(9) 利用 factor 过程进行 promax 斜交旋转迭代主因子法因子分析。

(10) 利用 factor 过程进行最大似然法因子分析。

(11) 利用 factor 过程进行最大方差正交旋转最大似然法因子分析。

(12) 利用 factor 过程进行 promax 斜交旋转最大似然法因子分析。

(13) 利用 factor 过程进行最小二乘法因子分析。

(14) 利用 factor 过程进行最大方差正交旋转最小二乘法因子分析。

(15) 利用 factor 过程进行 promax 斜交旋转最小二乘法因子分析。

第 11 单元　聚 类 分 析

上机目的　了解聚类分析原理，掌握用 SAS 进行聚类分析(Clustering Analysis)的方法。理解 SAS 程序的输出结果和聚类谱系图，能正确应用于解决实际问题。

上机内容　① 利用 SAS 的 IML 语言(矩阵计算语言)计算距离矩阵、匹配矩阵或相似矩阵。② 根据样本点的汇聚特点选择合适的 SAS 聚类方法(聚类准则)。③ 利用 cluster 过程进行坐标型观测聚类分析。④ 利用 cluster 过程进行频数型观测聚类分析。⑤ 利用 cluster 过程进行二值型观测聚类分析。⑥ 利用 tree 过程绘制聚类谱系图。

11.1　导　　言

聚类分析是一种数值分类方法，它用一个表征“距离”的尺度检验样品，距离相近聚为一类，距离相远分归不同类。系统聚类方法，是将样品集逐步聚到只有一类，第 1 步聚类一个样品是一个类，以后每一步聚类使类数减 1，最终仅剩一类。用聚类谱系图展现所有步的聚类结果，它是一种描述样品类群、类间距离和类间关系的二叉图。

聚类分析 SAS 数据表中的变量区分为两种有利于分析和理解问题。一种是标签变量，该变量的值用于标识样品，不同样品用不同的字符表示；另一种是属性变量，该变量的值用于表征样品的属性，需用数值表示。一个样品的属性用一组属性变量的值表示，称做一个观测。标签变量只有一个，而属性变量则需有两个以上。

聚类分析不研究变量与变量的关系，而研究观测与观测的关系，也就是按照观测间的相近性或相似性将全部样品分为一类到若干类。相近程度用“距离”作尺度，即样品与样品、样品与类、类与类的广义距离，广义的距离亦称做聚合指数。

系统聚类由 SAS 的 cluster 过程实现，有 11 种距离的定义及算法。cluster 过程仅允许处理两类数据，即坐标型数据和距离型数据，其它类型的数据需通过变换使它带有“坐标”或“距离”的含义时才能获得正确的聚类结果。

11.2　坐标型观测聚类分析

若一个观测是描述样品性状的一组数值，则称为坐标型观测。

【例 11-1】　为研究 14 个玉米杂交品种的遗传特性，分别测定了每个品种(Variety)的平均产量(X1，斤/667m^2)、穗长(X2，cm)、穗行数(X3)、行粒数(X4)、穗粒重(X5，g)、出籽率(X6，%)、千粒重(X7，g)、蛋白质含量(X8，%)、全籽粒赖氨酸含量(X9，%)、百克蛋白质赖氨酸含量(X10，g/100g)等 10 个属性的数据，如表 11-1 所示。试利用 SAS 系统聚类分析研究品种间的性状相似性。

表 11-1 14 个玉米杂交品种的属性数据样本(数据表 sasuser.julei01)

Variety	X1	X2	X3	X4	X5	X6	X7	X8	X9	X10
V1	947	23.4	14.8	45.3	0.46	85.2	373	9.54	0.37	3.88
V2	935	23.2	16.2	41.7	0.4	83.3	305	7.9	0.38	4.81
V3	918.2	20.9	14.8	43.3	0.38	82.6	320	9.51	0.43	4.52
V4	910.7	23.4	16.1	44	0.46	85.2	338	8.6	0.33	3.84
V5	905	22.9	17	39.8	0.45	80.4	348	9.53	0.42	4.4
V6	890.6	22.3	15.7	44	0.41	85.4	286	8.67	0.39	4.5
V7	853.4	20.9	15.9	41.6	0.35	85.4	273	9.79	0.42	4.29
V8	837.8	20.2	14.4	37.3	0.33	82.5	326	7.62	0.36	4.73
V9	833.3	22.2	15.2	38.3	0.37	82.2	310	7.84	0.4	5.1
V10	760.9	20.4	15.5	40.7	0.32	84.2	268	7.75	0.35	4.52
V11	760.3	20.8	15.1	44.8	0.35	79.5	273	8.91	0.45	5.05
V12	742.5	23.4	14.7	43.1	0.35	79.5	310	9.18	0.4	4.36
V13	936.3	22.4	12.7	37.6	0.44	84.6	431	10.38	0.28	2.7
V14	801	20.9	13.8	39.5	0.38	79.2	378	8.5	0.26	3.06

(1) 将表 11-1 所示数据样本创建为 SAS 数据表 sasuser.julei01。

(2) 因性状相近的两个样品其观测亦差异较小，故将样品的观测(由 10 个属性变量的值组成)看做 10 维空间中的一个点，则空间距离较近的点性状也较近。

(3) 采用系统聚类的 cluster 过程解决问题。过程选项 data=sasuser.julei01 指定要聚类分析的数据表。过程选项 outtree=tree01 指定输出绘制谱系图用的数据表 tree01。过程选项 method=average 指定采用类平均法(Average Linkage Cluster Analysis)。过程选项 standard 指定标准化属性变量，即将变量值变换为均值为 0、方差为 1 的标准化数据，以消除量纲差异对聚类结果的影响，也可以将数据表变换为区间[－1, 1]或[0, 1]上的规范化数据。过程选项 pseudo 指定显示 pseudo F 和 t^2 统计量，注意仅用于类平均法、类中心法和最小方差法，过程选项 rsquare 指定显示决定系数和半偏决定系数，它们可作为确定分类数的尺度。语句 var X1-X10 指定表征样品特征的属性变量，缺省是全部数值变量。语句 id Variety 指定标识样品的标签变量。

采用 TREE 过程绘制聚类谱系图。选项 data=tree 指定调用谱系图数据表 tree；选项 haxis=axis1 vaxis=axis2 指定横轴、纵轴设置分别为 axis1 和 axis2；选项 horizontal 指定谱系图纵轴水平放置，缺省垂直放置；选项 pages=1 指定谱系图纵轴和谱线延伸跨越的页数，缺省是 1 页。SAS 程序如下：

```
proc cluster data=sasuser.julei01 outtree=tree01 method=average standard pseudo rsquare;
  var X1-X10;
  id Variety;
```

```
run;
goptions reset=all ftext=swiss htext=1.55;
axis1 label=( f='宋体'   '类平均距离');
axis2 label=(A=90   f='宋体'   '玉米品种');
proc tree data=tree01 haxis=axis1 vaxis=axis2 horizontal pages=1;
   id Variety;
run; quit;
```

(4) 系统聚类的 11 种方法可通过设置语句选项 method 等号右端的关键词实现。它们是 average(AVE，距离类平均法)、centroid(CEN，距离重心法)、complete(COM，最长距离法)、density(DEN，密度估计法)、EML(最大似然估计法)、flexible(FLE，可变类平均法)、mcquitty(MCQ，加权类平均法)、median(MED，中间距离法)、single(SIN，最短距离法)、twostage(TWO，两阶段密度估计法)和 ward(WAR，最小方差法)。

(5) 程序输出的主要结果整理后如表 11-2 和表 11-3 所示，程序输出的聚类谱系图如图 11-1 所示。

(6) 标准化属性变量相关阵的前 4 个特征根的累积比率(贡献率)已大于 0.85，说明前 4 个主分量能解释 10 个原变量 86.19%的变异，属性变量间存在较大的相关性，存在属性相近的样品类群。如表 11-2 所示。

表 11-2　标准化属性变量相关阵的特征根

特征根序号	特征根	特征根差	比率	累积比率
1	3.92790530	1.31242463	0.3928	0.3928
2	2.61548067	1.46744772	0.2615	0.6543
3	1.14803295	0.22010545	0.1148	0.7691
4	0.92792750	0.25267218	0.0928	0.8619
5	0.67525532	0.33665802	0.0675	0.9295
6	0.33859730	0.05030217	0.0339	0.9633
7	0.28829513	0.22877974	0.0288	0.9921
8	0.05951539	0.04140321	0.0060	0.9981
9	0.01811218	0.01723393	0.0018	0.9999
10	0.00087826		0.0001	1.0000
根均方距离	4.472136			

(7) 表 11-3 列出了聚类过程每一步的结果，内容有该步聚类的分类数(NCL)、该步聚类合并的两个类(Clusters Joined)、该步聚类结果所含样品的个数(FREQ)、该步聚类的半偏决定系数(SPRSQ)、该步聚类的决定系数(RSQ)、该步聚类的伪 F 统计量值(PSF)、该步聚类的伪 t^2 统计值(PST2)和正规化类间距离(NRD：Norm T，RMS i，Dist e)。

表 11-3 系统聚类的结果和统计量(Cluster History)

NCL	Clusters Joined		FREQ	SPRSQ	RSQ	PSF	PST2	NRD
13	V2	V6	2	0.0151	.985	5.4	.	0.443
12	V1	V4	2	0.0163	.969	5.6	.	0.4599
11	V8	V9	2	0.0196	.949	5.6	.	0.5044
10	V3	V7	2	0.0205	.929	5.8	.	0.5166
9	CL11	V10	3	0.0302	.898	5.5	1.5	0.5984
8	V11	V12	2	0.0296	.869	5.7	.	0.6208
7	CL12	CL13	4	0.0511	.818	5.2	3.3	0.6589
6	CL7	V5	5	0.0581	.759	5.1	2.1	0.7787
5	CL10	CL8	4	0.0729	.687	4.9	2.9	0.798
4	CL5	CL9	7	0.1055	.581	4.6	3.1	0.8414
3	CL6	CL4	12	0.2222	.359	3.1	5.3	0.9677
2	V13	V14	2	0.0769	.282	4.7	.	0.9998
1	CL3	CL2	14	0.2819	.000	.	4.7	1.2908

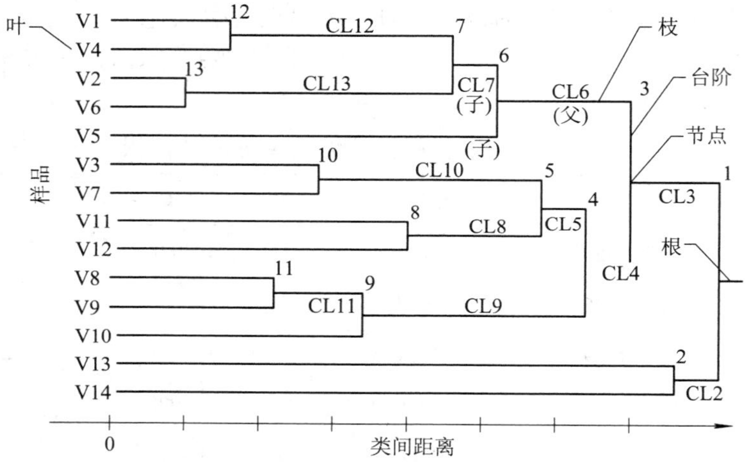

图 11-1 聚类谱系图的结构示意图

(8) 聚类谱系图的结构。聚类谱系图是一种借助植物学术语“树”表达聚类结果的二叉图，由根、枝、叶、节点和台阶构成，叶可视作无子类的节点，如图 11-1 所示。每个枝有两个节点，父节点和子节点。若类 A 是类 B 与类 C 的合集，则称 A 是 B 或 C 的父类，也可称 B 或 C 是 A 的子类，在图上表现为一个枝(父类)分二个叉(子类)。根是包含所有样品的类，叶是无任何子类的类，枝既有父类又有子类，枝所表示的类包含它下属所有子类的样品。谱系图上用台阶高度或节点高度表示节点下属两个子类的类间距离，枝与枝的间隔无任何意义。在示意图上，节点用所在台阶对应的分类数命名，如 13、12 等；枝用 CL+子节点分类数命名，如 CL12、CL13 等。对照图 11-1 阅读表 11-3，可理解谱系图的功能和意义。

(9) 确定合理的分类数。不考虑分类数为 1、10、11、12 和 13 的聚类，这样的结果与将 14 个样品分类的初衷相悖，实际应用意义不大。SPRSQ 值较大的分类数依次为 3、4、2、5、6 和 7，PSF 值较大的分类数依次为 8、9、6、5、4 和 2，PST2 值较大的依次为 3、7、4 和 5，NRD 值较大的分类数依次为 2、3、4、5、6 和 7。结合应用综合考虑可选用较显著的 2、4 和 5 三种分类数。它们较好地实现了分类结果的类间分离和类内聚合，若需要也可以选用其它分类数。如表 11-3 和图 11-2 所示。

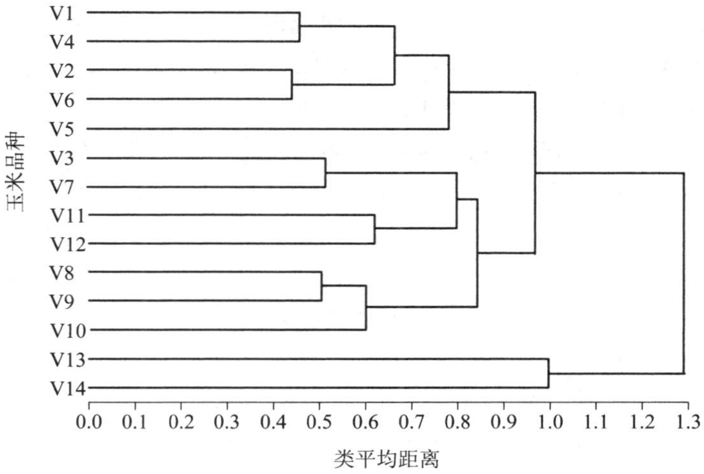

图 11-2　玉米杂交种 14 个品种的聚类谱系图

11.3　频数型观测聚类分析

若一个观测是描述某种现象发生的频数，则称做频数型观测。

【例 11-2】 为研究苹果属 13 个品种的遗传特性，试验测定了每个品种的过氧化酶同工酶酶谱，数据包括取样株数(X1)和各个酶带在样品上出现的频数(X2～X11)，用变量 Variety 标识 13 个品种，变量值采用品种的拉丁名，如表 11-4 所示。试用系统聚类方法研究品种间的酶谱相似性。

表 11-4　苹果属 13 个品种的过氧化物酶同工酶酶谱(数据表 sasuser.julei02)

Variety	X1	X2	X3	X4	X5	X6	X7	X8	X9	X10	X11
hupehensis	92	0	1	20	92	28	68	81	26	73	89
siebodii	61	3	0	28	61	3	31	47	42	35	42
transitoria	79	1	3	40	79	5	59	56	2	77	59
toringoides	30	0	1	20	22	1	29	25	12	25	30
sikkimensis	25	0	0	20	25	0	25	23	14	25	25
halliana	30	1	1	0	30	20	30	10	0	30	30
honanensis	20	0	0	0	20	19	12	11	0	15	20
kansuensis	10	0	0	0	0	10	0	10	0	9	5
prunifolia	20	2	14	0	20	20	10	19	0	19	20
rokii	20	0	0	18	20	0	20	20	1	20	19
baccata	29	0	0	10	29	2	22	25	3	27	24
pumia	57	17	36	11	54	16	31	47	15	53	39
micromalus	9	0	1	0	9	1	0	9	0	9	9

(1) 将表 11-4 所示频数样本创建为 SAS 数据表 sasuser.julei02。

(2) 一个样品上 10 种酶带表现的频数结果称做该样品的酶谱。两个样品的酶谱差异较小则样品具有遗传相近性，故可用系统聚类法研究遗传特性问题。因取样株数不同，频数需变换为频率才能代表样品的稳定酶谱属性，故原始数据表 sasuser.julei02 需做预处理。因频率是规范化的数据，故聚类时属性变量不需标准化。

(3) 采用 IM1 过程将频数数据表 sasuser.julei01 变换为频率数据表 proptable，采用 cluster 过程调用数据表 proptable 进行系统聚类，采用 tree 过程绘聚类谱系图，一些语句的含义详见程序中的注释文本。

SAS 程序如下：

```
proc IML;   /*采用 IML 语言进行数据变换*/
   reset autoname;
   use sasuser.julei02;   /*input data set*/
   read all var _num_ into x;   /*read attribute variable from data set*/
   read all var _char_ into sample;      /*read sample variable from data set*/
   n=ncol(x);   /*to compute dimension of attribute variable*/
   m=nrow(x);   /*to compute dimension of sample variable*/
   propt=j(m,n-1,0);
   do jj=1 to n-1;
   propt[,jj]=x[,jj+1]/x[,1];   /*to compute proportion from frequency*/
   end;
   create proptable from propt [rowname=sample colname=sample];
   append from propt [rowname=sample colname=sample];
run;
proc cluster data=proptable outtree=tree method=average pseudo rsquare;
   id sample;
run;
   goptions reset=all ftext=swiss htext=2.15;
   axis1 label=(f='宋体'   '类平均距离');
   axis2 label=(A=90 f='宋体'   '苹果品种名称');
proc tree data=tree haxis=axis1 vaxis=axis2 horizontal pages=1;
run;quit;
```

(4) 程序输出的主要结果整理后如表 11-5 和表 11-6 所示，表中根均方标准差指 Root-Mean-Square Total-Sample Standard Deviation，根均方距离指 Root-Mean-Square Distance Between Observations。程序输出的聚类谱系图如图 11-3 所示。

(5) 相关阵的前 4 个特征根的累积比率(贡献率)已大于 0.85，前 4 个主分量可解释 10 个原变量(除去 X1)86.69%的变异，属性变量间存在较大的相关性，存在属性相近的样品类群。如表 11-5 所示。

表 11-5　频率变量协差阵的特征根

特征根序号	特征根	特征根差	比率	累积比率
1	0.32900221	0.20704863	0.4904	0.4904
2	0.12195359	0.04371713	0.1818	0.6722
3	0.07823645	0.02583923	0.1166	0.7888
4	0.05239722	0.00458804	0.0781	0.8669
5	0.04780918	0.02446819	0.0713	0.9382
6	0.02334099	0.01304341	0.0348	0.9730
7	0.01029757	0.00624194	0.0153	0.9883
8	0.00405564	0.00095533	0.0060	0.9944
9	0.00310030	0.00243886	0.0046	0.9990
10	0.00066144		0.0010	1.0000
根均方标准差	0.259009			
根均方距离	1.158322			

(6) 表 11-6 列出了聚类过程每一步的结果，内容有该步聚类的分类数(NCL)、该步聚类合并的两个类(Clusters Joined)、该步聚类结果所含样品的个数(FREQ)、该步聚类的半偏决定系数(SPRSQ)、该步聚类的决定系数(RSQ)、该步聚类的伪 F 统计量值(PSF)、该步聚类的伪 t^2 统计值(PST2)和正规化类间距离(NRD：Norm T，RMS i，Dist e)。

表 11-6　聚类结果和统计量(Cluster History)

NCL	Clusters Joined		FREQ	SPRSQ	RSQ	PSF	PST2	NRD
12	transitoria	baccata	2	0.0041	.996	22.1	.	0.2216
11	toringoides	sikkimensis	2	0.0095	.986	14.5	.	0.3378
10	hupehensis	CL12	3	0.0178	.969	10.3	4.4	0.4153
9	CL11	rokii	3	0.0212	.947	9.0	2.2	0.4683
8	halliana	honanensis	2	0.0219	.926	8.9	.	0.5122
7	CL10	CL9	6	0.0637	.862	6.2	4.8	0.5998
6	CL7	siebodii	7	0.0569	.805	5.8	2.4	0.7172
5	prunifolia	pumia	2	0.0490	.756	6.2	.	0.7666
4	CL8	CL5	4	0.1013	.655	5.7	2.9	0.9056
3	CL6	micromalus	8	0.1231	.532	5.7	4.3	0.9961
2	CL3	CL4	12	0.2670	.265	4.0	5.7	1.0397
1	CL2	kansuensis	13	0.2647	.000	.	4.0	1.4451

(7) 不考虑分类数为 1、10、11 和 12 的聚类，这样的结果与将 13 个样品分类的初衷相悖，实际应用意义不大。SPRSQ 值较大的分类数依次为 2、3、4、7、6 和 5，PSF 值较大的分类数依次为 9、8、7、5、6、4 和 3，PST2 值较大的依次为 2、7 和 3，NRD 值较大的分类数依次为 2、3、4、5 和 6。结合应用综合考虑可选用较显著的 3、4、5、6 和 7 五种分类数，它们较好地实现了分类结果的类间分离和类内聚合，若需要也可以选用其它分类数。

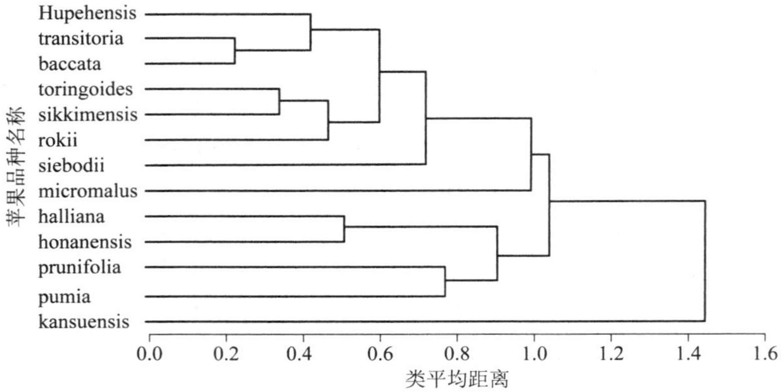

图 11-3 苹果属 13 个品种过氧化酶同工酶谱的聚类谱系图

11.4 二值型观测聚类分析

若一个观测仅含有 0、1 两种数值，则称做二值型观测。二值型观测的意义与坐标型观测差别较大，需构建专用的“距离”计算方法。

【例 11-3】 为指导榛树杂交育种的亲本选配和研究平欧杂种榛的遗传多态性，通过 RAPD 试验测定了 20 个品系(种)的 PCR 扩增 DNA 谱(X1～X11，指不同迁移率位点上 PCR 扩增 DNA 带的状态，0 表 DNA 带不出现，1 表 DNA 带出现)，用 Variety 变量标识样品，数据整理结果如表 11-7 所示。试用系统聚类方法研究所选不同基因型榛树杂交种品系(种)的遗传相似性。

表 11-7 平欧杂种榛 20 个品系的 PCR 扩增 DNA 谱(数据表 sasuser.julei03)

Variety	X1	X2	X3	X4	X5	X6	X7	X8	X9	X10	X11
V1	1	0	0	0	0	0	0	0	0	0	0
V2	1	0	0	1	1	0	0	0	0	1	1
V3	1	0	1	1	1	0	0	0	0	0	0
V4	1	0	0	1	1	1	1	0	0	1	0
V5	1	0	0	1	1	0	0	1	0	1	1
V6	1	0	0	1	1	0	0	0	0	1	0
V7	1	0	0	1	0	0	0	0	0	1	1
V8	1	0	1	1	1	0	1	0	1	1	0
V9	1	0	0	1	1	1	1	0	1	0	0
V10	1	0	0	1	0	0	0	0	0	1	0
V11	1	1	0	1	1	0	0	1	0	1	0
V12	1	0	1	0	1	0	0	0	1	1	0
V13	1	0	0	1	0	0	0	1	0	1	0
V14	1	0	0	1	0	1	1	1	1	0	0
V15	1	1	1	1	1	1	1	0	1	0	0
V16	1	0	0	1	1	0	0	0	0	1	0
V17	1	0	0	1	1	0	0	0	1	1	0
V18	1	0	0	1	0	1	0	0	0	0	0
V19	1	1	0	1	1	0	0	0	1	0	0
V20	1	1	1	1	1	1	1	0	1	0	0

(1) 将表 11-7 所示二值数据样本创建为 SAS 数据表 sasuser.julei03。

(2) 定义匹配系数。每个品系(种)的一行二值观测是它的一种基因表达，亲缘相近者其基因表达亦相近。采用匹配系数 SC = m/n 度量基因表达的相似程度，其中 n 是同一引物 PCR 扩增 DNA 带位点总个数，m 是两样品匹配位点的个数，所谓匹配，是指两样品在同一位点上的观察值相同，即(0,0)和(1,1)称做匹配，(0,1)或(1,0)称做不匹配。匹配系数愈大，样品愈相似，而距离愈小，样品愈不相似，匹配系数和距离的数值大小在表达相似性上正相反。

(3) 匹配系数变换为距离型数据。因 SAS 的 cluster 过程只能处理距离型数据或坐标型数据，故匹配系数需转换为距离型数据。数据表 sasuser.julei03 需进行两步预处理才能进行聚类，第一步计算匹配阵(SC)，第二步计算广义的距离阵 1－SC。距离是规范化数据，故聚类时属性变量不需标准化。

(4) 采用 iml 过程将二值数据表 sasuser.julei03 变换为距离阵数据表 distancetable，采用 cluster 过程调用数据表 distancetable 进行系统聚类，采用 tree 过程绘制聚类谱系图，一些语句的含义详见程序中的注释文本。SAS 程序如下：

```
proc IML;   /*采用 IML 语言进行数据变换*/
  reset autoname;
  use sasuser.julei03;   /*input data set*/
  read all var _num_ into x;   /*read attribute variable from data set*/
  read all var _char_ into sample;   /*read sample variable from data set*/
  n=ncol(x);   /*to compute dimension of attribute variable*/
  m=nrow(x);   /*to compute dimension of sample variable*/
  x=int(x);
  similar=I(m);
  do ii=1 to m; do jj=1 to m;
     similar[ii,jj]=sum(x[ii,]=x[jj,])/n;   /*to compute similar matrix*/
  end; end;
  distance=1-similar;   /*to compute distance matrix*/
  create distancetable from distance [rowname=sample colname=sample];
  append from distance [rowname=sample colname=sample];
run;
proc cluster data=distancetable method=average outtree=tree pseudo rsquare;
  id sample;
run;
goptions reset=all ftext=swiss htext=2.15;
axis1 label=(f='宋体'   '类平均距离');
axis2 label=(A=90 f='宋体'   '榛树品系(种)编号');
proc tree data=tree haxis=axis1 vaxis=axis2 horizontal pages=1;
  id sample;
run;quit;
```

(5) 程序输出的主要结果如表 11-8、表 11-9 和图 11-4 所示。

(6) 相关阵的前 3 个特征根的累积比率(贡献率)已大于 0.85，前 3 个主分量可解释 10

个原变量(除去 X1)86.98%的变异，有过半特征根的值近于 0，故距离变量间存在很强的相关性，存在属性相近的较大样品类群。如表 11-8 所示。

表 11-8　距离变量协差阵的特征根

特征根序号	特征根	特征根差	比率	累积比率
1	0.35212949	0.27422119	0.6520	0.6520
2	0.07790830	0.03820559	0.1443	0.7963
3	0.03970271	0.01060557	0.0735	0.8698
4	0.02909714	0.01116882	0.0539	0.9237
5	0.01792832	0.00678675	0.0332	0.9569
6	0.01114157	0.00504096	0.0206	0.9775
7	0.00610061	0.00325893	0.0113	0.9888
8	0.00284168	0.00006604	0.0053	0.9941
9	0.00277564	0.00234020	0.0051	0.9992
10	0.00043544	0.00043544	0.0008	1.0000
11	0.00000000	0.00000000	0.0000	1.0000
12	0.00000000	0.00000000	0.0000	1.0000
13	0.00000000	0.00000000	0.0000	1.0000
14	0.00000000	0.00000000	0.0000	1.0000
15	0.00000000	0.00000000	0.0000	1.0000
16	−.00000000	0.00000000	−0.0000	1.0000
17	−.00000000	0.00000000	−0.0000	1.0000
18	−.00000000	0.00000000	−0.0000	1.0000
19	−.00000000	0.00000000	−0.0000	1.0000
20	−.00000000		−0.0000	1.0000
根均方标准差	0.164326			
根均方距离	1.039289			

(7) 表 11-9 列出了聚类过程每一步的结果，内容有该步聚类的分类数(NCL)、该步聚类合并的两个类(Clusters Joined)、该步聚类结果所含样品的个数(FREQ)、该步聚类的半偏决定系数(SPRSQ)、该步聚类的决定系数(RSQ)、该步聚类的伪 F 统计量值(PSF)、该步聚类的伪 t^2 统计值(PST2)和正规化类间距离(NRD：Norm T，RMS i，Dist e)。

(8) 不考虑分类数为 14、15、16、17、18 和 19 的聚类，这样的结果与将有亲缘关系的 20 个杂交品系(种)分类的初衷相悖，实际应用意义不大。SPRSQ 值较大的分类数依次为 1、2、3、8、4 和 5，PSF 值较大的分类数依次为 2、3、4、5、10 和 9，PST2 值较大的依次为 1、2、3、8 和 4，NRD 值较大的分类数依次为 1、2、3、4、5、6、7 和 8。结合应用综合考虑可选用较显著的 2、3、4、5 和 8 五种分类。可选分类数较多亦表明这些品系(种)之间确实具有较大的遗传相似性。

表 11-9　聚类结果和统计量(Cluster History)

NCL	Clusters Joined		FREQ	SPRSQ	RSQ	PSF	PST2	NRD
19	V6	V16	2	0.0000	1.00	.	.	0T
18	V15	V20	2	0.0000	1.00	.	.	0
17	V7	V13	2	0.0081	.992	23.1	.	0.3912T
16	CL19	V10	3	0.0107	.981	13.9	.	0.3912T
15	V2	V5	2	0.0081	.973	12.9	.	0.3912
14	CL15	CL17	4	0.0153	.958	10.5	1.9	0.4711
13	CL16	V17	4	0.0150	.943	9.6	2.8	0.4738
12	V1	V18	2	0.0129	.930	9.7	.	0.4948T
11	V8	V12	2	0.0129	.917	9.9	.	0.4948
10	V3	V19	2	0.0145	.903	10.3	.	0.5248
9	CL14	V11	5	0.0214	.881	10.2	2.0	0.5736
8	CL9	CL13	9	0.0538	.827	8.2	4.8	0.6259
7	CL10	CL11	4	0.0282	.799	8.6	2.1	0.6308
6	V9	V14	2	0.0226	.777	9.7	.	0.6546T
5	CL7	V4	5	0.0314	.745	11.0	1.7	0.7106
4	CL6	CL18	4	0.0532	.692	12.0	4.7	0.7824
3	CL12	CL8	11	0.0784	.614	13.5	4.9	0.8101
2	CL3	CL5	16	0.1544	.459	15.3	7.0	0.8861
1	CL2	CL4	20	0.4592	.000	.	15.3	1.3487

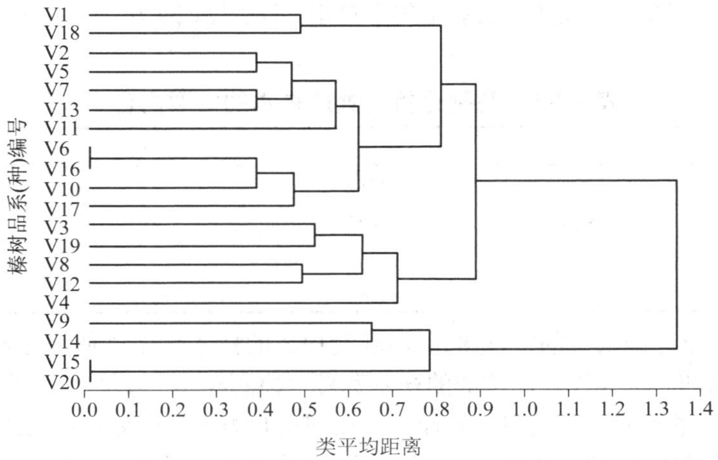

图 11-4　平欧杂种榛 20 个品种的 PCR 扩增 DNA 谱聚类谱系图

上 机 报 告

(1) 利用 cluster 和 tree 过程实现坐标型观测聚类分析。

(2) 利用 iml、cluster 和 tree 过程实现频数型观测聚类分析。

(3) 利用 iml、cluster 和 tree 过程实现二值型观测聚类分析。

第 12 单元 判别分析

上机目的 了解判别分析原理，掌握用 SAS 进行判别分析(Discriminant Analysis)的主要方法。理解 SAS 程序的输出结果和意义，能解决实际问题。

上机内容 ① 利用 discrim 过程实现 Bayes 判别分析；② 利用 discrim 过程实现欧氏距离判别分析；③ 利用 candisc 过程实现 Fisher 判别分析；④ 利用 stepdisc 过程实现逐步 Bayes 判别分析；⑤ 利用 stepdisc 过程实现逐步欧氏距离判别分析。

12.1 导 言

判别分析处理的数据表要求具有表 12-1 所示的内容和格式。其中，变量 Sample 称做分类变量，它的一个水平(变量值)表示一个被观测的样品。数值变量 X1、X2、…、Xp 称做属性变量，该变量集描述样品的数值特征。一个样品的一组属性变量值称做一个属性观测，如(X11, X12, …, X1p)是样品 S1 的一个属性观测，每种样品可有多个属性观测。样本中的变量名是自定义的，可选择其它规范的字符串，即字母或字母与数字的组合。如表 12-1 所示。

表 12-1 判别分析所处理样本的主要内容

Sample	X1	X2	…	Xp
S1	X11	X12	…	X1p
S2	X21	X22	…	X2p
⋮	⋮	⋮	⋮	⋮
Sn	Xn1	Xn2	…	Xnp

由已知样品(验证确认过的)和它的属性观测构成的样本称做“训练样本”或“标度样本”，由未知样品和它的属性观测构成的样本称做“检测样本”或“测试样本”。

判别分析是一种数值分类方法。设计一个在判别归类上具有最优性质的判别函数(分类尺度)，一般采用属性变量的线性组合，以类间距离与类内距离比、先验概率等构建概率型或损失型的目标函数，以最大概率或最小损失对判别函数中的未知系数作出估计，计算未知样品的判别函数值并与阈值比较，将未知样品判归概率最大或损失最小的那一类。判别函数具有下面的形式：

$$\begin{cases} Y = C^{\mathrm{T}} X \\ \boldsymbol{C} = \left(c_1, c_2, \cdots c_p\right)^{\mathrm{T}} \\ \boldsymbol{X} = \left(X_1, X_2, \cdots X_p\right)^{\mathrm{T}} \end{cases}$$

其中，*Y* 为判别函数，*C* 为判别系数，*X* 为属性变量集。

判别分析和聚类分析虽均为数值分类方法，但两者的分类方法显著不同。聚类分析事先并不知道样本中的样品分成几类，完全是根据属性变量的观测和判别准则把样品分成主观的几类，而判别分析至少有一个已明确知道其分类的“训练样本”，通过由它建立的判别函数依据判别准则将每个未知样品判归已知的一个类。

判别分析可划分为多种类型。按照判别函数的内涵，可划分为 Bayes 判别分析、Fisher 判别分析、欧氏距离判别分析和逐步判别分析。按照属性变量的概率分布，可划分为多元正态型和非参数型。按照先验概率的分布类型，可划分为等概率型(样品的先验概率均相等)、比率型(先验概率与样本中样品的频率相等)和离散概率型(任意指定样品的先验概率)。

12.2　Bayes 判别分析

设训练样本有 M 个类和 P 个属性变量，样品的属性观测可看做 P 维空间的一个点，假定 P 个属性变量遵从 P 维正态分布，M 个类在 P 维空间形成 M 个类中心(重心)，一个点到一个类中心的马氏距离与类的概率分布参数和该点到类中心的欧氏距离有关。以马氏距离和类先验概率估计判别函数、概率最大或损失最小为目标判别一个点的类归属称做 Bayes 判别分析。Bayes 判别分析要求先验概率已知。

【例 12-1】 通过卫星遥感和地面验证确认获得了地球上五种作物(SamCrop)的四种遥感变量(X1～X4)训练样本，如表 12-2 所示。试利用 SAS 的 Bayes 判别分析对表 12-3 中的遥感数据代表何种作物作出判断。表 12-3 中给出了 TestCrop 的初始判别结果，它可以由已往的经验主观判断拟定。

表 12-2　五种作物的卫星遥感训练样本(sasuser.xunlian01)

Obs	SamCrop	X1	X2	X3	X4
1	谷物	16	27	31	33
2	谷物	15	23	30	30
3	谷物	16	27	27	26
4	谷物	18	20	25	23
5	谷物	15	15	31	32
6	谷物	15	32	32	15
7	谷物	12	15	16	73
8	大豆	20	23	23	25
9	大豆	24	24	25	32
10	大豆	21	25	23	24
11	大豆	27	45	24	12
12	大豆	12	13	15	42
13	大豆	22	32	31	43
14	棉花	31	32	33	34
15	棉花	29	24	26	28

续表

Obs	SamCrop	X1	X2	X3	X4
16	棉花	34	32	28	45
17	棉花	26	25	23	24
18	棉花	53	48	75	26
19	棉花	34	35	25	78
20	甜菜	22	23	25	42
21	甜菜	25	25	24	26
22	甜菜	34	25	16	52
23	甜菜	54	23	21	54
24	甜菜	25	43	32	15
25	甜菜	26	54	2	54
26	苜蓿	12	45	32	54
27	苜蓿	24	58	25	34
28	苜蓿	87	54	61	21
29	苜蓿	51	31	31	16
30	苜蓿	96	48	54	62
31	苜蓿	31	31	11	11
32	苜蓿	56	13	13	71
33	苜蓿	32	13	27	32
34	苜蓿	36	26	54	32
35	苜蓿	53	8	6	54
36	苜蓿	32	32	62	16

Bayes 判别分析由 SAS 的 discrim 过程实现。该过程要求训练样本和检测样本中的属性变量名必须一致，如表 12-2 和表 12-3 中的 X1～X4。而分类变量名(如表 12-2 中的 SamCrop 和表 12-3 中的 Testcrop)和区分每个观测的变量(如表 12-2 中的 Obs 和表 12-3 中的 TestObs)可以不一样。

表 12-3　五种作物的卫星遥感检测样本(sasuser.jiance01)

TestObs	TestCrop	X1	X2	X3	X4
1	谷物	16	27	31	33
2	大豆	21	25	23	24
3	棉花	29	24	26	28
4	甜菜	54	23	21	54
5	苜蓿	32	32	62	16

(1) 将表 12-2 所示训练样本创建为 SAS 数据表 sasuser.xulian01。将表 12-3 所示的检测样本创建为 SAS 数据表 sasuser.jiance01。

(2) 认为频率较高的卫星遥感观测其数值稳定性和发生的概率亦较高，故用训练样品在样本中出现的比率(频率)作为各个类的先验概率估计。SAS 在 discrim 过程中设置选项

priors proportional 或 priors prop 实现这项功能。

(3) 采用 discrim 过程实现 Bayes 判别分析。过程选项 data=指定调用训练样本 sasuser.xunlian01。过程选项 testdata=指定调用检测样本 sasuser.jiance01。语句 class 指定训练样本中 SamCrop 为分类变量。语句 priors proportional 指定先验概率与样品的比率成正比，缺省则指定先验概率均相等，也可以指定一个先验概率的任意离散序列。语句 var 指定 X1～X4 为参与计算的属性变量。缺省则为所有的数值变量。语句 id 指定训练样本中 Obs 为标识观测的变量。语句 testclass 指定检测样本中 TestCrop 为分类变量。语句 testid 指定检测样本中 TestObs 为标识观测的变量。SAS 程序如下：

```
proc discrim data=sasuser.xunlian01 testdata=sasuser.jiance01;
  class SamCrop;
  priors proportional;
  var X1-X4;
  id Obs;
  testclass TestCrop;
  testid TestObs;
run; quit;
```

(4) 程序输出的主要结果如表 12-4 至表 12-9 所示。

表 12-4 分类水平信息

分类水平	观测频数	权数	比率	先验概率
苜蓿	11	11.0000	0.305556	0.305556
谷物	7	7.0000	0.194444	0.194444
棉花	6	6.0000	0.166667	0.166667
大豆	6	6.0000	0.166667	0.166667
甜菜	6	6.0000	0.166667	0.166667

表 12-5 训练样本一个类到各个类之间的马氏平方距离

观测的起点	苜蓿	谷物	棉花	大豆	甜菜
苜蓿	2.37125	7.52830	4.44969	6.16665	5.07262
谷物	6.62433	3.27522	5.46798	4.31383	6.47395
棉花	3.23741	5.15968	3.58352	5.01819	4.87908
大豆	4.95438	4.00552	5.01819	3.58352	4.65998
甜菜	3.86034	6.16564	4.87908	4.65998	3.58352

(5) 由统计学知识可知，马氏距离与目标类的先验概率有关，表 12-5 中第 1 列为观测距离的起点，第 1 行为要归入的目标类。训练样本中存在类内距离大于类间距离的现象，如棉花类；存在类内距离与类间距离差别较小的现象，如甜菜类和大豆类。这些现象有可能导致较高的判错率。如表 12-5 所示。

表 12-6 判别分析的线性判别函数

属性变量	苜蓿	谷物	棉花	大豆	甜菜
常数	−10.98457	−7.72070	−11.46537	−7.28260	−9.80179
X1	0.08907	−0.04180	0.02462	0.0000369	0.04245
X2	0.17379	0.11970	0.17596	0.15896	0.20988
X3	0.11899	0.16511	0.15880	0.10622	0.06540
X4	0.15637	0.16768	0.18362	0.14133	0.16408

(6) 训练样本中判别正确率较高的样品依次为谷物、苜蓿、大豆、甜菜和棉花，其中谷物达 85.71%，而棉花仅达 16.67%。判别函数未能较好地区分各个类，各个类的分布特性还需进一步研究。详情如表 12-7 所示。

表 12-7 训练样本的判别结果和百分率

判别对象	苜蓿	谷物	棉花	大豆	甜菜	总计
苜蓿	6	0	3	0	2	11
	54.55	0.00	27.27	0.00	18.18	100.00
谷物	0	6	0	1	0	7
	0.00	85.71	0.00	14.29	0.00	100.00
棉花	3	0	1	2	0	6
	50.00	0.00	16.67	33.33	0.00	100.00
大豆	0	1	1	3	1	6
	0.00	16.67	16.67	50.00	16.67	100.00
甜菜	1	1	0	2	2	6
	16.67	16.67	0.00	33.33	33.33	100.00
总计	10	8	5	8	5	36
	27.78	22.22	13.89	22.22	13.89	100.00
先验概率	0.3056	0.1944	0.1667	0.1667	0.1667	

(7) 被检测样品苜蓿被错误地归到训练样本中的棉花类，被检测样品棉花被错误地归到训练样本中的大豆类，被检测样品甜菜被错误地归到训练样本中的苜蓿类，其余正确，如表 12-8 所示。导致错判的原因与检测样品的初始归类也有关系。

表 12-8 检测样本的判别结果和百分率

判别对象	苜蓿	谷物	棉花	大豆	甜菜	总计
苜蓿	0	0	1	0	0	1
	0.00	0.00	100.00	0.00	0.00	100.00
谷物	0	1	0	0	0	1
	0.00	100.00	0.00	0.00	0.00	100.00
棉花	0	0	0	1	0	1
	0.00	0.00	0.00	100.00	0.00	100.00
大豆	0	0	0	1	0	1
	0.00	0.00	0.00	100.00	0.00	100.00
甜菜	1	0	0	0	0	1
	100.00	0.00	0.00	0.00	0.00	100.00
总计	1	1	1	2	0	5
	20.00	20.00	20.00	40.00	0.00	100.00
先验概率	0.3056	0.1944	0.1667	0.1667	0.1667	

(8) 训练样本的错判率达 50%(过高)，说明所建判别函数未能较好的适合训练样本，判别分析结果未能达到可接受的程度，如表 12-9 所示。检测样本的错判率达 63.89%(也过高)，导致这样的结果既与训练样本错判率有关又与检测样品的初始归类有关，尚需进一步深入研究，并寻求更合适的判别函数以减少错误率。如表 12-9 所示。

表 12-9　训练样本和检测样本的错判率

项目	苜蓿	谷物	棉花	大豆	甜菜	均值
训练错判率	0.4545	0.1429	0.8333	0.5000	0.6667	0.5000
检测错判率	1.0000	0.0000	1.0000	0.0000	1.0000	0.6389
先验概率	0.3056	0.1944	0.1667	0.1667	0.1667	

12.3　欧氏距离判别分析

欧氏距离判别分析是一种根据检测样品与各个类之间欧氏平方距离的远近进行判别归类的方法，实质上它是一种先验概率均等的 Bayes 判别分析。

【例 12-2】 假定各个类的先验概率相同，对于例 12-1 所述的问题，试通过距离远近将检测样品归于合适的类。训练样本如表 12-2 所示。检测样本如表 12-3 所示。

(1) 将表 12-2 所示训练样本创建为 SAS 数据表 sasuser.xulian01。将表 12-3 所示检测样本创建为 SAS 数据表 sasuser.jiance01。

(2) 认为训练样本中各个类发生的概率相同和各个属性变量的分布参数相同，故采用 discrim 过程执行先验概率相同的 Bayes 判别分析，过程选项 priors 缺省则指定先验概率相等，此时判别结果决定于样品与类的欧氏平方距离。SAS 程序如下：

```
proc discrim data=sasuser.xunlian01 testdata=sasuser.jiance01;
  class SamCrop;
  var X1-X4;
  id Obs;
  testclass TestCrop;
  testid TestObs;
run; quit;
```

(3) 程序输出的检测样本判别结果如表 12-10 至表 12-13 所示。

表 12-10　训练样本一个类到各个类之间的欧氏平方距离

观测的起点	苜蓿	谷物	棉花	大豆	甜菜
苜蓿	0	4.25308	0.86617	2.58313	1.48910
谷物	4.25308	0	1.88446	0.73031	2.89043
棉花	0.86617	1.88446	0	1.43467	1.29556
大豆	2.58313	0.73031	1.43467	0	1.07646
甜菜	1.48910	2.89043	1.29556	1.07646	0

(4) 训练样本中，各个类均存在含较小类间距离的现象，这样的距离分布有可能导致

错判均衡分散化，易发生类内样品愈多错判率愈大的现象。如表12-10所示。

(5) 训练样本中，苜蓿的11个样品有5个被错判，谷物的7个样品有3个被错判，棉花的6个样品有2个被错判，大豆的6个样品有3个被错判， 甜菜的6个样品有4个被错判，判别结果与例12-1不同。可以看出，错判均衡分散了，原来不易错判的类其错判率有所上升，其余无明显改善。如表12-11所示。

表12-11 训练样本的判别结果和百分率

判别对象	苜蓿	谷物	棉花	大豆	甜菜	总计
苜蓿	5	0	3	1	2	11
	45.45	0.00	27.27	9.09	18.18	100.00
谷物	0	4	0	3	0	7
	0.00	57.14	0.00	42.86	0.00	100.00
棉花	0	0	4	2	0	6
	0.00	0.00	66.67	33.33	0.00	100.00
大豆	0	1	1	3	1	6
	0.00	16.67	16.67	50.00	16.67	100.00
甜菜	1	1	0	2	2	6
	16.67	16.67	0.00	33.33	33.33	100.00
总计	6	6	8	11	5	36
	16.67	16.67	22.22	30.56	13.89	100.00
先验概率	0.2	0.2	0.2	0.2	0.2	−1

(6) 检测样本中，被判别样品苜蓿被错误地归到训练样本中的棉花类，被检测样品棉花被错误地归到训练样本中的大豆类，被检测样品甜菜被错误地归到训练样本中的苜蓿类，其余判别正确。判别结果与例12-1的判别结果相同。详细情况如表12-12所示。

表12-12 检验样本的判别结果和百分率

判别对象	苜蓿	谷物	棉花	大豆	甜菜	总计
苜蓿	0	0	1	0	0	1
	0.00	0.00	100.00	0.00	0.00	100.00
谷物	0	1	0	0	0	1
	0.00	100.00	0.00	0.00	0.00	100.00
棉花	0	0	0	1	0	1
	0.00	0.00	0.00	100.00	0.00	100.00
大豆	0	0	0	1	0	1
	0.00	0.00	0.00	100.00	0.00	100.00
甜菜	1	0	0	0	0	1
	100.00	0.00	0.00	0.00	0.00	100.00
总计	1	1	1	2	0	5
	20.00	20.00	20.00	40.00	0.00	100.00
先验概率	0.2	0.2	0.2	0.2	0.2	

(7) 与例 12-1 的判别结果相比，训练样本和检验样本的错判率均略有降低，分别为 49.48%和 60%，但没有明显改善。如表 12-13 所示。

表 12-13　训练样本和检测样本的错判率

项目	苜蓿	谷物	棉花	大豆	甜菜	均值
训练错判率	0.5455	0.4286	0.3333	0.5000	0.6667	0.4948
检测错判率	1.0000	0.0000	1.0000	0.0000	1.0000	0.6000
先验概率	0.2000	0.2000	0.2000	0.2000	0.2000	

12.4　Fisher 判别分析

Fisher 判别分析亦称做典型判别分析(Canonical Discriminant Analysis)，是一种与主分量分析和典型相关分析有关的降维分类方法。其基本思想是，将所有样本点(样品的属性观测)投影到某个方向(一维空间)上，使投影后的类间距离尽可能分离和类内距离尽可能聚合，使被检测样品容易判归到概率最大或损失最小的那一类。

【例 12-3】试通过 Fisher 判别分析解决例 12-1 所述问题。处理的样本与例 12-1 相同，训练样本如表 12-2 所示，检测样本如表 12-3 所示。

(1) 引用表 12-2 和表 12-3 所示的 SAS 数据表 sasuser.xunlian01 和 sasuser.jiance01。

(2) 执行两次 discrim 过程完成 fisher 典型判别分析。

第 1 个 discrim 过程处理训练样本 sasuser.xunlian01，目的是获得属性变量的典型系数和典型变量值(得分)，详见程序输出的数据表 canstat01。过程选项 data=指定要处理的训练样本 sasuser.xunlian01。过程选项 canonical 指定执行典型判别分析。过程选项 ncan=2 指定选用前 2 个典型变量，这是因为它们可解释属性变量变异的 93.49%。过程选项 outstat=指定输出含典型系数和属性变量均值等统计量的数据表 canstat01。过程选项 out=指定输出含训练样本和典型变量值的数据表 canxunlian01。

DATA 步程序引用第 1 个 discrim 过程生成的典型系数(RAWSCORE)和属性变量均值(MEAN)，计算并创建含检测样本和典型变量值的数据表 canjiance01，为利用典型变量进行判别分析做准备。

第 2 个 discrim 过程以典型变量 can1 和 can2 做属性变量处理训练样本 canxunlian01 和检测样本 canjiance01 执行判别分析。SAS 程序如下：

```
proc discrim data=sasuser.xunlian01 canonical ncan=2 outstat=canstat01 out=canxunlian01;
  class SamCrop;
  var X1-X4;
run; quit;
data canjiance01;
  set sasuser.jiance01;   /*公式中的系数来源于数据文件 canstat01*/
  can1= 0.0614736001*(X1−31.555555556)+0.0254896366*(X2−29.694444444)
        −0.016421257*(X3−28.861111111)-0.000051436*(X4−35.861111111);
```

```
   can2= -0.009215431*(X1-31.555555556)-0.042838972*(X2-9.694444444)
         +0.0794715954*(X3-28.861111111)+0.013974233*(X4-35.861111111);
run;
proc discrim data=canxunlian01 testdata=canjiance01;
  class SamCrop;
  var can1 can2;
  id Obs;
  testclass TestCrop;
  testid TestObs;
run; quit;
```

(3) 程序输出的主要结果如表 12-14 和表 12-18 所示。

(4) DATA 步程序中计算典型变量值的公式如下所示：

$$\mathrm{CAN}_i = c_{i1}\left(X_1 - \bar{X}_1\right) + c_{i2}\left(X_2 - \bar{X}_2\right) + c_{i3}\left(X_3 - \bar{X}_3\right) + c_{i4}\left(X_4 - \bar{X}_4\right)$$

其中，CAN_i 为第 i 典型变量，c_{ij} 为第 j 属性变量在第 i 典型变量中的典型系数，X_j 为第 j 属性变量，$\bar{X}_j$ 为第 j 属性变量的样本均值。

(5) 训练样本中的先验概率设为各个类相同，根据对问题的认识也可以设置其它离散概率序列。如表 12-14 所示。

表 12-14　分类水平信息

分类水平	频数	加权	比率	先验概率
苜蓿	11	11.0000	0.305556	0.200000
谷物	7	7.0000	0.194444	0.200000
棉花	6	6.0000	0.166667	0.200000
大豆	6	6.0000	0.166667	0.200000
甜菜	6	6.0000	0.166667	0.200000

(6) 由于采用均等的先验概率，马氏平方距离与欧氏平方距离相同，这样突出了典型变量的作用，类内距离为 0。由于采用典型变量做属性变量，类间距离已拉开，这将有利于减少错判率。详细情况如表 12-15 所示。

表 12-15　训练样本一个类到各个类的欧氏平方距离

观测的起点	苜蓿	谷物	棉花	大豆	甜菜
苜蓿	0	4.22787	0.59408	2.55359	1.35478
谷物	4.22787	0	1.72340	0.63207	2.84192
棉花	0.59408	1.72340	0	1.07724	1.25439
大豆	2.55359	0.63207	1.07724	0	0.83973
甜菜	1.35478	2.84192	1.25439	0.83973	0

(7) 训练样本中的类被错判的个数与例 12-1 相比已明显减少，其中谷物全部正确归类，

说明典型变量构成的判别函数较适合卫星遥感样本。详细情况如表 12-16 所示。

表 12-16　训练样本的判别结果和百分率

判别对象	苜蓿	谷物	棉花	大豆	甜菜	总计
苜蓿	4	1	3	0	3	11
	36.36	9.09	27.27	0.00	27.27	100.00
谷物	0	7	0	0	0	7
	0.00	100.00	0.00	0.00	0.00	100.00
棉花	0	0	4	2	0	6
	0.00	0.00	66.67	33.33	0.00	100.00
大豆	0	1	0	4	1	6
	0.00	16.67	0.00	66.67	16.67	100.00
甜菜	1	0	0	2	3	6
	16.67	0.00	0.00	33.33	50.00	100.00
总计	5	9	7	8	7	36
	13.89	25.00	19.44	22.22	19.44	100.00
先验概率	0.2	0.2	0.2	0.2	0.2	–1

(8) 被检测样品苜蓿被错误地归到训练样本中的棉花类，被检测样品棉花被错误地归到训练样本中的大豆类，被检测样品甜菜被错误地归到训练样本中的苜蓿类，其余归类正确。与例 12-1 相比判别结果没有变化，可能是检测样品的初始归类存在偏差，如若初始不拟定样品的类型，则错判率应该与训练样本相同。如表 12-17 所示。

表 12-17　检测样本的判别结果和百分率

判别对象	苜蓿	谷物	棉花	大豆	甜菜	总计
苜蓿	0	0	1	0	0	1
	0.00	0.00	100.00	0.00	0.00	100.00
谷物	0	1	0	0	0	1
	0.00	100.00	0.00	0.00	0.00	100.00
棉花	0	0	0	1	0	1
	0.00	0.00	0.00	100.00	0.00	100.00
大豆	0	0	0	1	0	1
	0.00	0.00	0.00	100.00	0.00	100.00
甜菜	1	0	0	0	0	1
	100.00	0.00	0.00	0.00	0.00	100.00
总计	1	1	1	2	0	5
	20.00	20.00	20.00	40.00	0.00	100.00
先验概率	0.2	0.2	0.2	0.2	0.2	–1

(9) 训练样本的错判率减小到 36.06%，是目前各个判别方法中效果最好的。检验样本的错判率达 60%(较高)，需仔细考虑检测样品的初始归类问题。如表 12-18 所示。

表 12-18　训练样本和检测样本的错判率

项目	苜蓿	谷物	棉花	大豆	甜菜	均值
训练错判率	0.6364	0.0000	0.3333	0.3333	0.5000	0.3606
检测错判率	1.0000	0.0000	1.0000	0.0000	1.0000	0.6000
先验概率	0.2000	0.2000	0.2000	0.2000	0.2000	

12.5　逐步 Bayes 判别分析

逐步判别分析是一种通过 F 检验删减不显著属性变量从而获得优化变量集的判别分类方法。先验概率不同则称做逐步 Bayes 判别分析。

【例 12-4】 试通过逐步 Bayes 判别分析解决例 12-1 所述问题。处理的样本与例 12-1 相同，训练样本如表 12-2 所示，检测样本和表 12-3 所示。

(1) 引用表 12-2 和表 12-3 所示的 SAS 数据表 sasuser.xunlian01 和 sasuser.jiance01。

(2) 由于 sas 的 stepdisc 过程只完成了属性变量集的优选，对检测变量集的判别分析还需由 discrim 完成，故采用 stepdisc 过程和 discrim 过程联合编程实现逐步判别分析。采用 stepdisc 过程对训练样本 sasuser.xunlian01 执行属性变量集的优选。采用 discrim 过程和优选的属性变量集对检测样本 sasuser.jiance01 执行判别分析。SAS 程序如下：

```
proc stepdisc data=sasuser.xunlian01;
  class SamCrop;
  var X1-X4;
run; quit;
proc discrim data=sasuser.xunlian01 testdata=sasuser.jiance01;
  class SamCrop;
  priors prop;   /*该语句实现 Bayes 判别分析*/
  var X1;   /*X1 是上一步程序优选出的属性变量集*/
  id Obs;
  testclass TestCrop;
  testid TestObs;
run; quit;
```

(3) 程序输出的主要结果如表 12-19 和表 12-24 所示。

(4) 逐步判别的结果只有 X1 一个变量被选取，模型的显著性 P 值达 0.0039，典型相关指数的显著性 P 值达 0.0039。如表 12-19 所示。

表 12-19　属性变量集的优选结果和显著性检验

选取的变量	偏相关指数	F 值	Pr > F	典型相关指数	典型检验
X1	0.3831	4.81	0.0039	0.09577	0.0039

表 12-20　分类水平信息

分类水平	频数	加权	比率	先验概率
苜蓿	11	11.0000	0.305556	0.305556
谷物	7	7.0000	0.194444	0.194444
棉花	6	6.0000	0.166667	0.166667
大豆	6	6.0000	0.166667	0.166667
甜菜	6	6.0000	0.166667	0.166667

(5) 类棉花、大豆和甜菜存在类内距离大于类间距离的情况，这将可能导致较大的判别错误率。详细情况如表 12-21 所示。

表 12-21　训练样本一个类到各个类的马氏平方距离

观测的起点	苜蓿	谷物	棉花	大豆	甜菜
苜蓿	2.37125	7.00317	4.12677	6.06659	4.49459
谷物	6.09920	3.27522	5.00852	3.70955	4.53666
棉花	2.91450	4.70022	3.58352	4.28697	3.63080
大豆	4.85432	3.40125	4.28697	3.58352	3.96950
甜菜	3.28232	4.22836	3.63080	3.96950	3.58352

(6) 训练样品错判的数目与例 12-1 相比增加了无法归入现有类别中的 2 个，总错误率增加到 55.56%，说明缩减的变量集存在信息损失的问题，实际上逐步判别分析只有在原属性变量集较大时才存在明显优势。详细情况如表 12-22 所示。

表 12-22　训练样本的判别结果和百分率

判别对象	苜蓿	谷物	棉花	大豆	甜菜	其它	总计
苜蓿	9	2	0	0	0	0	11
	81.82	18.18	0.00	0.00	0.00	0.00	100.0
谷物	0	7	0	0	0	0	7
	0.00	100.00	0.00	0.00	0.00	0.00	100.0
棉花	5	0	0	0	0	1	6
	83.33	0.00	0.00	0.00	0.00	16.67	100.0
大豆	0	5	0	0	1	0	6
	0.00	83.33	0.00	0.00	16.67	0.00	100.0
甜菜	2	3	0	0	0	1	6
	33.33	50.00	0.00	0.00	0.00	16.67	100.0
总计	16	17	0	0	1	2	36
	44.44	47.22	0.00	0.00	2.78	5.56	100.0
先验概率	0.30556	0.1944	0.16667	0.16667	0.16667		

(7) 被检验样品棉花被错误地归到训练样本中的苜蓿类，被检验样品大豆被错误地归到训练样本中的谷物类，被检验样品甜菜被错误地归到训练样本中的苜蓿类。错判的结果与例 12-1 的错判结果不同。如表 12-23 所示。

表 12-23 检测样本的判别结果和百分率

判别对象	苜蓿	谷物	棉花	大豆	甜菜	总计
苜蓿	1	0	0	0	0	1
	100.00	0.00	0.00	0.00	0.00	100.00
谷物	0	1	0	0	0	1
	0.00	100.00	0.00	0.00	0.00	100.00
棉花	1	0	0	0	0	1
	100.00	0.00	0.00	0.00	0.00	100.00
大豆	0	1	0	0	0	1
	0.00	100.00	0.00	0.00	0.00	100.00
甜菜	1	0	0	0	0	1
	100.00	0.00	0.00	0.00	0.00	100.00
总计	3	2	0	0	0	5
	60.00	40.00	0.00	0.00	0.00	100.00
先验概率	0.30556	0.1944	0.16667	0.16667	0.16667	

(8) 训练样本的错判率达 55.56%与例 12-1 相比略有上升。检验样本的错判率达 50.00%，与例 12-1 的判别结果 63.89%相比有所改善。如表 12-24 所示。

表 12-24 训练样本和检测样本的错判率

项目	苜蓿	谷物	棉花	大豆	甜菜	均值
训练错判率	0.1818	0.0000	1.0000	1.0000	1.0000	0.5556
检测错判率	0.0000	0.0000	1.0000	1.0000	1.0000	0.5000
先验概率	0.3056	0.1944	0.1667	0.1667	0.1667	

12.6 逐步欧氏距离判别分析

逐步判别分析的先验概率相同则称做逐步欧氏距离判别分析。

【例 12-5】试通过逐步欧氏距离判别分析解决例 12-1 所述问题。处理的样本与例 12-1 相同，训练样本如表 12-2 所示，检测样本如表 12-3 所示。

(1) 引用表 12-2 和表 12-3 所示的 SAS 数据表 sasuser.xunlian01 和 sasuser.jiance01。

(2) 采用 stepdisc 过程对训练样本 sasuser.xunlian01 执行属性变量集的优选。采用 discrim 过程对检测样本 sasuser.jiance01 执行判别分析。程序中无语句 priors prop 则缺省指定先验概率相同。SAS 程序如下：

```
proc stepdisc data=sasuser.xunlian01;
```

```
    class SamCrop;
    var X1-X4;
  run;
  proc discrim data=sasuser.xunlian01 testdata=sasuser.jiance01;
    class SamCrop;
    var X1;
    id Obs;
    testclass TestCrop;
    testid TestObs;
  run; quit;
```

(3) 程序输出的主要结果如表 12-25 至表 12-30 所示。

(4) 逐步判别的结果只有 X1 一个变量被选取，模型的显著性 P 值达 0.0039，典型相关指数的显著性 P 值达 0.0039。如表 12-25 所示。

表 12-25　属性变量集的选择结果和显著性检验

选取的变量	偏相关指数	F 值	Pr > F	典型相关指数	典型检验
X1	0.3831	4.81	0.0039	0.09577	0.0039

表 12-26　分类水平信息

分类水平	频数	权重	比率	先验概率
苜蓿	11	11.0000	0.305556	0.20000
谷物	7	7.0000	0.194444	0.20000
棉花	6	6.0000	0.166667	0.20000
大豆	6	6.0000	0.166667	0.20000
甜菜	6	6.0000	0.166667	0.20000

(5) 训练样本中存在几个类间距离过小的情况，这将可能导致较大的错误率。详细情况如表 12-27 所示。

表 12-27　训练样本一个类到各个类之间的欧氏平方距离

观测的起点	苜蓿	谷物	棉花	大豆	甜菜
苜蓿	0	3.72795	0.54325	2.48307	0.91108
谷物	3.72795	0	1.42500	0.12603	0.95314
棉花	0.54325	1.42500	0	0.70345	0.04728
大豆	2.48307	0.12603	0.70345	0	0.38598
甜菜	0.91108	0.95314	0.04728	0.38598	0

(6) 训练样品错判的数目与例 12-4 相比虽然也有无法归入现有类别中的 2 个，但类谷物的样品均获得正确的归类，其余错判均衡分散了。详细情况如表 12-28 所示。

表 12-28　训练样本的判别结果和百分率

判别对象	苜蓿	谷物	棉花	大豆	甜菜	其它	总计
苜蓿	5	1	1	1	3	0	11
	45.45	9.09	9.09	9.09	27.27	0.00	100.00
谷物	0	7	0	0	0	0	7
	0.00	100.00	0.00	0.00	0.00	0.00	100.00
棉花	1	0	2	0	2	1	6
	16.67	0.00	33.33	0.00	33.33	16.67	100.00
大豆	0	1	0	4	1	0	6
	0.00	16.67	0.00	66.67	16.67	0.00	100.00
甜菜	1	0	1	3	0	1	6
	16.67	0.00	16.67	50.00	0.00	16.67	100.00
总计	7	9	4	8	6	2	36
	19.44	25.00	11.11	22.22	16.67	5.56	100.00
先验概率	0.2	0.2	0.2	0.2	0.2	–1	–1

(7) 被检测样品苜蓿被错误地归到训练样本中的甜菜类，被检测样品棉花被错误地归到训练样本中的甜菜类，被检测样品甜菜被错误地归到训练样本中的苜蓿类。错判的结果与例 12-4 的错判结果不同。如表 12-29 所示。

表 12-29　检测样本的判别结果和百分率

判别对象	苜蓿	谷物	棉花	大豆	甜菜	总计
苜蓿	0	0	0	0	1	1
	0.00	0.00	0.00	0.00	100.00	100.00
谷物	0	1	0	0	0	1
	0.00	100.00	0.00	0.00	0.00	100.00
棉花	0	0	0	0	1	1
	0.00	0.00	0.00	0.00	100.00	100.00
大豆	0	0	0	1	0	1
	0.00	0.00	0.00	100.00	0.00	100.00
甜菜	1	0	0	0	0	1
	100.00	0.00	0.00	0.00	0.00	100.00
总计	1	1	0	1	2	5
	20.00	20.00	0.00	20.00	40.00	100.00
先验概率	0.2	0.2	0.2	0.2	0.2	

表 12-30　训练样本和检测样本的错判率

项目	苜蓿	谷物	棉花	大豆	甜菜	均值
训练错判率	0.5455	0.0000	0.6667	0.3333	1.0000	0.5091
检测错判率	1.0000	0.0000	1.0000	0.0000	1.0000	0.6000
先验概率	0.2000	0.2000	0.2000	0.2000	0.2000	

(8) 训练样本的总错误率略有下降为 50.91%，检测样本的总错误率达 60%(仍过高)，但与例 12-1 的判别结果 63.89%相比略有改善。几种判别分析作物谷物都能正确地归类，可能是它与其余类之间的距离较远所致。如表 12-30 所示。

上机报告

(1) 利用 discrim 过程实现 Bayes 判别分析。

(2) 利用 discrim 过程实现欧氏距离判别分析。

(3) 利用 discrim 过程实现 Fisher 判别分析。

(4) 利用 candisc 过程实现 Fisher 判别分析。

(5) 利用 stepdisc 过程实现逐步 Bayes 判别分析。

(6) 利用 stepdisc 过程实现逐步欧氏距离判别分析。

参 考 文 献

[1] 高惠璇，等. SAS 系统 SAS/STAT 软件使用手册. 北京：中国统计出版社，1997

[2] 高惠璇，等. SAS 系统 Base SAS 软件使用手册. 北京：中国统计出版社，1997

[3] SAS Release 8.01 TS Level 01 M0. Copyright (c) 1999-2000 by SAS Institute Tnc., Cary, NC, USA.

[4] 马振华. 现代应用数学手册·概率统计与随机过程卷. 北京：清华大学出版社，1997.

[5] 区靖祥，邱健德. 多元数据的统计分析方法. 北京：中国农业科学技术出版社，2002

[6] 明道绪. 田间试验与统计分析. 2 版. 北京：科学出版社，2008

[7] 明道绪. 高级生物统计. 北京：中国农业出版社，2006

[8] 莫惠栋. 农业试验统计. 2 版. 上海：上海科学技术出版社，1992

[9] 盖钧镒. 试验统计方法. 北京：中国农业出版社，2006

[10] 陈魁. 试验设计与分析. 北京：清华大学出版社，1996

[11] 运筹学教材编写组. 运筹学. 3 版. 北京：清华大学出版社，2005

[12] 任露泉. 试验优化设计与分析. 北京：高等教育出版社，2003

[13] R Lyman Ott, Michael Longnecker[美]. 统计学与数据分析引论(上册). 张忠占，等，译. 北京：科学出版社，2003

[14] R Lyman Ott, Michael Longnecker[美]. 统计学与数据分析引论(上册). 张忠占，等，译. 北京：科学出版社，2003

[15] 胡运权，张宗浩. 试验设计基础. 哈尔滨：哈尔滨工业大学出版社，1997

[16] 张尧庭，方开泰. 多元统计分析引论. 北京：科学出版社，1983

[17] 王万中. 试验的设计与分析. 北京：高等教育出版社，2004